W0078727

Ihre Arbeitshilfen zum Download:

Die folgenden Arbeitshilfen stehen für Sie zum Download bereit:

- Die Selbstmotivationslevel-Checkliste:
  Was ist Ihnen wichtig im Leben?
- Die Glücksformel
- weitere Checklisten

Den Link sowie Ihren Zugangscode finden Sie am Buchende.

Dauerhafte Selbstmotivation

Reinhold Stritzelberger

Dauerhafte Selbstmotivation

Geben Sie Ihr Bestes — für das, was wirklich wichtig ist

1. Auflage

Haufe Gruppe
Freiburg · München · Stuttgart

Bibliografische Information der Deutschen Nationalbibliothek

Die Deutsche Nationalbibliothek verzeichnet diese Publikation in der Deutschen Nationalbibliografie; detaillierte bibliografische Daten sind im Internet über http://dnb.dnb.de abrufbar.

Print: ISBN 978-3-648-08527-1   Bestell-Nr. 10166-0001
ePub: ISBN 978-3-648-08528-8   Bestell-Nr. 10166-0100
ePDF: ISBN 978-3-648-08529-5   Bestell-Nr. 10166-0150

Reinhold Stritzelberger
Dauerhafte Selbstmotivation
1. Auflage 2016

© 2016 Haufe-Lexware GmbH & Co. KG, Freiburg
www.haufe.de
info@haufe.de
Produktmanagement: Anne Rathgeber

Lektorat: Nicole Jähnichen, München
Satz: kühn & weyh Software GmbH, Satz und Medien, Freiburg
Umschlag: RED GmbH, Krailling
Druck: BELTZ Bad Langensalza GmbH, Bad Langensalza

Alle Angaben/Daten nach bestem Wissen, jedoch ohne Gewähr für Vollständigkeit und Richtigkeit. Alle Rechte, auch die des auszugsweisen Nachdrucks, der fotomechanischen Wiedergabe (einschließlich Mikrokopie) sowie der Auswertung durch Datenbanken oder ähnliche Einrichtungen, vorbehalten.

Inhaltsverzeichnis

Vorwort

Dies ist ein außergewöhnliches Buch. Vielleicht so außergewöhnlich, dass Sie beim Kauf gar nicht gewusst haben, worauf Sie sich einlassen, wenn Sie es lesen. Es wird für Sie viel mehr als eine bloße Anleitung sein, ein paar Dinge im Leben voranzubringen. In diesem Buch begleite ich Sie als Coach. Ich helfe Ihnen, das Feuer, die Leidenschaft (wieder) zu entfachen. Nach der Lektüre wissen Sie, dass das Leben mehr Freude macht, wenn man 100 Prozent gibt. Lassen Sie sich darauf ein, werden Sie mit einem höheren Grad an Energie an Ihre wichtigen Aufgaben herangehen können. Dieses Buch unterstützt Sie massiv dabei, Ihre Selbstmotivation zu steigern. Warum ich das so selbstsicher schreibe? Die Methoden und Strategien in diesem Buch sind von Psychologen bestätigt und für gut empfunden. Zudem haben sie sich bewährt. In den letzten 15 Jahren konnte ich Tausende Menschen in Seminaren, Workshops und Coachings begleiten. Dabei erlebte ich mit, wie sie mit Hilfe meiner Techniken und Strategien Schritt für Schritt ihre Selbstmotivation steigerten und so mehr im Leben erreichten. Als Belege dafür ließen sich zahllose Zuschriften zufriedener Teilnehmerinnen und Teilnehmer anführen – was Sie aber jetzt in keiner Weise weiterbrächte. Viel wichtiger für Sie ist, *selbst* in Ihrer Motivation voranzukommen. Und genau dazu möchte ich Ihnen mit diesem Buch verhelfen. Ihr Grad an Selbstmotivation, von mir auch Selbstmotivations-Level, kurz: SML genannt, bestimmt, wie erfolgreich Sie sind. Sie können an einer Sache dranbleiben oder aufgeben. Sie wissen genau, welche Vorgehensweise erfolgreicher ist. Nur, was hindert uns daran, es immer und immer wieder zu versuchen? Mangelnde Selbstmotivation. Und die gehen wir hier an. Wir steigern gemeinsam Ihren SML. Arbeiten Sie intensiv mit diesem Buch, wird dreierlei passieren:

1. Sie wissen dann, wie Sie sich dauerhaft selbst für diejenigen Ziele motivieren können, die Ihnen wichtig sind und die Sie erreichen wollen.
2. Sie werden sich durch Rückschläge nicht entmutigen lassen.
3. Sie werden in der Lage sein, deutlich mehr Ziele zu erreichen als bisher.

Sie finden hier Geschichten und Erkenntnisse zum Schmunzeln, zum Nachdenken, zum Ins-Handeln-Kommen. Ich wünsche Ihnen, dass Sie dabei entscheidende Impulse erhalten, die Sie Ihren Zielen näherbringen. Bleiben Sie dann weiter dran – und das ist das Hauptziel! –, führen Sie ein durch und durch selbstmotiviertes, leidenschaftliches Leben. Vielleicht können Sie dann mit dem bekannten Regisseur Christoph Maria Schlingensief ausrufen: »Auf der Erde kann man so viel machen, das ist doch ein sensationeller Ort!«

Lassen Sie mich auf dem Weg dorthin Ihr Begleiter sein, zumindest bis zum Ende des Buches.

Legen wir los!

Danksagung

Mein besonderer Dank gilt Martin Benz, einem Bekannten aus Urzeiten, mit dem ich einst unter widrigsten Bedingungen arbeitete. Gemeinsam hielten wir die Fahne unserer Selbstmotivation dauerhaft aufrecht. Er brachte das Manuskript in diese Form, ohne dabei die Begeisterung des Autors allzu sehr zu schmälern.

Alles dreht sich um Ihren SML

In diesem Buch dreht sich alles um einen Begriff, der Ihnen bisher sicherlich noch nicht begegnet ist: um den Selbstmotivations-Level, kurz: SML. Etwas trocken ausgedrückt kann man ihn so definieren: Er ist die Kenngröße zur Bewertung der individuellen, subjektiv wahrgenommenen Leistungsbereitschaft. Weniger wissenschaftlich formuliert: Der SML gibt an, wie sehr Sie zu etwas motiviert sind. Seine Skala reicht von 0 bis 10.

Die Selbstmotivations-Level

SML	Menschen mit diesem SML ...
0	sind tot
1	haben überhaupt keine Lust. Ihr Motto: »Das kann ja gar nichts werden.«
2	sehnen bereits am Montag den Freitag und das Wochenende herbei. Das Fernsehprogramm für die kommende Woche ist das Spannendste in ihrem Leben.
3	sind nur unter Androhung roher Gewalt hinter dem Ofen hervorzulocken »Für was soll ich mich anstrengen?«, ist ihre Devise.
4	wissen, dass es auch anders gehen *könnte*, und bekommen selten, aber immerhin ab und zu die Kurve. Ihr SML schnellt dann auf 7, fällt dann aber meist rasch wieder in gewohnte Gefilde ab.
5	leben und arbeiten so vor sich hin. Ihr SML ist eher vom Zufall abhängig denn gesteuert und hat daher auch keine Kontinuität. Sie kennen beide Richtungen, also Tendenzen zur Null-Linie ebenso wie in Richtung 7 und darüber.
6	haben Lunte gerochen, dass es weiter oben mehr Spaß macht und fühlen sich nicht mehr wohl, wenn der SML unter 5 fällt. Gute Tendenz.
7	haben Spaß am Leben, schnuppern neugierig in Richtung 10er SML, haben die niedrigen Gefilde weit hinter sich gelassen und fühlen sich in Aufbruchstimmung.
8	sind hochgradig energiegeladen, zumindest für eigene Vorhaben. Manchmal geht die Power flöten, was sie selbst meist völlig unverständlich finden.
9	sind fast durchgehend top-motiviert und haben nur kleinere Durchhänger, die jedoch ganz hilfreich sind, um festzustellen, dass das keine Alternative ist.
10	sind lebensbejahende, durch und durch beseelte Menschen, die sich durch nichts unterkriegen lassen.

Seriös könnte man definieren, dass 0 eine kaum wahrnehmbare und 10 eine nicht mehr steigerbare Leistungsbereitschaft kennzeichne. Deutlicher wird es jedoch durch folgende Aussagen: Wenn Sie für etwas leidenschaftlich brennen, alles geben würden und das vielleicht auch tun – dann haben Sie einen SML von 10. Glückwunsch! Wenn man Sie keinesfalls hinter dem Ofen hervorlocken kann, dümpeln Sie um den Nullpunkt herum. Gute Nacht! Und wer eben so vor sich hinwurschtelt, wie man im Schwäbischen sagt, der liegt so um die 5.

Liebe Leserin, lieber Leser: Natürlich können wir nicht von frühmorgens bis zum Schlafengehen auf Stufe 10 agieren. Darum geht es in diesem Buch definitiv nicht. Aber das wirkliche Leben spielt sich auch nicht auf den Stufen unter 5 ab. Spaß macht es ungefähr ab Stufe 7. Und mit jeder weiteren Stufe verdoppelt sich der Spaß. Zugegeben: die Anstrengung auch.

Aber das lohnt sich. Lassen Sie sich anstecken. Seien Sie dabei.

1   Was selbst kluge Menschen hemmt

Um das Thema Motivation ranken sich viele Gerüchte und Mythen. In diesem Kapitel räumen wir mit diesen Vorurteilen auf. Sie erfahren, was Selbstmotivation wirklich ausmacht. Ebenso lernen Sie die mentalen Denkfallen kennen, in die wir gerne stolpern, wenn es um unsere Motivation geht.

1.1   Fakten und Gerüchte rund um die Selbstmotivation

1.1.1   Was glücklich sein mit Selbstmotivation zu tun hat

Sie, ich, wir alle wollen glücklich sein in und mit unserem Leben. Doch was ist es, was uns glücklich macht? Die meisten Wissenschaftler sind sich heute einig: Es ist vor allem die Glücksfähigkeit, genauer gesagt, die Fähigkeit, Glück empfinden zu können, die genau dies möglich macht.

Die wichtigste Eigenschaft von Menschen, die ein glückliches Leben führen möchten, ist ... nein, falsch: Es ist *nicht* die Selbstmotivation. Es ist die Glücksfähigkeit. Darin sind sich die meisten Wissenschaftler heute einig. Und wovon, glauben Sie, hängt diese Glücksfähigkeit in hohem Maße ab? Sie vermuten es sicher schon: von unserem Grad an Selbstmotivation.

Genau darum geht es in diesem Buch. Pralle 260 Seiten beleuchten alle wesentlichen Aspekte: Wann haben wir sie, diese lichten Momente voller Tatendrang? Wann haben wir sie nicht? Und warum haben wir sie manchmal überhaupt nicht – und zwar meist genau dann, wenn wir sie am dringendsten bräuchten? Das zentrale Anliegen: Ich möchte Ihnen den Weg aufzeigen, wie Sie Ihre Selbstmotivation verlässlich steigern können. Dazu reicht es nicht, ein paar Entscheidungskriterien oder logische Begründungen anzuführen und zu hoffen, dass Sie diese verinnerlichen. Viel zu oft sind wir der festen Überzeugung, unsere Entscheidungen würden ausschließlich mit klarem Verstand gefällt. Hier erfahren Sie, dass dies nicht zutrifft. Der Verstand arbeitet immer mit dem Unterbewusstsein zusammen. Leider klappt dies nicht immer so, wie es sollte. Mentale Fallstricke hindern uns oft daran, das, was wir wirklich wollen, zu erreichen. Diese Stricke betrachten wir ebenfalls.

1.1.2   Ein selbstmotiviertes Leben ist keine immerwährende Party

Ich führe ein Leben, das zu 100 % aus Selbstmotivation besteht. Meine Selbstmotivation setze ich nicht immer und schon gar nicht wahllos ein – nur für Dinge, die mir wirklich wichtig sind. Das ist ein aufregendes, anstrengendes und erfüllendes Unterfangen – ähnlich einem Marathon, nach dem der Läufer abends erschöpft, aber glücklich ins Bett fällt. Auch Sie können es erleben. Sie werden in diesem Buch erfahren, wie Selbstmotivation funktioniert und wie Sie diese in Ihrem Leben aktivieren können – wie einen Lampenschalter: ein – aus – ein – aus. Wann immer Sie wollen.

Möglicherweise entsteht damit der trügerische Eindruck, das Leben würde dann zu einer großen Party, sofern man es nur schafft, einzuschalten und genügend selbstmotiviert zu bleiben. Dem ist natürlich nicht so. Selbstmotivation ist *nicht* gleichbedeutend mit dauerhaftem Spaß! Und ich will hier auch gar nicht so tun, als wäre es das Einfachste der Welt, sich einen hohen Grad an Selbstmotivation zuzulegen. Sie ist immer mit Arbeit verbunden, manchmal sogar mit unbequemer Arbeit, auch wenn das einige nicht gerne hören. Und sie ist immer auf etwas gerichtet. Worauf konkret, liegt bei Ihnen: Sie können den Fokus auf Arbeit und Karriere, auf Gesundheit oder vielleicht auf eine Beziehung legen. Es lässt Sie möglicherweise ein wenig schmunzeln, das Thema Beziehung in einem Buch für Fach- und Führungskräfte zu finden. Doch viele Führungskräfte empfinden berufliche Erfolge als schal und unbefriedigend, wenn dabei die Beziehung oder gar die Familie auf der Strecke bleibt.

Ihre Selbstmotivation kann also in viele Richtungen tendieren. Dieses Buch schöpft den Großteil der Beispiele aus dem Arbeitsleben und erlaubt sich ab und an kleinere Abstecher in andere Bereiche. Ganz gleich, welchen (Lebens-)Bereich Sie fokussieren: das Erreichen des Ziels hängt von Ihrer Motivationsstärke ab.

1.1.3   Was Selbstmotivation ist – und was sie nicht ist

Nähern wir uns dem Wesen der Selbstmotivation. Was ist das eigentlich, beziehungsweise, was ist es nicht? Die Teilnehmerin eines Seminars sah es so: Selbstmotivation sei das, was meist die anderen haben und sie nicht. Das bringt ziemlich treffend auf den Punkt, was wir insgeheim oft denken: Wir haben zu wenig davon und hätten gern mehr. Aber »wovon« ganz konkret?

Es ist ziemlich einfach zu sagen, was Selbstmotivation *nicht* ist:

- Sie ist keine Charaktereigenschaft, kein Persönlichkeitsmerkmal.
- Sie ist keine wahl- und ziellos ausufernde Kraft, die ins Nirwana zielt.

- Sie ist keine Dauerbespaßung.
- Sie ist nicht immer da.
- Sie ist nicht von anderen Menschen und äußeren Umständen abhängig.

Auch, was Selbstmotivation ist, lässt sich gut einkreisen:
- Sie ist eine Energiequelle, eine Kraft, die uns realistische Ziele in die Tat umsetzen lässt.
- Sie ist zielgerichtet auf ein bestimmtes Motiv.
- Sie ist Arbeit (Leider ist es tatsächlich so, was ich noch öfter erwähnen werde).
- Sie ist trainierbar. Man kann sie also steigern.
- Sie ist abwechselnd in stärkerem und schwächerem Ausmaß vorhanden.
- Sie ist von Ihren Gedanken abhängig.

Etwas vereinfacht lässt sich neudeutsch formulieren: Selbstmotivation ist »Force to Act«. Sie verleiht dem Handeln eine Richtung, gibt ihm Stärke und bleibt (fast immer) dauerhaft. Motivation ist demnach eine Energie, die für eine bestimmte Handlung aktiviert – damit beschäftigen wir uns noch ausführlicher im Kapitel »Wie wir ins Handeln kommen«.

1.1.4   Wer den Prozess durchschaut, kann ihn trainieren

Wichtig und schon hier erkennbar: Selbstmotivation ist nie Selbstzweck. Sie ist immer auf eine Handlung ausgerichtet, hat also immer ein Ziel im Fokus. Nur schaffen es viele Menschen nicht, diese Handlung anzugehen. Übrigens wollen auch Unternehmen die Motivation der Mitarbeiter nicht »einfach so« steigern – dahinter steckt immer ein Ziel: ein Unternehmens-, Abteilungs- oder Projektziel. Die ersten sechs Buchstaben von »Selbstmotivation« verraten, um welche Ziele es geht – um Ihre eigenen.

Die Crux beim Selbstmotivieren liegt meist im Weg zum Ziel, den einzuschlagen wir eigentlich keine Lust verspüren, zumindest nicht im Augenblick. Obwohl wir verstandesmäßig wissen, dass es wichtig wäre, *jetzt* auf die Prüfung in zwei Wochen zu lernen, *jetzt* die Präsentation für die Besprechung in drei Tagen vorzubereiten. Aber wir lassen die Sache aus irgendeinem Grund schleifen, um sie kurz vor Toresschluss anzupacken und in deutlich minderer Qualität hinzubiegen. Insgeheim wissen wir aber ganz genau, dass ein vorausschauendes Handeln klüger wäre. Irrig zu glauben, sich erst um die Motivation kümmern zu müssen, wenn wir sie aktuell brauchen. Um Tacheles zu reden: Dann ist es zu spät. Die Grundlagen der Selbstmotivation werden in guten Zeiten gelegt – damit wir in schlechten auf sie zurückgreifen können.

Sie erfahren hier nicht nur, wie Sie sich künftig aus jeder kritischen Phase mit wenig Energie selbst befreien können, sondern auch, wie Sie Zugang gewinnen zur Energie, die Ihre Handlungsimpulse steuert, so dass Sie sie selbst ausrichten und fokussieren können. »Ein bisschen hoch gegriffen für die Absichten eines Autors in einem Buch«, meinen Sie vielleicht. Kann sein. Wobei der entscheidende Akteur in diesem Spiel nicht der Autor ist – Sie sind es. Es geht um Sie. Es geht darum, wie Sie es schaffen, in dieser immer komplexer werdenden Welt konsequent Dinge nach vorn zu bringen, die Sie für richtig und gut halten. Nicht gerade ein Kinderspiel, im Gegenteil: Es geht um nicht weniger als um eine persönliche Schlüsselkompetenz. Der Begriff ist etwas irreführend. Natürlich finden Sie nirgends einen Schlüssel, mit dem Sie rasch eine Tür aufschließen könnten. Es handelt sich um eine Vorgehensweise, einen strategischen Prozess. Wer ihn durchschaut, kann ihn trainieren und anwenden. Mit anderen Worten: Er kann sich selbst motivieren.

1.1.5 Warum Selbstmotivation sogar Einfluss auf die Wahl des Lebenspartners hat

Wie bedeutend vorausschauende Selbstmotivation und Handlungskompetenz im Alltag sind, bekommen wir tagtäglich gespiegelt. Selbst gute Beziehungen und eine möglichst rasche Genesung sind davon abhängig. Meist fällt es uns gar nicht mehr auf. Hier zwei Beispiele.

! Beispiel

Welchem Schüler/Studenten trauen Sie nicht nur eine erfolgreichere Karriere, sondern ein insgesamt erfüllteres Leben zu: einem, der »keinen Bock« hat zu lernen und sich tagtäglich in die Schule quält? Oder einem, der sich für den Lernstoff interessiert, Inhalte kritisch hinterfragt und freiwillig Referate hält?
Wen würden Sie eher als Lebenspartner für sich erwählen: Den, der mal dies anfängt, mal jenes, der kaum etwas zu Ende bringt, sich stets über andere beschwert und der sich, wenn man ihn mal braucht, elegant zurückzieht? Oder jemanden, der seine Sachen auf die Reihe bekommt, fertigmacht, andere mitzieht, Verantwortung übernimmt?

Ich gebe zu, das zweite Beispiel ist etwas dick aufgetragen. Zur Wahl des Lebenspartners gehören natürlich noch ein paar andere Dinge mehr. Lassen wir es trotzdem so stehen. Völlig aus der Luft gegriffen ist jedoch keine der Fragen aus dem Beispiel – die Antworten darauf liegen auf der Hand. Selbstverständlich wird der Motiviertere das Rennen machen. Natürlich wird der Mensch mit mehr Energie bevorzugt, und er wird aller Wahrscheinlichkeit nach auch ein insgesamt erfolgreicheres Leben führen.

Gestützt werden diese Thesen von der Wissenschaft: Eine Langzeitstudie der Universität von Pennsylvania bestätigt, dass Selbstmotivation letztlich über Erfolg und Misserfolg im Leben entscheidet. Sie verdeutlicht, dass motivierte Kinder auf Dauer die besseren Schüler sind. Sie bekommen später signifikant eher einen Job und werden weniger straffällig. »Hoppla, spielt denn bei all dem Intelligenz überhaupt keine Rolle?«, mag sich mancher fragen. Wurde sie nicht beachtet? Doch, die Studie bezog sie ein. Aber der Selbstmotivationseffekt ist so stark, dass er sogar Unterschiede beim Intelligenzquotienten in den Hintergrund rückt: Weniger intelligente, aber hoch motivierte Kinder sind ebenso erfolgreich wie intelligentere Kinder mit weniger Antrieb. Das ist im Prinzip eine gute Nachricht, zumindest für diejenigen, die sich nicht unbedingt als intellektuelle Überflieger sehen.

1.1.6 Der Spagat zwischen »Glückskeks«-Parolen und Wissenschaft

Im Gegensatz zu Intelligenz lässt sich Motivation steigern. Wir *wollen* sie steigern. Vielleicht haben Sie deshalb zu diesem Buch gegriffen? Vielleicht stehen in Ihrem Bücherregal bereits mehrere Motivationsratgeber. Dann haben Sie wahrscheinlich auch die Erfahrung gemacht, dass zahlreiche Angebote, die eigene Motivation zu steigern, entweder zu aufwendig und zu kompliziert sind oder zu trivial. Ein Dilemma, das vielleicht für die gesamte Ratgeberliteratur gilt: Ist ein Buch, das zu einem besseren Leben verhelfen soll, zu komplex und zu wissenschaftlich angelegt, liest es kaum jemand oder man kann es nicht anwenden. Ist es so einfach wie möglich geschrieben, scheint es läppisch und wird auf das Niveau von »Glückskeks«-Erkenntnissen herabgestuft. Ich bitte Sie an dieser Stelle, mir einen Vertrauensvorschuss einzuräumen: Gehen Sie davon aus, dass die Ergebnisse dieses Buches gut gesichert sind und aus seriösen Quellen stammen, auch wenn ich sie nicht immer nenne. Es geht schließlich darum, den Spagat zwischen seriöser Vorgehensweise und leichter Anwendbarkeit zu schaffen und sich gegen Tschaka-Parolen und abgedroschene Sinnsprüche abzugrenzen.

Ratgeberbücher gibt es wie Sand am Meer. Aus meiner Sicht haben alle – oder die meisten – ihre Berechtigung. Ich habe tatsächlich schon hunderte Ratgeber gelesen. Nahezu überall finden sich wertvolle Gedanken, die den Anschaffungspreis und die Zeit des Lesens wert sind. Heute liegt es ja fast schon im Trend, gegen Ratgeber zu schimpfen – um dann selbst »einen ganz anderen« zu schreiben. In der Presse wird in schöner Regelmäßigkeit über »bahnbrechende« Methoden berichtet, mit denen man seine Ziele definitiv erreichen wird, bei denen alles ganz anders sein soll, als alles bisher Dagewesene. Nun, diesen Anspruch hat dieses Buch nicht. Das Rad hat der Verfasser nicht neu erfunden. Manches wird Ihnen möglicherweise bekannt vorkommen. Und manches ist vielleicht für Sie neu, aber unter Wissenschaftlern bereits lange bekannt.

Mir geht es darum, alle für die Steigerung der Selbstmotivation relevanten Themen aus den unterschiedlichsten Disziplinen in eine stringente Reihenfolge zu bringen. Daraus abgeleitet eröffnet sich ein Konzept, mit dem Sie sich selbst dauerhaft motivieren können – in guten wie in schlechten Zeiten. Noch poetischer ausgedrückt: Vorhandene Noten werden miteinander in Harmonie gebracht. Darüber hinaus stelle ich diese Erkenntnisse seit vielen Jahren immer wieder intensiv auf den Prüfstand. Ich habe sie an mir sowie gemeinsam mit unzähligen Teilnehmern und Coachees ausprobiert. Sie finden hier also nur Methoden, die funktionieren. Nicht alles klappt bei jedem. Aber für jeden ist etwas dabei. Alles ist so geschrieben, dass es jeder verstehen kann: kein Verstecken hinter Fachbegriffen, Beispiele direkt aus dem Leben; auch unbequeme Wahrheiten kommen zur Sprache. Ebenso wichtig ist mir die Nachhaltigkeit der Sache. Es geht hier nicht um einen Strohfeuereffekt. Veränderungen haben den meisten Wert, wenn sie dauerhaft sind. Klar, das wissen die meisten Menschen. Die meisten Menschen wissen aber auch ganz genau, was gut und richtig für sie wäre – und trotzdem tun sie es nicht, kommen nicht ins Handeln.

1.1.7 Was Selbstmotivation mit Erfolg zu tun hat

Getreu der Aussage von Thomas Henry Huxley: »Das große Ziel des Lebens ist nicht Wissen, sondern Handeln«, lässt sich feststellen: Selbstmotivation ist eine Kraft, eine Energiequelle, um etwas ins Handeln zu bringen und damit zu erreichen, was man möchte: also ein glücklicheres, erfolgreicheres Leben zu führen.

! **Was bedeutet für Sie persönlich »Erfolg«?**

Da der Begriff »erfolgreich« in diesem Buch einige Male fallen wird, eine Abgrenzung: Üblicherweise denkt man bei diesem Wort sofort an Karriere, Statussymbole, Geld, wirtschaftliche Faktoren. Wenn wir in Seminaren über dieses Thema sprechen, wird schnell klar, dass fast alle Teilnehmer persönlich etwas anderes damit verbinden. Erfolg ist so individuell wie es der Einzelne ist. Erfolg ist für jeden etwas anderes. Ein gemeinsamer Nenner könnte lauten: Ein erfolgreiches Leben zu führen bedeutet, dass man Dinge tun kann, die man tun möchte. Das könnte man natürlich noch ausbauen, indem man z. B. zufügt, dass man zufrieden ist und dass die uns wichtigen Menschen uns dabei begleiten. Lassen wir das einfach so stehen: »Erfolg« bedeutet, dass wir ein erfülltes, möglichst selbstbestimmtes Leben führen (können).

1.1.8 Unser Unterbewusstsein als Verbündeter

Wie aktivieren wir die Energiequelle der Selbstmotivation? Was können wir tun, damit sie nicht versiegt, oder wie stärken wir sie? Warum gibt es Menschen, denen dies anscheinend ohne jegliche Anstrengung gelingt und andere, die sich mittlerweile schon gar nichts mehr vornehmen, weil sie zu wissen glauben, dass sie es ohnehin nicht schaffen?

Ich könnte Sie jetzt fragen: Welche Instanz in uns trifft letztlich die Entscheidungen in unserem Leben – unser Verstand oder das Unterbewusstsein? Vermutlich würden Sie die Frage durchschauen, oder Sie kennen die Lösung ohnehin aus einer der vielen Veröffentlichungen über die Hirnforschung. Die Antwort: Es ist das Unterbewusstsein.

Tatsächlich erlangt die Hirnforschung mehr und mehr Klarheit über das Zusammenspiel zwischen dem klaren Verstand und dem Unterbewusstsein. Stets folgte auf diese oft bahnbrechenden neurobiologischen Schlüsse das Erstaunen, wie viele Funktionen das Unterbewusstsein zusätzlich übernimmt, die eigentlich dem Verstand, unserem Bewusstsein, zugeordnet waren. Einige Hirnforscher vertreten die Überzeugung, dass der Verstand nur so etwas ist wie ein »Pressesprecher«. Das Unterbewusstsein analysiert in unfassbarer Geschwindigkeit riesige Datenmengen, fällt die Entscheidungen – und der Verstand darf sie dann verkünden und nachträglich begründen.

Das wäre in etwas so, als wenn ich auf einer Seminarreise einen fetzigen roten Porsche sähe, mich in ihn verguckte und spontan kaufte. Statt mit meinem Sharan-Diesel nach Hause zu tuckern, brauste ich dann mit dem 911er vor. Und wie begründete ich das meiner Frau? Wahrscheinlich erzählte ich ihr etwas von einem einmaligen »Schnäppchen«, vom »Top-Wiederverkaufswert«, dass ich den Wagen steuerlich abschreiben könne und wie gut er doch bei den potenziellen Kunden ankommen würde.

Fällt Ihnen etwas auf? Im Nachhinein findet unser Verstand die wunderbarsten Begründungen für Dinge, die schon zuvor an anderer Stelle, ganz ohne Ratio, entschieden wurden. So läuft das bei Menschen ab – in mindestens 90 % aller Entscheidungen. Darin sind sich die Hirnforscher einig.

Natürlich trägt das Buch dieser Erkenntnis Rechnung. Deshalb ist es kein übliches – oft recht trockenes – Fachbuch geworden. Es versucht, Sie auch über die unterbewusste Schiene zu packen.

1.1.9 Von Schlüsselerlebnissen und Teachable Moments

> **!** **Zwei Beispiele aus dem echten Leben**
>
> Egon Pottler arbeitete als hochrangige Führungskraft in einem baden-württem-
> bergischen Mittelstandsunternehmen. Drei Kinder, schönes Haus am Bodensee.
> Einziges Problem: Er war in hohem Maße alkoholgefährdet, mehr als das: »abhän-
> gig«. Eines Abends schlug er am Familientisch vor, am Wochenende mal wieder ge-
> meinsam um den Bodensee zu radeln. Antwort seines achtjährigen Sohnes: »Ach,
> Papa, das wird doch eh nichts. Da bist du bestimmt wieder betrunken.« Seit diesem
> Zeitpunkt hat Egon Pottler keinen Tropfen Alkohol mehr angerührt.
> Ein Seminar im Jahr 2009. Marlene Dornhang, 42 Jahre, Teamleiterin mit vier Mitar-
> beitern, sitzt mir gegenüber *(Dialog verkürzt)*: »Jetzt schufte ich schon seit rund
> zwei Jahrzehnten. Meine Stellung ist mittelmäßig, mein Gehalt ist mittelmäßig,
> meine Aussichten sind mittelmäßig. »Ja, und?« »Nun, seit fast 20 Jahren arbeite
> ich mir die Hacken wund, habe sogar meinen eigenen Chef ausgebildet. Die an-
> deren ziehen vorüber, und mir bleibt nichts als das, was übrigbleibt. Dabei habe
> ich mindestens drauf, was die so draufhaben.« Wir schwiegen lange. Irgendwann
> sagte ich: »Habe ich das richtig verstanden: Sie ackern, bereiten den Boden für
> Wachstum, arbeiten intensiv und müssen mit ansehen, wie andere die Früchte Ihrer
> Arbeit ernten?« Frau Dornhang nickte nur. 2014 traf ich sie wieder – sie war jetzt
> Geschäftsführerin eines Tochterunternehmens, strahlte eine unwiderstehliche
> Energie aus und es ging ihr sichtlich gut. Auf meine Nachfrage meinte Sie: »Dieses
> Gespräch damals löste in mir etwas aus. Ich weiß nicht genau was, aber war mir
> klar, dass ich nicht mehr nur für andere das Feld bestellen, sondern selbst die
> Früchte meiner Arbeit ernten wollte.«

Was haben diese Beispiele miteinander zu tun? Bei beiden gab es einen Auslöser,
einen »Trigger«, der dem Leben der Akteure eine andere Richtung gab. Wir kennen
es von anderen oder von uns selbst: etwas fast augenblicklich ändern zu können, wenn eine entsprechende Situation eintritt. Der Raucher hört spontan auf
mit dem Rauchen, wenn der Kollege an Lungenkrebs erkrankt; der Lebenspartner
wird wieder liebevoll und aufmerksam, wenn ein Konkurrent ins Spiel kommt; der
Sportler legt sich ins Zeug von dem Tag an, an dem ihm der neue Trainer sagt,
dass aus ihm niemals ein guter Leichtathlet wird. Meist sind diese Veränderungen
tatsächlich tiefgreifend und von Dauer. Also so, wie man sie gerne hätte. Motiva-
tionspsychologen nennen solche Schlüsselerlebnisse »Teachable Moments«. Frei
übersetzen kann man das mit Augenblicken, in denen das Leben etwas lehrt und
sich ab diesem Zeitpunkt (meist zum Positiven) ändert.

Oft sind diese Ereignisse schmerzhaft und durch Krankheit, Jobverlust oder exis-
tenzielle Bedrohung bedingt. Den Betroffenen wird plötzlich bewusst, was sie verlieren oder gewinnen können, sofern sie ihr Verhalten beibehalten bzw. ändern.

Wir können uns diese leidvollen Erfahrungen zumindest teilweise ersparen. Wir können schon vorher die Weichen stellen, um zu verhindern, dass der Zug entgleist. Daher führe ich hier immer wieder Fallbeispiele mit schmerzhaften Erfahrungen auf. Ich hoffe, dass Sie dadurch »Micro-Teachable-Moments« erfahren und ins Handeln kommen können – ohne diese unangenehmen Erfahrungen selbst machen zu müssen. Dieser Vorgang läuft unterschwellig und unbewusst ab.

1.1.10 Unsere Selbstmotivation hängt nie davon ab, was wir haben

Auf dem Weg zu einem Ziel gibt es eine entscheidende Hürde, derer man sich stets bewusst sein sollte: Inwiefern ist das, was ich anstrebe, *wirklich* das, was ich möchte? Diese Frage ist keine philosophische. Sie hängt eng mit der eigenen Motivation zusammen.

Viele Menschen glauben, ihre Motivation hinge von äußeren Umständen ab. Dann fallen Aussagen wie: »Bei dem Chef/Wetter/Trainer usw. *kann* ich mich einfach nicht motivieren«.

Es liegt in der Natur des Menschen, andere für die eigene, unbefriedigende Motivationslage verantwortlich zu machen. Die Aussage, es liege »in der Natur des Menschen« trifft nur eingeschränkt zu, denn diese Haltung ist uns anerzogen. Sie ist integraler Bestandteil unseres Gesellschaftssystems.

Schon kleine Kinder wissen: Tue ich, was Mama und Papa wollen, sind sie lieb zu mir. »Je mehr ich mir leisten kann, desto besser geht es mir«, oder: »Wenn ich den Job/das Haus/das Auto habe, dann habe ich es geschafft«, lauten gängige Formeln, die uns von klein auf berieseln. Keine Sorge, ich rate Ihnen nicht dazu, auszubrechen oder gar ein neues Leben zu beginnen. Es gilt hier nur festzustellen, dass wir, bedingt durch solche Denkmuster, Vieles als gegeben hinnehmen, was hinterfragt werden sollte, z. B.

- die Ziele, die wir glauben erreichen zu müssen,
- unsere Einstellung zur Arbeit,
- woraus wir unsere Selbstmotivation speisen.

All dies ist miteinander verbunden. Es lohnt, diese Muster zu hinterfragen, denn unser Grad an Selbstmotivation hängt nie von dem ab, was wir *haben*, sondern davon, was wir *denken*. Mit anderen Worten: Ob Sie ein erfülltes Leben führen und »gut drauf« sind, hängt von der Art und Weise Ihres Denkens ab.

Ihr Denken können Sie beeinflussen! Sie können Ihre Motivation starten wie einen Motor. Ein. Aus. Ein. Dann zapfen Sie Energie, wenn Sie sie benötigen, und müssen bloß noch in die richtige Richtung lenken ...

! **Beispiel**

Ich erinnere mich noch gut, wie ich mit 30 Jahren zum ersten Mal erleben durfte, meine Gefühle ändern zu können. Es war bei einem Seminar (ja, Seminare können tatsächlich etwas bewirken!), zu dem mich ein Freund mitgenommen hatte. Ich hatte großen Liebeskummer und bekam ihn nicht weg, obwohl meine verflossene Liebe schon seit zwei Jahren nicht mehr in der Nähe war. An diesem Tag lernte ich zum ersten Mal, dass diese Gefühle veränderbar waren. Konkreter: Schon nach ein paar Stunden wurde mein Schmerz kleiner und erträglicher.

Was möchte Ihnen dieses kleine Beispiel sagen? Nun, dass Sie Ihre Gedanken, Emotionen und Ihre Selbstmotivation selbst steuern können, um Ihren Zielen und Wünschen zuverlässig näher zu kommen.

1.1.11 Ohne Arbeit geht es nicht

Lassen Sie mich, bevor wir uns den mentalen Fallen widmen, noch Eines klarstellen: Es gibt keine Abkürzungen auf dem Weg zum Erfolg. Hinter allem, was so leicht aussieht, stecken (durch Selbstmotivation manifestierte) Übung und harte Arbeit. »Über-Nacht-reich-werden«-Formeln oder »In-einer-Woche-zum-Konzertpianisten«-Konzepte gibt es nicht. Hinter allem steckt harte Arbeit; dies sei immer und immer wieder betont! Wohl ebenso offensichtlich ist aber, dass harte Arbeit allein sicherlich nicht reicht, um glücklich zu werden oder es zu sein.

1.2 Mentale Fallen

Weiter oben haben wir es schon kurz angeschnitten: Unsere gewohnte Art und Weise zu denken, bringt uns oft nicht weiter. Schauen wir uns einmal genauer an, welche mentalen Fallen es sind, die selbst kluge Menschen daran hindern, erfolgreich zu sein – sei es im Beruf oder in einem anderen Lebensbereich.

1.2.1 Mentale Falle Nr. 1: unser Verstand

Nehmen wir Max Mustermann, der überzeugt davon ist, dass gute Ernährung und Bewegung gesund sind. Trotzdem isst er zu viel, zu süß, zu fettig und er bewegt sich kaum. Kennen Sie das auch? Natürlich nicht von sich selbst, sondern von Kollegen und Kolleginnen … Sie wissen dann vielleicht auch, wie Herr Mustermann sich fühlt: Dieses Verhalten gegen besseres Wissen erzeugt in ihm Unbehagen. Die Psychologen nennen das kognitive Dissonanz. Max Mustermann versucht, dieses Ungleichgewicht auszugleichen; ein tief verwurzeltes menschliches Bedürfnis. Er möchte die inneren Werte mit dem äußeren Verhalten in Einklang bringen. Welche Möglichkeiten hat er dazu?

1. **Den inneren Wert ändern:** Herr Mustermann könnte beispielsweise mit Menschen reden, die ähnliche Probleme haben. Er könnte sich von einschlägigen Artikeln (»Sport ist Mord« oder »Gesunde Ernährung wird völlig überbewertet«) überzeugen lassen, dass Bewegung und gesunde Ernährung doch nicht so bedeutend sind. So legt er sich eine andere Meinung, einen anderen inneren Wert zu, die beide besser mit seinem Verhalten zusammenpassen.
2. **Das Verhalten ändern:** Max Mustermann könnte entsprechend seiner Überzeugung handeln, also gesünder essen und sich mehr bewegen. Auch damit könnte er sein Verhalten mit seiner Einstellung in Einklang bringen.
3. **Begründung für das Ungleichgewicht finden:** Er könnte für sich selbst schlüssig und fast zwingend logisch nachvollziehbar darlegen, dass es (momentan) gar keinen Sinn macht, sich zu bewegen oder bewusster zu ernähren.

Was machen die meisten Menschen? Genau, Sie ahnen es: Sie wählen den dritten Weg. Im Klartext: Sie greifen zu einer Ausrede – keine banale, nein, es muss schon eine sein, die sie wenigstens halbwegs annehmen können. Und hier kommen wieder die Hirnforscher ins Spiel, die herausgefunden haben, dass der Mensch kein rationales, sondern ein rationalisierendes Wesen ist (siehe dazu auch das Porschekauf-Beispiel weiter oben). Das schließt auch ein, dass wir sehr gut für uns begründen können, warum wir dies oder jenes tun. Psychologen sprechen hier ganz sachlich von Dysrationalität: Obwohl wir klar denken können und die oft schwerwiegenden negativen Folgen kennen, tun wir Sachen, von denen wir wissen, dass sie nicht gut sind für uns. Nicht wenige Menschen praktizieren das über eine lange Zeit. Anfangs lässt es sich noch ganz gut aushalten und mit ein paar flotten Sprüchen übertünchen. Wer aber ehrlich zu sich selbst ist, ahnt schon zu diesem Zeitpunkt, dass er sich selbst belügt. Die Farbe bröckelt ab. Es tut ein wenig weh, kaum wahrnehmbar. Etwas später spürt der Betreffende einen deutlicheren inneren Schmerz – ein stärkeres Signal, dass er etwas ändern sollte. Dieses Signal ist an und für sich eine großartige neurologisch-biologische Funktion, die den Menschen dazu bringen könnte, etwas zu ändern. Dummerweise brauchen wir aber nichts zu ändern, wenn sich der Schmerz ja auch betäuben lässt, mit Alkohol, Drogen, anderen Ablenkungen und Süchten. Je stärker die Betäubung ist, desto größer wird das Ungleichgewicht; je weniger haltbar die eigenen Ausreden, desto größer der Konsum an »Betäubungsmitteln«.

Fast schon ein Teufelskreis. Ich betone: *fast*.

Denn jetzt tritt der Wille auf den Plan: Die Entscheidung, etwas anzupacken, etwas zu ändern, zu verstärken oder bleiben zu lassen – diese Entscheidung können Sie jederzeit treffen. In jeder Sekunde. Beispielsweise JETZT, genau in diesem Augenblick, da Sie diese Zeilen lesen und sich Ihre Gedanken machen. Das ist kein Scherz: Spüren Sie beim Lesen dieser Zeilen, dass da etwas ist, das Sie schon lange machen oder lassen wollten, legen Sie das Buch zur Seite und gehen Sie es jetzt sofort an. Nutzen Sie den Moment. Dieses »Jetzt-sofort-Loslegen« kann man sich angewöhnen; es ist das Gegenteil der bequemen Variante, sich von anderen motivieren zu lassen – dem nächsten Fallstrick.

1.2.2   Mentale Falle Nr. 2: »Ich lass' mich dann mal motivieren«

Seit 2001 erstellt das über alle Zweifel erhabene Gallup-Institut einen »Engagement Index« für die Bundesrepublik Deutschland. Jahr für Jahr misst das Institut dafür mittels Studien, wie stark Mitarbeiter und Führungskräfte in ihren Unternehmen engagiert sind, also wie hoch ihr Selbstmotivations-Level, ist. Die immer wieder gleichen Ergebnisse erschrecken: Über zwei Drittel der Befragten freuen sich schon am Montag auf Freitag, machen Dienst nach Vorschrift und hoffen darauf, dass die Woche mit möglichst wenig und möglichst leichter Arbeit möglichst schnell vorübergehen möge. Nur rund 15 % der Mitarbeiter und Führungskräfte in Deutschland sind »hoch motiviert«.

Als Unternehmer frage ich mich bei solchen Ergebnissen: »Wie kann man denn anders als hoch motiviert durchs Leben kommen?« Wenn ich einen Trainer engagiere, dann muss dieser selbstredend über Expertise in seinem Fachbereich verfügen. Er muss auch sein didaktisches Repertoire aus dem Effeff beherrschen. Aber im gleichen Maße wichtig ist mir, mit welchem SML er agiert, also wie sehr er sich engagiert. Ich kann doch langfristig keinen Trainer einsetzen, der ebenso pflichtgemäß wie lustlos sein Programm runterspult und sich kaum für die Teilnehmer interessiert. Ebenso fehl am Platze wäre ein Kollege, dem Kunden signalisieren, dass Bedarf an weiteren Seminaren besteht – und der daraufhin nichts tut. Genau das aber ist Alltag in vielen deutschen Unternehmen. Die meisten Menschen engagieren sich nicht oder nur ein bisschen. Natürlich gibt es dafür eine Vielzahl von Gründen. Gallup hält etliche parat: Da sind die üblichen Verdächtigen, wie »ungenügende Kommunikation« oder »mangelnde Wertschätzung«. Hier stellt sich seit Jahren die Frage: Wenn das so offensichtlich ist und den Unternehmen jährlich Milliardenkosten durch Fehltage und mangelndes Engagement entstehen – warum ändern sie es nicht?

Gallup tappt hier ziemlich im Dunkeln, obwohl die Experten dort sich schon so lange damit beschäftigen. Und auch ich kann diese Frage nicht beantworten.

1.2.2.1 Wie soll ich motiviert sein bei so einem Chef?

Sehr wohl habe ich aber Antwort auf die folgenden Fragen: Glauben Sie, dass man nur unter optimalen Bedingungen im Unternehmen hoch motiviert arbeiten kann? Glauben Sie, dass all diese Faktoren wie Wertschätzung und Kommunikation gegeben sein müssen, um hochgradig selbstmotiviert arbeiten zu können? Nein, natürlich nicht! Jeder hat seinen SML selbst in der Hand.

Für manche ist das eine schlechte Nachricht. Schließlich lässt sich dann anderen nicht mehr der Schwarze Peter zuschieben. Bislang konnte man sich noch selbst aus der Verantwortung stehlen mit Sätzen wie: »Wie soll ich motiviert sein, wenn mein Chef mich nie lobt?«, oder: »Die in der Zentrale verderben mir mit ihrer Bürokratie das Geschäft!« Alles klar. Der Chef ist schuld. Die Zentrale ist schuld.

Vor kurzem traf ich einen Trainerkollegen, der vor ein paar Monaten das Rauchen aufgegeben hatte. Als er qualmend an mir vorüberging, fragte ich ihn, warum er wieder angefangen habe: »Du, es kam in letzter Zeit so viel zusammen – da musste ich einfach wieder anfangen«. Als Gründe führte er seinen kranken Schwiegervater an sowie die verschärfte Auftragslage. Im Alltag lassen wir solche Aussagen stehen, haben Verständnis und machen uns vielleicht nicht einmal Gedanken darüber. Unter dem Gesichtspunkt der Selbstmotivation müssen wir aber fragen: Das sollen triftige Gründe sein? Ein kranker Schwiegervater und eine »verschärfte Auftragslage«? Sollten dies die wahren Gründe sein für einen SML von Nullkommanull – puh, dann müssten Sie und ich schon längst kettenrauchende Alkoholiker sein!

1.2.2.2 Wenn selbst die Pep-Guardiola-Methode nicht mehr hilft

Der Mensch neigt dazu, anderen die Schuld zu geben. Jetzt könnte man meinen, dass dies nur deshalb geschieht, um selbst besser dazustehen. Dem ist nicht so. Fast alle, die zu ihrem Kollegen sagen: »Du, ich mache nur noch Dienst nach Vorschrift – bei *dem* Chef kann ich nicht anders!«, sagen das genauso auch zu sich selbst. Der Schwarze Peter liegt irgendwo – aber nicht bei einem selbst. Als logische Folge werden sie nichts ändern. Schuld haben ja das Unternehmen, der Kollege, der Lebenspartner oder eben die Umstände. Deshalb *können* sie gar nichts ändern, selbst wenn sie wollten.

Traurig dabei, dass sich das ursprünglich niemand so vorgenommen hatte. Selbst die vielgescholtenen Lehrer, die ihre 14 Ferienwochen – Verzeihung, ihre 14 Wochen unterrichtsfreie Zeit – genießen und wie eben der Durchschnitt der Bevölkerung wenig engagiert ihrer Tätigkeit nachgehen, wollten das ehemals nicht so. Fast alle angehenden Lehrer starten euphorisch in ihr Berufsleben, wollen den Kindern begeistert etwas weitergeben, etwas besser machen, etwas bewirken. Und eines Tages ertappen sie sich, wie sie nur noch das Nötigste tun und froh sind, ihre Ruhe zu haben. Das betrifft selbstredend alle Branchen und Sparten, nicht nur Lehrer.

> **❗ Beispiel**
>
> Irene Koberlein, eine mittlerweile wieder in die Spur gekommene und voll moti-vierte 37-jährige Führungskraft, meinte treffend während eines Coachings: »Wenn ich daran denke, wie ich damals in meinen ersten Arbeitstag gestartet bin und das Gefühl hatte, die große Welt stehe mir offen – dann frage ich mich schon manch-mal, wo das alles hin ist.«

Manch einer versucht es dann mit »Unternehmens-Hopping« und springt von Job zu Job oder einem sog. Sabbatical, einer Auszeit. Doch auch das hilft auf Dauer nicht: Viele Arbeitnehmer stellen ein paar Monate oder Jahre später frus-triert fest, dass sie wieder im selben Hamsterkäfig ihre Runden treten. Deshalb wohl scheint der neueste Trend die Pep-Guardiola-Methode zu sein: ein paar Jahre intensive Höchstleistungen bringen, dann ein Jahr Auszeit nehmen.

Dabei wäre es viel sinnvoller und so einfach, mit anderen Vorstellungen im Be-rufsleben zu agieren.

1.2.2.3 Kaffee und Tee weg – Motivation weg

Über eines sollte man sich im Klaren sein: Unsere Motivation hängt erst in zweiter Linie von externen Faktoren ab. In erster Linie ist man selbst für sie verantwort-lich. Wobei es in der Tat immer schwieriger wird, dies überhaupt zu erkennen. Unternehmen buhlen um die besten Fachkräfte. Sie warten mit Leistungen auf, bei denen manch einer vor Neid erblasst: Dienstwagen und das neueste Smart-phone sind selbstverständlich, hinzu kommen etwa Wäscheservice, Kinder-tagesstätte, Frisör oder Fitnessstudio. Mancherorts sind Massagen am Arbeits-platz ebenso gang und gäbe wie Quigong-Kurse während der Arbeitszeit. Nein, wir reden nicht von den USA, wo Apple und Google ihren Mitarbeiterinnen das Einfrieren von Eizellen finanzieren, damit diese sich nicht zwischen Karriere und Kindern entscheiden müssen, sondern erst das eine und dann, vielleicht, das andere angehen. Wir reden hier von deutschen Unternehmen, die fast alles da-für tun, ihre Wunschkandidaten für sich zu gewinnen. Das ist nicht verwerflich, sondern Teil des Wettbewerbs. Als Umworbener kann man angesichts dessen freilich schon auf die Idee kommen, dass das Unternehmen sich ganz schön ins Zeug legen sollte, um die Motivation dauerhaft aufrechtzuerhalten ...

Wehe, wenn sich die Zeiten ändern und Unternehmen Leistungen an die Mitarbeiter abbauen (müssen)! Dann geht es auch mit der eigenen Motivation abwärts.

> **Beispiel** !
>
> Über mehrere Jahre betreute ich ein fränkisches Unternehmen als Trainer und gewann dabei ein gutes Gespür für die Motivationsbereitschaft der Mitarbeiter. Die sank eines Tages rapide in den Keller. Was war geschehen? Ein Unternehmensberater glaubte etliche Möglichkeiten zur Kosteneinsparung erkannt zu haben. Alles wurde auf den Prüfstand gestellt. Eingespart wurden unter anderem alle bislang kostenlosen Getränke (Softdrinks, Tee und Kaffee) ebenso Kekse, Obst und das Budget für Blumen über 50 Euro monatlich pro Abteilung.

Kaffee und Tee weg – Motivation weg.

»Von der Selbst- zur Fremdmotivation« betitele ich es in Vorträgen. Wie schnell und heimlich so etwas vonstattengeht! Ist man sich dessen nicht bewusst, kann man sich kaum dagegen wehren. Gerade war man noch ein hoch motivierter, aufstrebender Studienabgänger – kaum ins System integriert, geht sukzessive die Verantwortung für die Motivation flöten, bis sie schlussendlich nur noch am Unternehmen, am Vorgesetzten oder der mangelnden Perspektive klebt. Kaffee und Tee weg – Motivation weg? Freilich fällt Engagement ohne Wertschätzung oder bei Abbau der lieb gewonnenen Unternehmensleistungen schwer. Natürlich ist es nicht selbstverständlich, beständig Hochleistung zu erbringen, wenn das Betriebsklima im Minusbereich liegt. Ja, selbstredend, engagiert zu bleiben wird dann schwieriger. Aber es ist möglich.

1.2.2.4 »Streng dich ordentlich an – und motivier mich!«

Pointiert ausgedrückt lautet die gängige Formel: »Motivier mich mal!« Dieser Haltung begegne ich so manches Mal in Seminaren und Workshops. Mitarbeiter wie Führungskräfte sitzen dort mit der Anspruchshaltung, dass da vorn einer (das bin dann ich) sich richtig (aber so was von richtig!) anstrengen soll, damit sie als Teilnehmer zumindest ein bisschen motiviert werden. Die identische Haltung bringen viele Mitarbeiter ihrem Unternehmen entgegen: »Streng dich an mit deinen Leistungen – motivier mich«. Wir können es auch auf dieses Buch – und alle anderen Ratgeber – übertragen: Eine Person, die in der Überzeugung lebt, ein Buch oder ein Seminar könne sie motivieren, begibt sich dadurch in eine Abhängigkeit. Sie ist dann auf andere angewiesen. Die Situation erinnert an den Mann, der vor seinem Kamin sitzt und sagt: »Wärme mich, dann gebe ich dir Holz«.

Kein Scherz: Zweieinhalb Jahre nach einem sehr positiv aufgenommenen Drei-tages-Seminar rief mich der Fachleiter der Abteilung an und bat um ein per-sönliches Gespräch. Es stellte sich heraus, dass er unzufrieden war, weil sich im Lauf der Zeit wieder alte Verhaltensweisen im Team eingeschlichen hätten. Wie ich mir dies erkläre könne? Nun, ich war diplomatisch – hier darf ich etwas offener sein: Wenn ein Trainer ein Seminar durchführt und durchgehend heraus-ragende Rückmeldungen erhält; wenn er für einen möglichst hohen Praxistrans-fer gesorgt hat; wenn drei Tage Seminar Veränderungen für viele Monate in die Wege geleitet haben – bei wem liegt dann die Verantwortung zur dauerhaften Etablierung der Verbesserungen? Die Antwort liegt hier natürlich auf der Hand. Im Alltag schiebt man die Verantwortung aber schon mal schnell dem Trainer, Lebenspartner, Autor zu. Seien Sie sich gewiss: Ich gebe hier mein Bestes. Sie bekommen alles, was Sie benötigen, um sich selbst zu motivieren und diese Selbstmotivation dauerhaft zu etablieren. Verantwortlich dafür, ob Sie es beim Lesen belassen oder tatsächlich umsetzen, sind Sie.

Die Psychologie nutzt seit einigen Jahren als Gegeninitiative das Konzept des sog. Empowerment. Auf einen kurzen Nenner gebracht strebt es die folgenden Ziele an: Wir müssen den Menschen helfen, wieder anzuerkennen, dass sie ihr Leben steuern. Sie entscheiden selbst, in welche Richtung es geht. Sie selbst gestalten ihr Leben – auch und gerade im Unternehmen.

! **Subjektives Erleben ist stärker als objektive Wahrheiten**

Bei all dem geht es nicht um die objektive Wahrheit, so es sie überhaupt gibt. Es geht um das sog. subjektive Erleben, um die subjektive Überzeugung.

- Hat ein Manager eine hohe Verantwortung und Eigenmacht, selbst aber das Gefühl, in einem Hamsterkäfig zu agieren und »nichts wirklich bewegen« zu können – dann hat er aus seiner Sicht natürlich recht. Es hilft ihm dann nicht viel, wenn man ihm veranschaulicht, was er alles selbst entscheiden kann.
- Teilen sich zwei Mitarbeiter den identischen Arbeitsplatz, kann der eine überzeugt sein, nur ein kleines Rädchen im Getriebe zu sein und im Hamsterrad zu treten, ohne jedoch voranzukommen. Der andere Mitarbeiter ist der – viel-leicht irrigen – Ansicht, er bewirke tatsächlich etwas mit seiner Arbeit. Vielleicht denkt er sogar wahnwitziger Weise, er sei unersetzbar oder seine Arbeit sei für das Unternehmen ungeheuer wertvoll. Unabhängig davon, ob einer der beiden Recht hat – welche Einstellung würden Sie wählen? Welche Einstellung hilft dem Einzelnen wohl mehr? Selbstredend fühlt sich der Mitarbeiter besser, der aktiv ist, der verändert, der agiert.

Wer also meint, er könne etwas ändern, fühlt sich stärker als jener, der glaubt, »dass die da oben« mit ihm »machen, was sie wollen«.

1.2.3 Mentale Falle Nr. 3: das Prinzip der ausgleichenden Gerechtigkeit

Was haben eine Einladung zu einem Kindergeburtstag und Sabotage im Unternehmen miteinander zu tun? Mehr als Sie denken. Nach diesem Kapitel werden Sie es wissen. Und Sie werden erfahren, welche Rolle unsere Selbstmotivation dabei spielt.

Fangen wir mit dem Kindergeburtstag an: Max lädt Paul zu seinem siebten Geburtstag ein. Sie feiern ein schönes Fest. Drei Monate später hat Paul Geburtstag. Wen lädt er unter anderem ein? Ja, aller Wahrscheinlichkeit nach auch Max. Mal abgesehen davon, dass es vielleicht sein Freund ist – warum tut er das? Die Antwort lässt sich leichter finden, wenn man eine weitere Frage anschließt: Was würde passieren, wenn er Max nicht einlädt? Alles schon erlebt: Irgendwann steht die Mutter von Max mit ernstem Gesicht vor Pauls Eltern und fragt, ob alles in Ordnung sei oder ob sich die beiden Kinder ernsthaft zerstritten hätten … weil, nun ja, weil eben der Max den Paul ja eingeladen hatte, aber der Paul nicht den Max.

Dieses scheinbare Ungleichgewicht möchte man am liebsten ausgleichen – das ist das Prinzip der ausgleichenden Gerechtigkeit. Die Soziologie spricht von Reziprozität.

Schaut man nach, was sich hinter diesem sperrigen Begriff verbirgt, wird es spannend: Wir möchten alles ausgleichen. Sie bekommen ein Geschenk von Ihren Nachbarn? Dann haben Sie das Bedürfnis, etwas zurückgeben zu müssen. Die Bedienung im Restaurant ist sehr aufmerksam und freundlich? Ein hohes Trinkgeld gleicht es aus. Sie dürfen an der Käsetheke probieren, so viel Sie wollen? Genau: durch den Kauf einer »angemessenen« Menge Käse können Sie es regulieren. Ein Vertreter spendiert Ihnen einen Platz in der VIP-Lounge Ihres Lieblingsvereins? Dann … tja, was ist dann? Das können Sie ja gar nicht ausgleichen? Das nennt sich dann Compliance, was sich sehr frei auch mit Willfährigkeit übersetzen lässt. Genau deshalb gibt es in allen großen Unternehmen Compliance-Regeln, damit derartige Leistungen nicht angenommen und vor allem nicht ausgeglichen werden dürfen. Einfach, weil der Mensch das tiefe Bedürfnis hat, etwas zurückgeben zu müssen, und deswegen nicht mehr neutral sein kann, etwa bei einer Auftragsvergabe. Mit dieser soziologisch-psychologischen Erkenntnis im Hinterkopf versteht man nun, warum beispielsweise Ärzten »Fortbildungslehrgänge« im Luxushotel auf einer schönen Insel angeboten werden – finanziert von einem Pharma-Unternehmen. Und nun verstehen wir auch, warum der Paul den Max einladen wird.

1.2.3.1 Wer sein Unternehmen schädigt, schädigt sich selbst

Was hat dies alles aber mit Sabotage am Arbeitsplatz und mit Selbstmotivation zu tun? Nun, das Prinzip der ausgleichenden Gerechtigkeit funktioniert nicht nur im Guten, sondern auch im Schlechten. Sägt Ihnen der böse Nachbar den schönsten Ast Ihres Lieblingsbaumes an der Grundstücksgrenze ab, weil dieser ihn schon lange störte, haben Sie das tiefe Gefühl, selbst eine Pflanze des Nachbarn oder gar ihn selbst zurechtstutzen zu müssen. Nimmt Ihnen die Firma etwas weg, dann haben Sie das Gefühl, dem Unternehmen auch etwas wegnehmen zu müssen, und sei es etwas von Ihrer Arbeitsleistung. Man könnte entgegnen: »Ja, und? Ich passe meine Leistung eben der Gegenleistung an.« Diese Haltung bringt fast alle oben erwähnten Faktoren ans Licht: Passe ich meine Leistung der Gegenleistung an, dann bin ich nicht der Aktive, sondern der Passive. Ich agiere nicht, ich reagiere. Und was viel schlimmer ist: Mit dieser Einstellung gebe ich nicht nur das Heft des Handelns aus der Hand – ich gerate zudem in eine Abwärtsspirale.

Tatsächlich ist diese Haltung gang und gäbe. Sie geht sogar so weit, dass Arbeitnehmer ihr Unternehmen durch Leistungsminderung nicht nur passiv schädigen, sondern zum Teil auch aktiv. Da wird mal ein Virus ins Netzwerk eingeschleust, eine Maschine außer Betrieb gesetzt oder eine plötzliche Krankheit lässt den wichtigen Termin platzen.

Warum handeln Menschen so? Wer das Gefühl verspürt, selbst nichts oder nicht mehr viel bewirken zu können, steigert das Gefühl der eigenen Ohnmacht. Dann ist er »ohne Macht«, kann nichts ändern. Dann ist das gesamte Leben ebenso von anderen abhängig wie die Stimmung und – Sie ahnen es – die Motivation. Insgeheim steckt der Glaube oder zumindest die Hoffnung des Einzelnen dahinter, es möge ihm nach diesem Ausgleich wieder bessergehen. Ein fataler Irrglaube! Das Verhältnis zwischen Angestellten und Unternehmen ist wie die Beziehung zwischen Ehepartnern: Verliert eine Seite, verlieren immer beide Seiten. In einer Liebesbeziehung wird es offensichtlich: Wer seinen Lebenspartner schädigt, ihn beispielsweise vor anderen diffamiert, schädigt dadurch die Qualität der Beziehung und damit auch sich selbst. Im Unternehmen ist die Wirkungsweise die gleiche – nur meist nicht so offensichtlich. Dass es der Firma schadet, liegt auf der Hand. Aber mir? Mir müsste es doch jetzt bessergehen, nachdem ich diese vermeintliche Ungerechtigkeit ausgeglichen habe?

Schauen wir uns dazu das Beispiel von Ulrich Kammerer an.

> **Beispiel**
>
> Herr Kammerer kam mit folgender Problemschilderung ins Coaching: »Das Unternehmen, in dem ich arbeite, wurde vor rund zehn Jahren von einem britischen Konzern übernommen. Anfangs blieb alles beim Alten. Dann kam es allmählich zu Änderungen, später dann immer schneller. Fast jährlich gibt es jetzt neue Entlassungsrunden. Nie weiß man, wen es als Nächsten trifft. Und die Arbeit muss von immer weniger Leuten gemacht werden. Eine Gehaltserhöhung hat es seither nicht mehr gegeben. Mir geht es dabei irgendwie immer schlechter. Mittlerweile reiße ich meine Stunden runter, erledige nur noch das Nötigste. Wenn es neue Aufgaben zu verteilen gibt, mache ich mich dünn. Mein Chef hat schon mehrfach nachgefragt, aber ich sehe nicht ein, mehr zu arbeiten für das gleiche Geld. Berücksichtigt man die Inflationsrate, verdiene ich heute weniger als vor zehn Jahren. Das Schlimmste dabei: Fahre ich abends nach Hause, bin ich völlig kaputt. Selbst das Wochenende und der Urlaub reichen nicht mehr aus, um mich wieder auf 100 Prozent hochzufahren. Ich weiß nicht, was ich tun soll ...«

Dem Beispiel ist nichts hinzuzufügen, zumindest nicht, was die Problemschilderung anbelangt. Man neigt dazu, Verständnis für Herrn Kammerer aufzubringen. Das habe ich auch. Dennoch erschrecke ich Sie nun mit einer etwas anderen Perspektive und einer auf den ersten Blick harten Aussage: Herr Kammerer sabotiert sein Unternehmen. Zumindest enthält er ihm vorsätzlich einen Teil seiner potenziellen Leistung vor. Als Unternehmer/in würden Sie ihn nicht einstellen, jede Wette.

1.2.3.2 Eigene Leistung stärkt Selbstachtung

Schauen wir einmal hinter die Kulissen und fragen uns, warum Herr Kammerer sich so verhält. Er tut es, um das oben angesprochene innere Gleichgewicht zu schaffen und sich besser zu fühlen. Doch damit erreicht er genau das Gegenteil. Denn Leistung stärkt Selbstachtung, unsere Ich-Stärke. Wir haben im Unterbewusstsein quasi einen Buchhalter, der akribisch notiert, was wir tun oder was wir eben nicht tun, obwohl wir es tun könnten. Insgeheim wissen wir ganz genau, was wir leisten können. Tun wir es, notiert unser geistiger Buchhalter ein Plus. Tun wir es nicht, gibt es ein Minus. Im Lauf der Zeit kommt allerhand zusammen und ergibt einen positiven oder negativen Saldo. Je nachdem fühlen wir uns.

Zurück zu Herrn Kammerer. Was ursprünglich widersinnig oder zumindest verblüffend wirkte, erscheint jetzt sonnenklar: Er schadet sich selbst, weil er seine Leistung und damit sein Selbstwertgefühl mindert. Tut er das längerfristig, wie im Beispiel angedeutet, gehen Selbstvertrauen, Wohlbefinden und Regenerationsfähigkeit flöten. Auf gut Deutsch: Man hat weniger Power, weniger geistige und körperliche Frische. Nicht nur beruflich, auch privat. Auch am Wochenende und im Urlaub. Und damit ist die Schleife zur Selbstmotivation gezogen: sie ist restlos am Boden.

Wie man da rauskommt? In den Kapiteln »Was uns wirklich antreibt« und »Wie wir ins Handeln kommen« geht es genau darum. Sogenanntes positives Denken hilft dabei garantiert nicht. Es ist vielmehr die nächste Falle.

1.2.4 Mentale Falle Nr. 4: »Ich muss positiv denken!«

Lassen Sie uns bei dieser Falle anfangs ein wenig »liebevoll lästern«. Wobei es natürlich nicht ums Lästern geht, sondern um die sich daraus ergebenden Erkenntnisse. Es ist schon erstaunlich: Auch wenn ich noch so oft betone, ich sei kein Tschaka-Motivationstrainer – kaum starte ich in einem neuen Unternehmen mit einem Seminar, äußern Teilnehmer, ich würde ihnen nun »die rosarote Brille aufsetzen« oder sie zum »Schönmalen« manipulieren. Deshalb fett geschrieben und deutlich: **Das rein positive Denken halte ich prinzipiell für gefährlich.** Mittlerweile belegen zahlreiche Studien, dass Suggestionen wie »Du schaffst das!« prima sind, um kurzfristig in eine gute Stimmung zu kommen. Sie reichen aber bei weitem nicht aus, um konkrete Ergebnisse zu erzielen, also beispielsweise, um im Studium gute Noten zu schreiben oder gar um Karriere zu machen.

Weitaus weniger bekannt ist, dass diese so verbreitete Positiv-Denke spürbar negative Auswirkungen haben kann. Sie fragen sich jetzt vielleicht: Wie kann denn Positives negativ sein? Ganz einfach: Erfunden hat das »Positive Denken« der französische Apotheker Emile Coué vor rund 100 Jahren. Er glaubte, seine Patienten könnten sich mit positiven Aussagen selbst beeinflussen, sofern sie sich diese mindestens 20 Mal am Tag vorsagen würden. Eine seiner bekanntesten Aussagen lautete: »Es geht mir von Tag zu Tag immer besser und besser«. Dahinter steckt eine bestechende Idee, wie etwa bei »Reich ohne zu arbeiten« oder »Lernen im Schlaf«. Die Denkmuster suggerieren, man könne positive Entwicklungen in die Wege leiten, ohne etwas dafür zu tun, zumindest, ohne sich groß anstrengen zu müssen. Sie ahnen schon, dass dem nicht so ist. Der so eingängige Ansatz des Apothekers wurde im Lauf der Zeit immer weiter ausgebaut, vor allem von amerikanischen Motivationstrainern, deren Gedankengut dann auch nach Europa importiert wurde.

Nun könnte man das positive Denken einfach so stehen und geschehen lassen, weil es ja scheinbar niemandem schadet. Das tut es aber doch. Denn diese Denkweise suggeriert, dass man »nur« daran glauben müsse und alles würde gut. Es geht um dieses Wort der Ausschließlichkeit, um dieses *nur*, das immer wieder in diesen Mantras auftaucht.

1.2.4.1 Der Lohn des rein positiven Denkens: nichts!

Googeln Sie mal oder schauen Sie bei einem Buchhändler im Verzeichnis, was sich unter den Schlagworten »Positives Denken« so alles finden lässt. Angefangen von »Denke nach und werde reich« (übrigens ein Klassiker) über »Positives Denken: Ihr Weg zu mehr Glück, Erfolg und Selbstbewusstsein« (noch kein Klassiker) bis hin zu »Positives Denken: Durch Gedankenkraft die Illusion der Begrenztheit überwinden« (wird wohl nie ein Klassiker) finden Sie mehrere hundert Werke, die zu schier unendlichem Glück verhelfen sollen. Allen gemein ist in etwa diese Vorgehensweise: Wenn Sie etwas erreichen möchten, sollen Sie sich vorstellen, was Sie wollen. Jetzt malen Sie es sich in den schönsten Farben und Formen aus. Dann lassen Sie den Wunsch los und warten ganz vertrauensvoll darauf, dass Ihnen der verdiente Lohn zufällt. Und wirklich. Es stellt sich genau der Lohn ein, den Sie dafür verdienen: nichts. Denn er ist die Folge von dem, was Sie dafür getan haben: nichts.

Eigentlich ziemlich dreist, so ein »Kriege-alles-für-nichts«-Versprechen überhaupt anzubieten. Andererseits möchten viele Menschen daran glauben, weshalb es sich auch entsprechend ausnutzen lässt. Es ist wie bei »grandiosen Zinsangeboten« – klar sollte man bei einem Angebot von 12 % Zinsen pro Jahr skeptisch sein, aber viele Menschen wollen nur zu gerne daran glauben und fallen dann darauf herein.

Die meisten Motivationstrainer belassen es freilich nicht dabei, sondern setzen noch Eins drauf: »Du kannst alles erreichen – wenn Du nur wirklich willst!«, skandieren sie. Mir graut es jedes Mal, wenn ich das höre. Dadurch geht es einem nämlich nicht besser, sondern schlechter.

Psychologische Forschungen belegen, dass dieser Irrglaube der Grund dafür ist, weswegen sich viele Menschen selbst überfordern und als Versager fühlen. Das übrigens selbst dann, wenn sie nach objektiven Kriterien erfolgreich sind.

Als Beweise für den Erfolg der Du-kannst-alles-erreichen-These werden immer wieder die gleichen Beispiele angeführt: vom berühmten Milliardär Rockefeller, der sein Berufsleben als Hilfsbuchhalter begann, über Ex-Bundeskanzler Schröder, der als Sohn einer Putzfrau auf die Welt kam, bis hin zu Nelson Mandela oder Mahatma Gandhi. Sie suggerieren: Auch du kannst es schaffen – und wenn du es nicht schaffst, hast du es nicht genügend gewollt, wahlweise dich nicht genügend angestrengt oder machst irgendetwas grundlegend falsch. Doch die Wahrscheinlichkeit, auch mit noch so viel Motivation und Hirnschmalz ein zweiter Rockefeller zu werden, ist geringer, als sich zum Lottomillionär zu tippen.

1.2.4.2 Ich will alles erreichen und erreiche: nichts!

Das Credo der meisten dieser Motivationstrainer lautet: »Schraube niemals deine Ansprüche herunter, sondern streng dich mehr an oder suche andere Lösungen«. Wissenschaftler und Psychologen haben hier zweifelsohne Recht: Wer seinen hohen Ansprüchen jahrzehntelang nachjagt, sich tagtäglich dafür ins Zeug legt und es dann aber doch nicht schafft, der wird unzufrieden. Was tun? Mein Rat: am besten nicht bei den äußeren Umständen ansetzen, sondern beim eigenen Denken, am eigenen Anspruch. Was wollen wir wirklich? Müssen wir ein zweiter Rockefeller werden, um glücklich zu sein? Oder Fußballprofi? Setzen wir etwas tiefer an. Brauchen wir wirklich den neuesten Sportwagen für unser Glück? Die Gehaltserhöhung? Wer sich solche Gedanken macht und seine eigenen Antworten findet, löst sich allmählich vom Anspruchsdenken und vor allem vom Irrtum, dass er alles erreichen muss und erst dann glücklich sein kann.

> **!** **Wichtig**
>
> Meine Bitte und Hoffnung: Gehen Sie niemandem auf den Leim, der Ihnen verspricht, Sie könnten mit bloßer Gedankenkraft etwas oder gar alles erreichen – seien es berufliche Ziele, Genesung oder der perfekte Lebenspartner. Es funktioniert einfach nicht! Sie wiegen sich damit nur in der trügerischen Sicherheit, etwas getan zu haben. Dadurch werden Sie weniger aktiv. Ihre einzige Aktivität beschränkt sich dann darauf zu hoffen, dass das herbeigesehnte Ereignis eintrifft.

1.2.4.3 Künstliches Lächeln bringt: nichts!

Das Du-musst-nur-daran-glauben-Prinzip birgt noch eine weitere Gefahr. Wahrscheinlich kennen Sie diese Situation: Sie sind mal nicht so guter Stimmung und jemand sagt zu Ihnen: »Denk doch mal positiv!« Damit erreicht er meist genau das Gegenteil: Sie fühlen sich noch schlechter.

Vor Kurzem begleitete ich ein Vertriebsseminar. Der Verkaufstrainer forderte die Außendienstmitarbeiter auf, jeden Tag mit einem Blick in den Spiegel zu beginnen und dabei zu sagen: »Ich bin ein Topverkäufer!« Vorsicht auch hier: Wer nicht tatsächlich ein Topverkäufer ist, den beschleicht hier dasselbe Gefühl wie beim »Denk mal positiv!« – er fühlt sich letztendlich schlechter.

Warum ist das so? Studien, etwa bei Stewardessen, haben gezeigt, dass künstliches Lächeln krankmacht. Warum? Weil niemandem im Stress nach Lächeln zumute ist. Ein Verhalten gegen die eigentlichen Gefühle verursacht weiteren Stress. Negative Gefühle wie Stressempfinden sind ganz elementare Schutzfunktionen. Sie zeigen, dass etwas an einer Situation nicht stimmig für uns ist.

Wer dies dauerhaft ignoriert, wird krank. Im Extremfall mag sich ein selbstkritischer Mensch noch weniger leiden, wenn er sich einreden soll, er sei liebenswert und wunderbar, wenn er dies eigentlich gar nicht empfindet.

Eine letzte Anmerkung zu den Gefahren des »Positiven Denkens«: Kennen Sie den Tipp, man solle einfach eine halbe Minute lächeln? Dadurch würden entsprechende Glückshormone ausgestoßen, weil das Gehirn nicht entscheiden könne, wann wir echt oder falsch lächelten … Ich glaube, es ist unnötig, das jetzt noch zu kommentieren. Sie haben mittlerweile Ihre eigene Meinung dazu!

1.2.5   Mentale Falle Nr. 5: »Ich muss durchhalten«

Beginnen wir dieses Kapitel mit niemand Geringerem als dem legendären Winston Churchill. Während des Krieges sollte der britische Premier vor einer Studentenvereinigung eine Rede halten. Alle warteten gespannt. Churchill ging auf die Bühne, ließ sich viel Zeit, hängte seinen Hut auf, stellte seinen Spazierstock ans Rednerpult und schaute dann von links nach rechts und von rechts nach links die Studenten eindringlich an. Alle warteten gespannt, was er sagen würde. Plötzlich rief er laut: »Never, never, never, never give up!« Dann nahm er den Hut und den Stock und verließ die Bühne wieder. Zuerst war es mucksmäuschenstill im Raum. Dann glaubten einige Studenten zu verstehen, was er meinte. Sie standen auf und applaudierten. Nach und nach erhoben sich alle und gaben ihm minutenlang stehende Ovationen.

Verfechter des »Never-give-up«-Gedankens nutzen diese Geschichte gerne, um zu verdeutlichen, dass man niemals aufgeben und seine Ziele immer weiterverfolgen soll. Allen widrigen Umständen zum Trotz und ganz gleich, was andere sagen.

Historiker kennen dagegen den wahren Hintergrund von Churchills Zitat und seiner Einsilbigkeit: Er war sturzbetrunken und konnte keine lange Rede halten! In diesem Zustand gab er immer zahlreiche Anweisungen und Befehle, die sich durch ihre Kürze und eine verschwommene Sprache auszeichneten, wie zeitgenössische Tonaufnahmen bezeugen. Schauen wir uns die Sache noch genauer an: Churchill hielt seine »Rede« 1941 während des Zweiten Weltkriegs. Als er den Saal betrat, begann just in diesem Moment ein Fliegerangriff der Deutschen Luftwaffe. Und kurz vorher soll ein Vertrauter Churchills versucht haben, ihn zum Aufgeben zu überreden.

Also: Wir sind keine Premierminister. Wir vertreten kein Land. Wir stecken nicht in einem Krieg. Natürlich, »Ich gebe niemals auf« zu sagen, schindet gehörig Eindruck. Doch kann es auch in eine Sackgasse führen: Wer einem hoffnungslosen

Unterfangen nachhängt, wird auch nicht erfolgreicher, wenn er seine Anstrengungen verdoppelt. Daher, wenn es keinen Sinn mehr macht: »Give up!«. Geben Sie auf. Lassen Sie los.

> **!** **Beispiel: Aufgeben kann erleichternd sein**
>
> Gerlinde Segmüller schilderte ihre Situation so: »Nach einer beruflichen Selbstfindungsphase ist mir klargeworden, dass ich liebend gern mit Sachen zu tun habe, die andere Leute meiden: Akten, Formulare, Steuergeschichten usw. Also habe ich mich schlau gemacht und eine Marktlücke entdeckt. Es gibt ja unzählige kleinere Selbstständige, die ihren Papierkram nicht selbst machen und sich auf ihr Kerngeschäft konzentrieren wollen. Ihnen wollte ich meine Dienste anbieten. Also meldete ich ein Gewerbe an, erstellte eine Homepage, druckte Visitenkarten und Prospekte und schaltete etliche Kleinanzeigen. Keine Resonanz. Ich verstärkte meine werblichen Maßnahmen und gewann auch einen kleinen Kunden, der mir aber ziemlich schnell wieder absprang. Ich intensivierte meinen Internetauftritt und schrieb gezielt Kleinunternehmer an. Ohne Erfolg. Meine Freundinnen rieten mir, aufzugeben und mich auf etwas anderes zu fokussieren. Aber ich war überzeugt davon, dass sich Durchhalten lohnt. Also machte ich weiter, nahm zuerst einen kleinen, später einen größeren Kredit auf, um meine Werbeausgaben und mein Büro finanzieren zu können. Erst nach rund zweieinhalb Jahren, in denen ich ein paar wenige Kunden gehabt hatte, machte mir die Bank eindringlich klar, dass es keine weiteren Finanzmittel geben würde. Da suchte ich Rat bei einer neutralen Beratungsstelle – und gab dann sehr schnell mein Vorhaben auf. Erstaunlicherweise war ich danach nicht frustriert, sondern es war wie eine Erlösung.«

Es lässt sich gut nachvollziehen, wie erleichtert sich Frau Segmüller fühlte. Den meisten Menschen fällt es schwer loszulassen. Schaffen sie es dann endlich, fallen oft zentnerschwere Lasten von ihren Schultern.

Was steckt hinter der Thematik? Nun, an Selbstmotivation scheint es hier nicht gemangelt zu haben. Frau Segmüller gab nicht auf, machte immer weiter, weiter, weiter. Übrigens machen nicht wenige Menschen so lange weiter, bis sie von ihrem Körper oder auch von einer externen »Instanz« ein Warnsignal bekommen, die Richtung zu ändern. Und hier ist auch schon das Schlüsselwort: Richtung. Es kommt nicht nur auf die Energie an, sondern auch auf die Richtung, in die wir diese lenken. Wichtig ist, dass es sich nicht um eine wahllose Energie handelt, die da verschleudert wird, sondern dass sie sich in eine bestimmte Richtung auf ein Ziel richtet.

> **!** Selbstmotivation ist »Force to Act«, also die Macht zu handeln. »Force« lässt sich übersetzen mit Stärke oder Energie.

1.2.5.1 Wann durchhalten? Wann loslassen?

Unbestreitbar liegt es in der menschlichen Natur, durchhalten zu wollen. Das ist prinzipiell gut so, sonst hätten wir vermutlich weder laufen, noch Rad fahren gelernt. Auch Schule, Ausbildung und Beruf wären ohne diesen Durchhaltewillen undenkbar. Durchhaltevermögen wird ja generell als tugendhaft bezeichnet, weil es bezeugt, dass wir geduldig sein können und uns auch von Hindernissen nicht abbringen lassen.

Beispiel: Jede Menge Arbeit und eine Portion Glück   **!**

Als ich mich selbstständig machte, war es zunächst nur ein Traum, den ich verwirklichen wollte: Trainer. Coach. Wow! Das hörte sich gut an. Anderen Menschen zu helfen, ihr Leben besser ausrichten zu können, das war mein Wunsch. Dass es schon über 50.000 Trainer in Deutschland gab, schreckte mich nicht. Auch nicht, dass die allesamt schon mehr auf dem Kasten hatten als ich. Also machte ich es wie Gerlinde Segmüller: Ich mietete ein kleines Büro, zeigte Präsenz im Internet und schrieb Unternehmen an. Naiverweise erwartete ich, dass sich von den rund 100 angeschriebenen Unternehmen doch mindestens 15 melden würden, woraus dann drei Aufträge entstehen würden. So hatte ich mir das ausgerechnet. Nun, es waren genau null Aufträge und vier Absagen, die ich erhielt. Sonst keine Regung, Nachfragen blieben unbeantwortet. Viel, viel später wurde mir natürlich klar, dass diese Unternehmen aus ihrer Sicht richtig reagiert hatten: Sie bekommen unzählige Angebote von selbsternannten, frischgebackenen Trainern und Coachs, die über keinerlei Erfahrung verfügen. Damals wusste ich das nicht und war nach wenigen Wochen an der ersten Schwelle des »Weitermachen-oder-aufgeben«-Dilemmas. Wie Sie ahnen, machte ich weiter. Ich machte auch weiter, als nach einem halben Jahr immer noch kein Auftrag eingegangen war. Aber hier tat ich etwas, das ich jedem empfehlen kann, der sich fragt, ob er durchhalten soll. Ich zog einen klaren Schnitt und fragte mich, ob ich einem unerreichbaren Wunschtraum nachhing oder ob das Dranbleiben sinnvoll sei. Dazu holte ich alle Entscheidungsfaktoren auf den Tisch, schrieb sie auf, gewichtete und bewertete sie, überlegte mir, wie weit und ob überhaupt ich meinem Ziel in den letzten Monaten nähergekommen war. Dazu gehörte auch ein Blick auf meine Finanzen. Ich hatte bereits einen Teil meiner monetären Reserven aufgebraucht und konnte mir ausrechnen, wie lange die Mittel noch reichen würden. Hier wurde mir ganz klar, dass dieser Traum nicht ewig finanziert werden konnte, und ich setzte mir ein Zieldatum: Bis zum Tag X musste sich meine Selbstständigkeit entweder selbst tragen, oder ich würde meinen Traum als Wolkenkuckucksheim ad acta legen. Wie Sie wissen, kann ich heute meinen Traum leben. Das Vorhaben war am Tag X finanziell tragfähig. Dazu gehörten freilich nicht nur Selbstmotivation und jede Menge Arbeit, sondern auch eine Portion Glück. Auf das Glück verlassen kann mich sich freilich nicht – siehe hierzu auch das Kapitel »Fünf absolut objektive und unbequeme Wahrheiten«.

Die Kernfrage lautet: *Wann* gilt es durchzuhalten und wann ist es besser, sein Vorhaben als unrealistisch abzutun und zu beenden? Eine generelle Antwort darauf gibt es nicht. Auf alle Fälle gehört zum Aufhören oft eine Menge Mut.

> **!** **Beispiel: Umkehr kurz vor dem Ziel**
>
> Tamara Lunger, eine österreichische Bergsteigerin, versuchte im Winter 2016 die extrem schwierige Winterbesteigung des 8.125 Meter hohen Nanga Parbat im West-Himalaya. Sie war etwa 70 Meter vor dem Ziel, sah ihren Begleiter schon am Gipfel stehen und: kehrte um! Aller Wahrscheinlichkeit nach hat ihr dieses Aufgeben das Leben gerettet. Sie kehrte um, weil sie spürte, dass sie sonst den Abstieg nicht mehr schaffen würde.

1.2.5.2 Wenn dein Pferd tot ist, steig ab!

Fragen wir uns selbst: Würden wir den Mut haben, kurz vor dem Ziel umzukehren? Im Coaching arbeite ich des Öfteren mit solchen Problemstellungen, und jeder Fall liegt komplett anders. Es wäre deshalb unseriös, Ihnen in einem Buch eine universelle Lösung anbieten zu wollen. Manchmal macht es ja durchaus Sinn, die letzten Reserven aus sich herauszuholen und sich ins Ziel zu schleppen. Auf jeden Fall sollten Sie in solchen Situationen möglichst viele Meinungen aus den unterschiedlichsten Blickwinkeln sammeln. Denn meist gibt es genügend Hinweise von außen, was angebracht ist. Aber Loslassen ist schwer, weil wir es oft mit Versagen gleichsetzen. Von daher der einfache Rat: Ersetzen Sie die selten zutreffende Botschaft des »Never give up« durch: »Wenn dein Pferd tot ist, steig ab!« Dieser deutlich gesündere Leitsatz entlastet ungemein. Er nimmt den Druck von uns, wenn wir auf Widrigkeiten treffen, die wir nicht oder nur minimal beeinflussen können.

1.2.6   Mentale Falle Nr. 6: »Ich bin halt nicht so motiviert«

»Ich bin halt so – Motivation ist nicht so meine Sache!« Hinter dieser mentalen Falle Nr. 6 steckt die unausgesprochene Überzeugung, man könne seinen SML gar nicht ändern oder brauche dafür nichts mehr zu tun. Schließlich habe man schon mal ein Seminar dazu besucht, ein Buch darüber gelesen oder mit dem Chef alles durchgesprochen … – und alles hat nichts gebracht.

Betrachten wir diese Killeraussage einmal näher: Was bedeutet es, wenn jemand sagt: »Ich bin nun mal so«? Zunächst einmal denkt dieser Mensch, sein »So-sein« sei Teil seiner Persönlichkeit und – das ist inkludiert – er könne nichts daran ändern. Wenn ich es etwas härter ausdrücke, und in Coachings kommen wir immer wieder auf solche »härteren« Punkte, dann bedeutet das fast immer: Er/ Sie *will* nichts ändern, aus welchen Gründen auch immer, sei es aus Bequemlichkeit, aus Angst oder Frustration.

Wir können uns ändern. Wir sind vielleicht so, müssen es aber definitiv nicht bleiben! Es ist lediglich viel einfacher, nichts zu ändern und solche Aussagen vorzuschieben.

Beispiel

Lorenza, die an einem meiner Seminare teilnahm, berichtete von ihrer starken Spinnenphobie. Sie gruselte sich so sehr vor den Tieren, dass sie des Öfteren Kollegen oder Nachbarn alarmierte, damit diese für sie die Monster nach draußen beförderten. In der Runde der Teilnehmer wurde erörtert, dass es heute ausgereifte und wirksame Therapien für Menschen mit Spinnenphobie gibt. Lorenza stellte dies keineswegs in Frage, wehrte sich aber mit Händen und Füßen gegen eine Therapie. Sie kann weiterhin sagen: »Ich bin halt so!«

Hier ein paar Aussagen, um zu untermauern, wie hanebüchen dieses »Ich bin halt so« im Kern ist:

- »Ich kann nicht schneller sortieren – ich bin halt so gründlich, ruhig.«
- »Ich muss ihm das so undiplomatisch sagen; ich bin halt so und kann mich nicht verbiegen.«
- »Wenn meine Frau mir querkommt, rutscht mir halt ab und zu die Hand aus. Ich bin halt so.«

Wahrscheinlich kennen Sie vergleichbare Aussagen– von anderen natürlich – zur Genüge. Gerade das letzte Beispiel zeigt überdeutlich, dass der Mensch etwas ändern könnte, jedoch sein »Ich bin halt so!« bewusst oder unbewusst als Begründung vorschiebt, warum er sich nicht ändern wird.

Sie wissen es besser. Sie wissen nach diesem Kapitel auch, dass sich der SML steigern lässt, dass man etwas dafür tun und beständig an dieser Fähigkeit weiterarbeiten muss. Das hört nie auf.

Die nächsten Kapitel unterstützen Sie mit Impulsen und Vorgehensweisen. Prüfen Sie, was Sie daraus für sich nutzen können.

1.3   Zusammenfassung

In diesem ersten, etwas allgemeineren Kapitel haben wir etliche Facetten zum Thema Selbstmotivation betrachtet. Was können wir davon in die nächsten Kapitel mitnehmen?

Zunächst einmal, dass Selbstmotivation eine elementar wichtige Fähigkeit ist, um glücklich sein zu können. Der SML entscheidet nicht nur über den Erfolg im beruflichen, sondern auch im privaten Bereich. Die bewusste Steigerung unserer Selbstmotivation ist ein Prozess und damit trainierbar. Dabei kommt unsere Selbstmotivation nie »einfach so irgendwie« zustande, sondern sie ist immer auf etwas gerichtet – sie ist »Force to Act«.

Zur Ausrichtung dieser zielorientierten Energiequelle benötigen wir nicht nur unseren Verstand, sondern vor allem unser Unterbewusstsein. Dieses wird unter anderem von den Teachable Moments beeinflusst. Um frühzeitig die Weichen stellen zu können, unterbreitet Ihnen dieses Buch einige »Angebote« für Micro-Teachable-Moments.

Kennen und fürchten gelernt haben wir außerdem mentale Fallen, die uns auf dem Weg zu mehr Selbstmotivation des Öfteren stolpern lassen. Auch diese Fallen stellen wir uns völlig unbewusst selbst. Die gefährlichsten Stolperfallen sind

- die sog. kognitive Dissonanz, bei der unser Verhalten von dem abweicht, was wir für richtig halten. Um das ungute Gefühl auszugleichen, lassen wir uns meist Ausreden einfallen – auch vor uns selbst.
- die Haltung »Ich lass mich motivieren«, bei der wir das Heft des Handelns aus der Hand geben. Dadurch legen wir die Verantwortung für unseren SML ab, haben keine Macht mehr – sind also ohnmächtig und fühlen uns schlecht.
- das Prinzip der ausgleichenden Gerechtigkeit, das dazu verführt, die eigenen Leistungen den Leistungen des Unternehmens oder von anderen Menschen anzupassen. Schrumpfen diese, gleiche ich mich an und streiche ebenfalls Teile meiner Leistung. Da jedoch die eigene Leistung Punkte aufs Selbstachtungskonto einzahlt, geraten wir dort immer mehr ins Minus. Beide Seiten verlieren: das Unternehmen, weil der Mitarbeiter weniger tut, als er könnte, und der Mitarbeiter, weil er sich schlecht fühlt und abends energielos aus dem Büro schleicht.
- das Mantra »Ich muss positiv denken«, das dazu verleitet, sich etwas stark zu wünschen und dann passiv abzuwarten. Es suggeriert, dass man durch Nichtstun etwas erreichen könne. Das ist Humbug. Mit Nichtstun erreicht man nichts. Auch künstliches Lächeln löst ungute Gefühle aus, da wir insgeheim wissen, dass uns nicht nach Lächeln zumute ist. Und wer sich mit

Tschaka-Parolen wie beispielsweise »Ich bin ein Topverkäufer« positiv stimmt, dabei aber weiß, dass er nur Durchschnitt ist, fühlt sich als Versager.

- das »Never give up«-Credo. Durchhalten gilt als Tugend. Die Kernfrage aber ist: Wann macht es Sinn durchzuhalten und wann abzubrechen? Hier gilt das zielführendere Prinzip: »Wenn dein Pferd tot ist, steig ab!«
- das Grundgefühl »Ich bin halt so. Ich bin halt nicht so motiviert.« Wir wissen mittlerweile, dass unser SML trainierbar ist.

So gerüstet begeben wir uns auf den Weg. Die folgenden zwei Hauptkapitel zeigen, wie wir konkret an unserem SML arbeiten können und wie wir uns das Unterbewusstsein zum Verbündeten machen.

2 Was uns wirklich antreibt

Im ersten Kapitel haben Sie die mentalen Denkfallen kennengelernt, in die wir stolpern, wenn es um unsere Motivation geht. Nun fokussieren wir uns darauf, anstelle der ungünstigen Denkweisen eine hilfreiche Einstellung zu installieren. In diesem Kapitel geht es um die Art, wie wir unser Denken genau in die tatsächlich gewünschten Bahnen lenken können. Psychologen sprechen hier von einem »mind set«. Zunächst beschäftigen wir uns jedoch noch intensiver mit dem Zusammenspiel zwischen Verstand und Unterbewusstsein. Wir analysieren den sog. magischen Filter, der maßgeblich für unsere Selbstmotivation verantwortlich ist. Des Weiteren nehmen wir Methoden unter die Lupe, mit denen sich unser SML einfach steigern lässt. Weitere Schritte führen uns zu den drei Basiskonzepten, mit denen wir unsere Gedanken und Stimmungen beeinflussen können: Emotionsmanagement durch

- mentale,
- sprachliche und
- körperliche Methoden.

Legen wir los.

2.1 »Yes, we can«: das Prinzip der Selbstwirksamkeit

Vielleicht denken Sie, wenn Sie die Überschrift lesen: »Klar, das Prinzip der Selbstwirksamkeit kenne ich! Das ist doch das mit der selbsterfüllenden Prophezeiung.« Das stimmt nur zu einem kleinen Teil. Ganz so simpel ist es nicht. Es steckt noch viel mehr dahinter.

Psychologen verstehen unter Selbstwirksamkeit eine Überzeugung, die jeder Mensch hat und die für oder gegen ihn arbeitet. Der kanadische Psychologe Albert Bandura hat das Phänomen der Selbstwirksamkeit in den 1970er-Jahren erforscht und seine Erkenntnisse in dem folgenden Satz auf den Punkt gebracht.

> »Motivation resultiert vorrangig daraus, wovon Menschen überzeugt sind, und weniger daraus, was objektiv der Fall ist.«

Es kommt also nicht so sehr darauf an, dass wir das, was wir gerade tun wollen, auch wirklich tun *können*. Wir müssen nur davon überzeugt sein, dass wir es können. Ohne sich ihr bewusst zu sein, tragen wir nämlich ständig die Frage »Schaffe ich das?« mit uns herum – und geben uns permanent die Antworten darauf. Natürlich bemerken wir das so gut wie nie. Wir überlegen uns beispielsweise, vor der Arbeit noch schnell einzukaufen. Wir bereiten uns auf eine Prüfung vor. Wir wollen eine Straße überqueren, Autos kreuzen von links nach rechts. Und unser Unterbewusstsein fragt – hoffentlich: »Schaffe ich das?«

Auf der anderen Seite stehen die Antworten, die wir uns geben. Sie entscheiden über unsere Motivation, Dinge zu tun. Übertreiben wir ein wenig: Wird der Coach Potato beim alljährlichen Fitnesstag seines Unternehmens aufgefordert, den Halbmarathon mitzulaufen, wird sich seine Motivation in engen Grenzen halten: Er »weiß«, dass er es nicht schaffen wird. Ähnlich geht es dem eher glücklosen Verkäufer, der aufgrund der Unternehmensvorgaben seine Umsätze plötzlich verdoppeln soll. Es fällt uns schwer, uns für Derartiges zu motivieren, da das Unterbewusstsein sagt: »Es lohnt nicht, dafür Energie zu verschwenden – das schaffe ich sowieso nicht«. Manchmal tun wir dann noch so, als würden wir uns anstrengen. Das war es dann aber auch schon.

Selbstwirksamkeit dagegen kennzeichnet die persönliche Überzeugung, Anforderungen aus eigener Kraft meistern zu können. Ist der Verkäufer – nicht sein Vorgesetzter oder die Unternehmensleitung – vielleicht davon überzeugt, 5 % mehr Umsatz zu erzielen, dann bringt er auch die dafür notwendige Energie auf. Und erst dann hat er überhaupt die Chance, die 5 % zu erreichen.

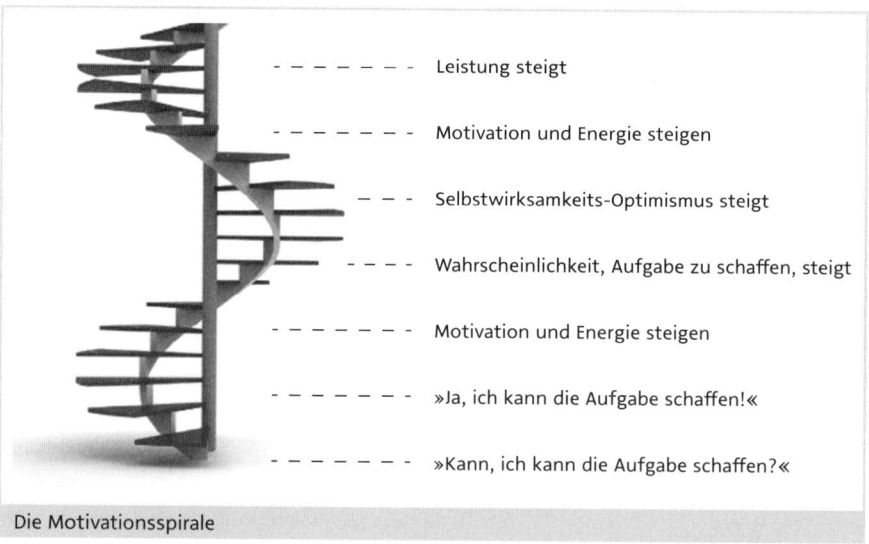

- - - - - - - Leistung steigt

- - - - - - - Motivation und Energie steigen

- - - - Selbstwirksamkeits-Optimismus steigt

- - - - Wahrscheinlichkeit, Aufgabe zu schaffen, steigt

- - - - - Motivation und Energie steigen

- - - - - - - »Ja, ich kann die Aufgabe schaffen!«

- - - - - - »Kann, ich kann die Aufgabe schaffen?«

Die Motivationsspirale

Diese nach oben verlaufende Spirale sieht also so aus: Es tritt eine Anforderung von außen an mich heran. Ich frage mich, ob ich ihr genügen kann. Falls ja, bekomme ich die notwendige Motivation und Energie. Damit steigt die Wahrscheinlichkeit, die Vorgabe tatsächlich zu erreichen. Damit wächst der Selbstwirksamkeits-Optimismus, was wiederum hilft, mehr Motivation zu gewinnen und bessere Leistungen zu erzielen.

Psychologen sind sogar davon überzeugt, Selbstwirksamkeit sei ein entscheidender Faktor, der unser gesamtes Denken, Fühlen und Handeln beeinflusse. Wahrscheinlich ist dieses Prinzip auch Politikern bekannt. Deshalb kommen aus dieser Richtung Aussagen wie »Wir schaffen das!«, oder: »Yes, we can!«

Spannend ist nun für unser Thema die Frage: Wie kann ich meine Erwartungshaltung an mich selbst und die unmittelbar damit verbundene Selbstmotivation optimieren? Das ist nämlich gar nicht so einfach, denn ungünstiger Weise mangelt es uns oft genau an der Überzeugung, etwas schaffen zu können. Schade, denn damit wären wir ja, wie wir gesehen haben, viel erfolgreicher.

Was also tun?

Entscheidende Tipps dazu finden sich im Kapitel »Der magische Filter«. Dort geht es ausführlich darum, seine Sichtweisen so zu ändern, dass sie günstig auf das eigene Verhalten wirken. Hier vorab zwei grundsätzliche Faktoren, die die Erwartung an unsere eigene Selbstwirksamkeit verbessern.

2.1.1 Eigene, positive Erfahrungen = Erfolge

Beispiel: Ziele, an die wir glauben, motivieren !

Ottmar Seeliger, Geschäftsführer eines oberschwäbischen Elektronikunternehmens, baut auf eine ebenso einfache wie erfolgreiche Führungsphilosophie: »Vor acht Jahren hatte unser Unternehmen ein extrem schwieriges Jahr. Wir wussten nicht, ob wir wirtschaftlich überleben würden, aber wir haben an unsere Leistungen geglaubt. Dass wir es geschafft haben, hat Führungskräften und Mitarbeitern gleichermaßen gezeigt, was möglich ist. Seitdem setzen wir uns jedes Jahr herausfordernde Ziele, unterteilen diese in überschaubare und ganz klare Teilziele – und besprechen mit den Verantwortlichen, ob diese Teilziele für sie machbar sind.«

Diese Verstärkung des Glaubens an die eigene Selbstwirksamkeit durch eigene Erfolge nutzt man natürlich nicht nur in Unternehmen, sondern beispielsweise auch im Leistungssport oder in der Kinderpädagogik. Als hilfreiche Methode erweist es sich, wie das Beispiel von Ottmar Seeliger zeigt, große und unübersichtliche Ziele in möglichst kleine, realistische Schritte zu zerlegen. Sie erkennen, dass die Schrittgröße passt, wenn Sie zu jedem einzelnen Schritt sagen können: »Ja, das schaffe ich!«

Ein genereller Tipp: Schreiben Sie auf, was Sie schon alles erreicht haben. Kleinere Erfolge ebenso wie etwas, das Sie nie für möglich hielten und dennoch erreicht haben. Nehmen Sie Alltägliches wie Außergewöhnliches, Siege aus dem Sport, erreichte berufliche, persönliche und private Ziele – und lassen Sie das alles einfach auf sich wirken. Dadurch schicken Sie Ihrem Unterbewusstsein ein deutliches Signal: »Ich schaffe das!«

2.1.2   Indirekte Erfahrungen = Lernen von anderen

Wir brauchen nicht sämtliche Erfahrungen selbst zu sammeln, sondern können von anderen abschauen, was klappt und was nicht. Zugegeben, diese Methode ist nicht ganz so wirksam wie die erste. Es sind die erwähnten »Micro-Teachable-Moments«, bei denen wir von anderen lernen und die schmerzhaften Erfahrungen nicht selbst machen müssen. Ein koreanisches Sprichwort sagt: »Fremde Erfahrungen ritzen die Haut, eigene Erfahrungen schneiden ins Fleisch«. Andererseits verursachen viele Ritzer in immer dieselbe Kerbe auch einen tiefen Schnitt. Vielleicht gelingt Ihnen das Lernen von anderen ja nicht gleich auf Anhieb so spektakulär wie im folgenden Meilen-Beispiel, aber der Grundsatz ist übertragbar.

!   **Beispiel: Roger Bannister und die schnelle Meile**
Haben Sie schon einmal von Roger Bannister gehört? Er lief 1954 als erster Mensch eine Meile unter vier Minuten. Das Erstaunliche daran: Bis zu diesem Zeitpunkt galt dies als unmöglich. Doch schon wenige Wochen nach Bannisters Sensationslauf schaffte es ein anderer Sportler, dann noch einer, und in der Folge blieben zahlreiche weitere Läufer deutlich unter den magischen vier Minuten.

Was war geschehen? Warum schafften plötzlich so viele, was vorher keiner geschafft hatte? Die Lösung: Getreu dem Motto »Wenn der das kann, kann ich das auch!«, glaubten nach Bannisters Erfolg auch andere daran, die Zeitmarke unterbieten zu können. Ihnen wurde klar: Die Grenze der vier Minuten zog sich lediglich im Kopf. Wir können also durchaus durch Teachable Moments die Einstellung anderer übernehmen; hilfreiche ebenso wie schädliche.

2.1.3   Das Phänomen der Selbstwirksamkeit

Grenzen im Kopf lassen sich auch sprengen oder zumindest überschreiten, indem wir uns mit unserer Sprache lenken. Diese verbale Möglichkeit betrachtet ausführlich das Unterkapitel über das Thema Sprache. Zudem finden Sie zusätzliche Impulse im Kapitel über Stimmungsmanagement.

Insgesamt sind sich die Wissenschaftler heute einig, dass Menschen mit einem höheren Grad an Selbstwirksamkeit ihre Ziele hartnäckiger verfolgen, in schwierigen Situationen ihre Anstrengung steigern und seltener aufgeben. Zudem suchen sie sich realistische und zugleich anspruchsvolle Ziele.

Noch ein Hinweis, um diesem Gesichtspunkt im Umgang mit anderen Rechnung zu tragen (in diesem Buch geht es ja um den Umgang mit sich selbst): Glaube ich als Führungskraft daran, dass mein Mitarbeiter etwas Schwieriges schaffen wird, setze ich damit positive Erwartungen in seine Leistungsfähigkeit. Dann strahlen diese Erwartungen aus und entwickeln das Verhalten des Mitarbeiters in diese Richtung. Aber Achtung: Schönreden hilft nicht! Und es bewirkt das Gegenteil, jemanden mit unrealistischen Erwartungen fordern zu wollen. Das führt bei wiederholtem Misserfolg sogar zu Demotivation.

Ein spektakuläres Experiment im Hinblick auf die Steigerung der Selbstwirksamkeit bei anderen Menschen wurde mehrfach mit dem gleichen Ergebnis wiederholt. An einer Schule wurden Klassen anhand von Vorauswahl-Tests in zwei Leistungsstufen eingeteilt – um es nichtwissenschaftlich auszudrücken: in eine Klasse mit guten und in eine Klasse mit schlechten Schülern. Die Lehrer wurden über den Leistungsstand ihrer jeweiligen Klasse informiert. Nach einem Jahr wurden die Leistungen der Schüler erneut gemessen – mit dem identischen Ergebnis, dass die guten gut und die schlechten schlecht waren. Der Clou: Vorauswahltests hatte es nie gegeben. Die Klasseneinteilung war nach dem Zufallsprinzip erfolgt. In jeder Klasse waren etwa gleich viel gute und schlechte Schüler. Aber nach dem Jahr, das die Schüler in den entsprechend eingeteilten Klassen zugebracht hatten, entsprachen sie dem zufällig eingeteilten Niveau.

Was war geschehen? Natürlich lag der Verdacht nahe, dass die Lehrer die Schüler entsprechend ihrer Einstufung bewerteten und dadurch das entstehende Leistungsgefälle verursachten. Aber man beobachtete darüber hinaus, wie die Schüler mit den positiven Erwartungen der Lehrer objektiv eine bessere Leistung entwickelten und die Schüler mit den negativen Erwartungen der Lehrer eine schlechtere Leistung zeigten. Der entscheidende Faktor, ob sich die Schüler also verbesserten oder verschlechterten, war die Erwartungshaltung der Lehrer. Kleiner Gedankensplitter hierzu: Lehrer sind im übertragenen Sinn auch Führungskräfte ...

Fazit für die Praxis: Die Selbstwirksamkeit spielt eine entscheidende Rolle bei der Motivation anderer Menschen. Einen noch tieferen Einfluss hat sie auf die eigene Motivation. Eine starke persönliche Selbstwirksamkeit ist also ein direkter Turbo für die Selbstmotivation. Auch sie lässt sich lebenslang üben und steigern.

2.1.4 Warum der Glaube manchmal tatsächlich Berge versetzt

Die Selbstwirksamkeitserwartung hängt eng zusammen mit einem anderen Phänomen, das als Placebo-Effekt bekannt geworden ist. Ein Placebo ist ein Scheinmedikament, das aus nichts Weiterem besteht als aus Zucker und Stärke. Es enthält definitiv keine medizinischen Wirkstoffe. Trotzdem kann es fast ebenso zuverlässig beispielsweise gegen Schmerzen helfen wie ein echtes Medikament.

Wie kann das sein?

Die Antwort »Es hilft, weil ich daran glaube« liegt nahe. Korrekt, reicht aber nicht! Wer alles erreichen wollte, woran er glaubt, wäre ziemlich vermessen. Mit 20 Jahren wusste ich, dass ich eines Tages Konzernchef sein würde. Mit 30 Jahren war ich davon überzeugt, mit 40 unermesslich reich zu sein – beides trat nicht ein. Der Glaube allein reicht eben nicht.

Beim Placebo-Effekt kommt noch etwas ganz Entscheidendes hinzu. Hat ein Patient beispielsweise ein angeblich schmerzstillendes Medikament eingenommen, finden sich in seinem Blut schmerzstillende Hormone, die der Körper ausgeschüttet hat, um die Schmerzen zu bekämpfen. Der Effekt beruht also nicht auf Einbildung, sondern er bewirkt tatsächlich, dass der Körper die benötigten Stoffe ausschüttet. Am Steuer dieses Mechanismus sitzt das Gehirn. Ob alles wie gewünscht funktioniert, hängt stark von den äußeren Bedingungen ab, unter denen das Scheinmedikament verabreicht wird.

Wie Placebos noch besser wirken	
Die Nebenwirkung von Worten	Werden Placebos wortlos verabreicht, wirken sie schlechter, als wenn der Arzt dabei verbal auf den Patienten eingeht und ihn in seiner Erwartungshaltung unterstützt.
Die Größe der Tablette	Viele kleine Tabletten oder eine große helfen in der Regel besser als eine Pille in normaler Größe.
Teuer = gut	Je teurer ein Placebo angeblich ist, desto besser wirkt es.
Ober sticht Unter	Werden Placebos vom Arzt persönlich verabreicht, wirken sie stärker, als wenn das die Arzthelferin übernimmt.

2.1.4.1 Der Placebo-Effekt: das Maß an Energie, das wir benötigen

Letztes Jahr übernachtete ich in einem Bochumer Hotel. Abends an der Bar merkte ich schnell, dass ich von lauter Ärzten umgeben war. Wie der Zufall es wollte, besuchten alle einen Kongress der Placebo-Forschung. Ich erfuhr an diesem Abend so Einiges, was mir in meiner bis dahin ziemlich blauäugigen Betrachtungsweise eine ziemliche Gänsehaut verursachte. Beispielsweise werden auch Placebos verabreicht, die nur negative Nebenwirkungen verursachen, um die Glaubwürdigkeit auf ein Maximum zu steigern. Oder es werden Scheinoperationen durchgeführt. Der Patient wird etwa bei Arthrose-Schmerzen im Kniegelenk örtlich betäubt und dort aufgeschnitten; das Knie wird abgedeckt, die Ärzte hantieren hinter einer Abdeckung herum und der Patient kann die angebliche Operation am Bildschirm »live« mitverfolgen. Er weiß ja nicht, dass es sich um Aufnahmen einer anderen Operation handelt. Tja, was tut man nicht alles für Wissenschaft und Gesundheit! Die ethische Vertretbarkeit dessen steht freilich auf einem anderen Blatt. Demnächst muss ich mich an der Schulter operieren lassen ...

Nun, ziehen wir die wichtigste Erkenntnis aus der Wirkungsweise dieser Scheinmedikamente: Eine positive Erwartungshaltung lässt unseren Körper genau diejenigen aktivierenden Stoffe und Hormone ausschütten, die er benötigt. Das Placebo stößt also als Auslöser einen biologischen Prozess im Körper an. Die aktuelle Forschung zeigt: Wer auf Placebos reagiert, ist kein eingebildeter Kranker oder esoterisch angehauchter Spinner. Die Wirkung lässt sich als biochemischer Prozess im Gehirn erkennen.

Der Placebo-Effekt bewirkt, dass sich unser Körper energetisch auf zukünftige Situationen so einstellt, dass er genau die Energiemenge bekommt, die er benötigt. Besonders deutlich wird dies an einer Studie, bei der Gewichthebern ein Placebo-Dopingmittel mit einer »extrem leistungsfördernden« Wirkung verabreicht wurde. Die Sportler konnten daraufhin deutlich schwerere Gewichte stemmen. Auf den Alltag bezogen heißt das: Steht ein besonders herausforderndes Ereignis bevor, für das Sie all Ihre Kraft benötigen und vom dem Sie überzeugt sind, es zu schaffen (Stichwort: Selbstwirksamkeit), bekommen Sie genau das Maß an Energie, das Sie zur Bewältigung der Aufgabe brauchen. Falls sie umgekehrt davon überzeugt sind, dass sich der Einsatz für ein bestimmtes Vorhaben ohnehin nicht lohnt – nun, dann stellt Ihnen Ihr Körper auch nicht ausreichend Energie zur Verfügung. Das wäre ja auch Verschwendung!

! **Beispiel: Wenn man nicht mehr gebraucht wird**

Als ich Margit Olhauser, 53 Jahre, zu unserer ersten Coaching-Sitzung traf, sah sie mitgenommen aus, tiefe Ringe unter den Augen, fahle Haut. Bei der Begrüßung kam sie mir fast wie eine Greisin vor. Sie sprach langsam, kraftlos, bewegte sich fast wie in Zeitlupe. Das war erstaunlich, kannte ich Frau Olhauser doch aus einem Seminar vor einigen Monaten. Dort war sie mir als lebensfrohe Teilnehmerin positiv aufgefallen. Es stellte sich schnell heraus, was geschehen war: Der Geschäftsführer ihres Unternehmens war in den Ruhestand gegangen. Bei diesem hatte sie in rund 15 Jahren Assistenz als »Mädchen für alles« ihren Traumjob gefunden. Sie war »die Seele des Unternehmens« und erledigte alles absolut zuverlässig, teils bis in die späten Abendstunden. Der neue Geschäftsführer wählte eine andere Assistentin. Frau Ohlhauser wurde nicht entlassen, sie bekam »nur« andere Aufgaben: mehr »Backoffice«, mehr Verwaltung, kein Zuarbeiten für den Geschäftsführer, keine interne Organisation. Alles garniert mit wohlklingenden Worten (»Wir möchten Sie ein wenig entlasten ...«) und bei gleichem Gehalt. »Für mich ist das so schlimm, das können Sie sich gar nicht vorstellen – ich merke einfach, dass ich nicht mehr gebraucht werde. Ob meine Arbeit heute Abend fertig wird oder morgen oder vielleicht gar nicht, interessiert keinen.« Jetzt war die Sache klar. Frau Olhauser brauchte in ihrer subjektiven Einschätzung einfach keine Energie mehr für ihren Job.

Das Beispiel veranschaulicht den Placebo-Effekt in Reinkultur: Wer der Meinung ist, nicht mehr gebraucht zu werden, wer glaubt, er könne nicht mehr zeigen, was er kann, der bekommt selbstredend auch nur so viel Energie, wie er dafür benötigt.

2.1.4.2 Der umgekehrte Placebo-Effekt

Teilt der Arzt dem Patienten mit, das Scheinmedikament würde helfen, tut es das meist auch. Der Placebo-Effekt kann aber auch negative Auswirkungen haben. Die Forscher sprechen dann vom negativen Placebo-Effekt, der »Nocebo-Reaktion«. Sie kann auftreten, wenn der Arzt beispielsweise erwähnt, die Tablette könne »ziemliche Schmerzen verursachen«. Ein angebliches Brechmittel führt tatsächlich zum Übergeben; die aufgeführte Nebenwirkung »Schwindel« tritt bei Patienten mitunter tatsächlich ein. Es gilt: Die reine Schmerzerwartung kann den Schmerz subjektiv verstärken.

In der Fachwelt ist diese Wirkung hinlänglich bekannt. Einige Universitätskliniken raten daher ihren Medizinstudenten zu Kommunikationstrainings, um solche Effekte nicht aus Versehen, sondern bewusst und positiv zu erzeugen.

Auch im beruflichen Alltag helfen diese Erkenntnisse. Es macht eben einen Unterschied, ob die Führungskraft den Mitarbeitern verkündet »Wir stehen vor riesigen Problemen. Wir wissen nicht, ob wir es schaffen. Machen Sie sich auf das Schlimmste gefasst.«, oder aber: »Wir stehen vor großen Herausforderungen. Wenn wir alle zusammenstehen und anpacken, schaffen wir das. Ich bin zuversichtlich.« Womit wir fast schon wieder bei der Politik und »Yes, we can« angelangt sind ... doch noch viel wichtiger: Wir sind direkt bei unserer Selbstmotivation. Nutzen Sie den Placebo-Effekt für sich. Steigern Sie damit spielend leicht Ihren SML, beispielsweise in Kombination mit der Methode des »Engagierten Denkens« aus dem nächsten Kapitel.

2.1.4.3 Nutzen Sie den Placebo-Effekt kombiniert mit engagiertem Denken

»Da haben wir es also doch wieder, das positive Denken und das Schönreden!«, mag sich so mancher bei der genaueren Betrachtung des Placebo-Effekts denken. »Wenn ich daran glaube, kriege ich genügend Energie und werde das leichter schaffen.« Aber halt! Erstens wissen Sie mittlerweile, dass positive Suggestionen das Gegenteil bewirken können, wenn Sie nicht vollkommen daran glauben. Zweitens sind Sie noch keinen Millimeter ins Handeln gekommen.

Verknüpfen wir jedoch die positiven Elemente des Placebo-Effekts mit dem engagierten Denken, dann wird daraus eine wirkungsvolle Methode, um die Selbstmotivation rasch, einfach und nachhaltig zu stärken.

Wie das geht? Nun, der Mensch führt ständig Selbstgespräche. Die meisten laufen völlig unbewusst ab, wir kriegen es gar nicht mit. Schätzungsweise kommen im Durchschnitt 50.000 bis 80.000 solcher Gedanken pro Tag. Es ist offensichtlich, dass die Art und Weise, *wie* wir solche inneren Monologe führen, entscheidenden Einfluss auf unsere Stimmung und unseren SML haben. Wer sich schon frühmorgens beschimpft (»Steh endlich auf, du faule Socke!«) und das bis zum Schlafengehen beibehält (»Das war mal wieder nicht dein Tag!«), wird sich anders fühlen als einer, der sich innerlich Mut zuspricht. Wir kommen darauf im Kapitel »Selbstmotivierter sprechen« noch ausführlicher zurück. Wichtig an dieser Stelle ist die Feststellung, dass Selbstgespräche fast pausenlos als Frage-und-Antwortspiel ablaufen.

Genau an diesem Punkt kann man augenblicklich ansetzen: Je besser die Fragen, desto besser die Antworten. Das ist der Kern des engagierten Denkens.

Eine der aktuellen Studien zum positiven Denken ergab zufälligerweise Folgendes: Versuchsteilnehmer, die sich mit »Ich schaffe das!« motivierten, hatten keine Chance gegenüber ihren Mitteilnehmern, die sich mit der Frage motivierten: »*Warum* schaffe ich das?«. Jene, die sich mit »Ich schaffe das« anfeuerten, hatten außer ihrer zuversichtlichen Einstellung nichts zu bieten. Die anderen, die sich mit »Warum schaffe ich das?« Mut zusprachen, suchten innerlich in diesen dauernden Selbstgesprächen permanent nach Begründungen und Lösungen, warum sie diese Aufgabe schaffen sollten. Und wer sucht, der findet. Zumindest eher als ein Mensch, der gar nicht erst zu suchen beginnt ...

Fragen lenken das Gehirn in eine ganz bestimmte Richtung. Wer sich fragt »Warum ist das so schwierig?«, kommt auf andere Ergebnisse als jemand, der sich fragt »Welche Möglichkeiten habe ich, das zu schaffen?« Auch hier darf ich Sie um etwas Geduld bitten – oder Sie springen gleich ins Kapitel »Selbstmotivierter sprechen«. Hier geht es um den Ansatz des engagierten Denkens. Die Königsfrage lautet: »Was kann ich tun, um mein Ziel zu erreichen?«

»Was kann ich tun?« Diese Frage hat schon das Leben etlicher Menschen, mit denen ich arbeitete, von Grund auf verändert. Diese vier Worte können so mächtig sein, dass sie uns augenblicklich einen anderen Blickwinkel einnehmen und ins Handeln kommen lassen. Stellen Sie sich also die Was-kann-ich-tun-Frage, wenn Sie etwas verändern wollen:

- Was kann ich tun, um die lang ersehnte Beförderung zu bekommen?
- Was kann ich tun, um eine erfüllende Partnerschaft zu führen?
- Was kann ich tun, um meine Gesundheit zu fördern?
- Was kann ich tun, damit mein Kind bessere Noten schreibt?

> **! Beispiel: Vom Kellner zum Poker-Profi**
>
> Zur Was-kann-ich-tun-Thematik ein fast unglaubliches, aber – dies sei versichert! – wahres Beispiel eines ehemaligen Seminarteilnehmers: Michael Lohmeyer war ein einfacher Arbeiter. Um sich zu seinem gerade so ausreichenden Lohn etwas dazu zu verdienen, kellnerte er im Sommer ein paar Monate in Münchner Biergärten. Da er aus Hannover stammte, wo seine Familie lebte, kam er also in den Sommermonaten nur am Wochenende nach Hause. Während der Woche arbeitete er in München. Bei allen Nachteilen und Trennungsschmerzen brachte das doch den Vorteil, dass er auf den langen Zugfahrten lesen und hören konnte. Unter anderem hörte er meine Podcasts und las einige meiner Veröffentlichungen. So kam er auch auf die Frage: »Was kann ich tun?«. Michael Lohmeyer hatte schon seit Kindesbeinen einen großen Traum. Nun nutzte er die Zeit, um – wie er sagte – »spielerisch« diese Frage darauf anzuwenden, den Traum zu verwirklichen. Wenn ich Ihnen gleich seinen Traum verraten werde, schlagen Sie wahrscheinlich die Hände über dem Kopf zusammen und denken sich »Oh, nein! Bloß nicht!«. Mir erging es ähnlich: Lohmeyer wollte nämlich Pokerprofi werden. Heute darf ich Ihnen sagen: Er hat es geschafft. Sie finden ihn nicht nur auf Turnieren live und online, sondern auch unter www.DerPokerCoach.de. Dass das ausgezeichnet funktioniert, zeigt die Tatsache, dass er und seine sechsköpfige Familie von seinem Beruf gut leben können.

Wie hat er das geschafft? Lassen wir ihn selbst zu Wort kommen: »Eigentlich war es, nachdem ich diese Was-kann-ich-tun-Frage kennengelernt habe, ganz einfach. Fast so einfach, dass ich nicht einmal richtig stolz darauf sein kann, was ich geschafft habe. Ich nahm mir einen Block und schrieb auf die allererste Seite in meiner Sonntagsschrift: Was kann ich tun, damit ich Pokerprofi werde? Die Antworten sprudelten nur so aus mir heraus. Schließlich war das jahrelang mein Wunschtraum gewesen. Ich füllte Seite um Seite. Kam ich irgendwo nicht weiter, etwa bei der Frage, wie ich etwaige finanzielle Durststrecken überbrücken sollte, stellte ich mir hier ebenfalls die Frage: Was kann ich tun, um ...? Und immer gab es Antworten. Ich nahm mir vor, nie weniger als 15 Antworten auf jede Frage zu finden. Oft wurden es 30, 40 oder noch mehr. Allein schon das Aufschreiben der Ideen verlieh mir ein starkes Gefühl – das Gefühl, dass ich es packen kann. Im Laufe der Fahrten mit dem ICE nach München und zurück wuchs immer mehr die Gewissheit in mir, meinen Traum tatsächlich verwirklichen zu können. Die Fragen habe ich mir als Poster ausgedruckt und in meinem Übungsraum aufgehängt.«

Meist geht es nicht darum, einen Lebenstraum wahr zu machen, wie es bei Michael Lohmeyer der Fall war. Eine Nummer kleiner tut es auch: Möchten Sie aus dem Jammermodus in den Aktionsmodus kommen, nutzen Sie einfach die Kraft des engagierten Denkens. Setzen Sie die Frage gezielt ein. Sie wird Ihnen Tür und Tor öffnen und genau die Kräfte aktivieren, die Sie benötigen, um Ihr Ziel zu erreichen.

Tipp: Das »Was kann ich tun?« kann man noch steigern !

Selbstredend arbeite auch ich mit dieser Frage; in kleinen wie in großen Angelegenheiten. Es ist nicht die »eierlegende Wollmilchsau«, die auf alles und jedes passt, aber sie aktiviert meine Energien, die beim Jammern verschüttet blieben. Mit dieser Frage bin ich mir immer sicher, zuversichtlich und handlungsorientiert auf ein Ziel hinzuarbeiten. Manches Mal, wenn ich spüre »Da geht noch mehr«, aber keine neuen Ideen kommen wollen, stelle ich mir die Frage: »Was kann ich *noch* tun?«

2.1.5   Selbstmotivation als Entscheidung

Ein tibetanisches Sprichwort lautet: »Haben wir Angst, uns einen Dorn in den Fuß zu treten, können wir nicht die ganze Welt mit Leder bedecken. Aber wir können Schuhe anziehen.« Ja, wir können Schuhe anziehen. Aber viele Menschen klagen lieber darüber, dass Dornen auf dem Weg liegen, wie mühsam es sei, ihnen ständig auszuweichen oder sie sogar aus dem Fuß ziehen zu müssen. Vielleicht gründen sie noch eine »Kampagne gegen zu viele Dornen« oder eine Selbsthilfegruppe. Diese etwas spöttische Einschätzung hat ihre Gründe: Ich habe schon unzählige Male erlebt, dass Menschen haargenau wissen, was sie tun müssten, um Erfolg zu haben, um sich wohler zu fühlen, um ihrem Vorhaben näher zu kommen – doch sie tun es nicht!

Vor ein paar Monaten trat ich zusammen mit einem Arzt im Regionalfernsehen auf. Der Mediziner ist spezialisiert auf Patienten mit sog. metabolischem Syndrom. Es handelt sich dabei um mehrere Risikofaktoren, die zusammengenommen die Sterbewahrscheinlichkeit der Patienten drastisch erhöhen. Dazu zählen etwa Fettleibigkeit und Bluthochdruck. Der Arzt war schier am Verzweifeln. Überbrachte er hochgradig gefährdeten Patienten die Botschaft, sie würden in wenigen Monaten aller Wahrscheinlichkeit nach sterben, wenn sie ihren Lebensstil nicht änderten, machten die meisten trotz dieser drastischen Botschaft weiter wie bisher. Ja, manchmal – oder immer? – ist es leichter, zu jammern und sich nicht zu bewegen, als eine Sache in Angriff zu nehmen. Ich werde des Öfteren gefragt, woran es liege, dass manche Menschen einfach nicht ins Handeln kommen, andere dagegen sehr wohl. Eine frustrierte Antwort könnte lauten: »Ich weiß es nicht. Das ist halt so.« Eine humorvolle könnte so lauten: »Weil diese Menschen noch nicht mit meiner Arbeitsweise und meinen Methoden in Berührung gekommen sind.« Auf alle Fälle steckt mangelnde Selbstmotivation dahinter. Womit wir wieder beim Kern des Buches sind.

2.1.5.1 Sokrates und das Geheimnis der Selbstmotivation

Schürfen wir etwas tiefer und stellen uns die Frage, ob man sich für ein selbstmotiviertes Leben tatsächlich frei entscheiden kann. Nicht im Sinne der modernen Hirnforschung, die sich damit beschäftigt, ob Menschen überhaupt einen freien Willen haben oder ob nicht doch alles durch Gene und andere Faktoren festgelegt ist. Wir fragen hingegen, ob sich der Mensch willentlich dazu entscheiden kann, vollen Einsatz zu bringen – und es auch zu tun imstande ist.

»Klar kann er das!«, sagen Sie wahrscheinlich. Auch ich bin fest davon überzeugt. Warum nur gibt es dann so unendlich viele Gegenbeispiele? Warum kommen so viele nicht ins Handeln, selbst wenn sie dem Tod ins Auge blicken? Ich habe darauf nur eine Antwort: Manche Menschen *wollen* oft gar nicht selbstmotiviert durchs Leben gehen, weil es ihnen ungleich anstrengender vorkommt.

Bevor jemand die Vorgehensweisen aus diesem Buch (oder aus Seminaren und Coachings) einsetzt, muss er dazu die innere Bereitschaft mitbringen.

> **!** **Beispiel: Das Geheimnis des Erfolgs**
>
> Ein junger Mann fragte einst Sokrates: »Was ist das Geheimnis für Erfolg?« Sokrates antwortete: »Komm mit zum Fluss«. Am Ufer sagte er: »Jetzt gehen wir in den Fluss«. Als beide bis zum Hals im Wasser standen, packte Sokrates den jungen Mann und drückte dessen Kopf unter Wasser. Der arme Kerl wehrte sich verzweifelt, aber Sokrates ließ ihn nicht los. Unendliche Sekunden lang. Als er endlich

den Griff lockerte, prustete und hechelte der andere nach Luft, völlig außer sich.
Sokrates fragte: »Als du unten im Wasser warst, was hast du am meisten begehrt?«
»Luft natürlich!«, japste der junge Mann.
»Siehst du«, sagte Sokrates, »das ist das Geheimnis des Erfolgs. Willst du Erfolg so
sehr, wie du unter Wasser Luft holen wolltest, wirst du auch Erfolg haben.«

Ersetzen Sie »Erfolg« durch »Selbstmotivation« – und ein aufregendes Leben
steht Ihnen offen. Möchten Sie selbstmotiviert durchs Leben gehen, müssen Sie
sich bewusst und klar dafür entscheiden. Wägen Sie die Vor- und Nachteile ab.
Dann entscheiden Sie sich, ob Sie Ihren SML steigern möchten.

Dass es funktioniert, ist mittlerweile klargeworden. Denn Selbstmotivation ist
keine Charaktereigenschaft. Sie ist das Ergebnis eines Prozesses, der aus mehreren Schritten besteht. Diese Schritte kann man lernen und trainieren.

2.1.5.2 Üben Sie – vor allem, wenn Sie keine Lust dazu haben

Der allererste Schritt zu mehr Selbstmotivation, ist Ihre eigene, bewusste Ent-
scheidung. Da sie die Weichen stellt und die gesamte weitere Richtung bestimmt,
lohnt es, sich diesen Schritt genau zu überlegen. Stellen Sie sich beispielsweise
folgende Fragen:
- Will ich mich für das, was mir wichtig ist, wirklich anstrengen?
- Will ich mich, wenn es noch anstrengender wird, noch mehr anstrengen?
- Will ich mich einsetzen, auch wenn ich mal gar keine Lust dazu habe?
- Will ich Gas geben, auch wenn mein Umfeld mich auslacht?

Das sind nur ein paar Fragen, auf die Sie eine Antwort parat haben sollten, bevor
Sie sich dazu entscheiden, Ihren SML zu steigern.

Und erst dann beginnt das Training. Seien Sie sich gewiss: Sind Sie gut in einer
Sache, geht es erst so richtig los. Jetzt müssen Sie beständig trainieren, um in
Form zu bleiben. Hierzu passt ein Zitat, das dem berühmten Komponisten Franz
Liszt zugeschrieben wird:

»Wenn ich einen Tag nicht übe, merke ich das.
Wenn ich eine Woche nicht übe, merken das meine Kritiker.
Und wenn ich einen Monat nicht übe, merkt das mein Publikum.«

An diese bemerkenswerte Aussage kann man zwei weitere wichtige Aspekte knüpfen:

- Zum einen kann man sich fragen, *was* wohl der Komponist so täglich übt? Sind es die kompliziertesten Passagen? Ja, auch. Sind es komplexe, neue Tonfolgen? Bestimmt auch. Was aber übt er hauptsächlich? Nun, das sind die Standards. Dazu gehören Fingerübungen, Stakkato, Legato und etliche recht simple Übungen, wie sie auch Wald-und-Wiesen-Pianisten anwenden. Aber genau diese Standards trainieren die Besten täglich. Dieses Prinzip gilt auch für unsere Selbstmotivation: Wenn die Motoren brummen sollen, müssen wir beständig etwas dafür tun. Sind Sie dafür bereit?

- Zum anderen kann man fragen, ob denn der Komponist jeden Tag Lust hat zu üben? Unwahrscheinlich. Ich hatte vor Jahren einen Fußballprofi im Coaching. Es ging auch ums Trainieren, und als ich ihn fragte, ob es für ihn derzeit – es war Winter und fürchterliches Wetter – eine Überwindung sei, draußen zu trainieren, meinte er: »Überwindung? Wie meinen Sie das?« Für ihn war das Training bei Wind und Wetter einfach eine Selbstverständlichkeit – um besser oder zumindest nicht schlechter zu werden.

Also, üben Sie. Denken Sie daran, wenn Sie einmal vom Gedanken »Das kann ich doch schon ...« überfallen werden sollten: Üben Sie. Geben Sie Gas. Knien Sie sich immer wieder voll hinein. Auch, wenn Sie denken, dass Sie es schon gut könnten. Auch, wenn Sie gerade keine rechte Lust dazu haben. Sie haben sich bewusst dafür entschieden.

2.1.5.3 Work smart, not hard

Freilich lohnt es sich nicht, immer und überall 100 Prozent zu geben. Unsere geistige Kraft ist endlich. Eine ganz entscheidende Erkenntnis, die mit aktuellen Ergebnissen der Hirnforschung übereinstimmt: Der Mensch schafft es einfach nicht, sich immer und immer wieder selbst zu mobilisieren.

Man kann sich Selbstmotivation vorstellen wie einen Muskel: Er lässt sich trainieren, ist aber irgendwann erschöpft. Daher liegt es auf der Hand, nicht für alles und jedes immer Vollgas zu geben, sondern die Energie klug einzusetzen. Work smart, not hard.

Wofür lohnt es sich also, 100 Prozent zu geben? Wir hatten schon kurz darüber gesprochen: Es lohnt sich für etwas, das wirklich wichtig ist. In Ordnung. Aber es gibt ja im Alltag noch so viel darum herum. Ich kann kaum nur für meine Familie und meine Gesundheit alles geben wollen, weil sie mir am wichtigsten sind – und alles andere erledige ich im Stand-by-Modus bei möglichst geringem Energieverbrauch. Das wird nicht funktionieren. Daher ist es klug, Selbstmotivation dort einzusetzen, wo sich der beste ROI (*Return on Investment* = Rückflüsse aus einer Investition) erzielen lässt.

Die drei Ebenen der Wirksamkeit

Bei allem, was Sie persönlich betrifft, können Sie drei Ebenen unterscheiden.

Ebene 1	Interessensbereich
Ebene 2	Einflussbereich
Ebene 3	Verantwortungsbereich

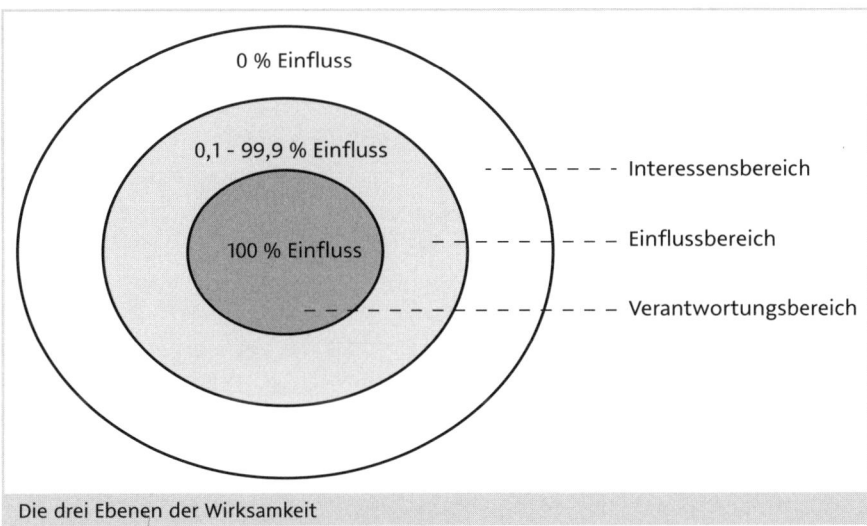

Die drei Ebenen der Wirksamkeit

- Auf Ebene 1, im Interessensbereich, finden Sie alles, was Sie interessiert, worauf Sie aber 0% Einfluss haben: Wie geht es weiter mit den Flüchtlingen? Was macht die Börse in nächster Zeit? Wer wird Champions-League-Sieger im Fußball? Das alles mag Sie interessieren, Sie können es aber nicht beeinflussen. Energieeinsatz bringt hier Nullkommanichts, eigentlich sonnenklar. Null ROI. Null Ertrag. Null Erfolg. Sie können nichts ändern. Also können Sie es auch sein lassen.
- Auf Ebene 2, im Einflussbereich, finden Sie Angelegenheiten, die Sie beeinflussen können – manche nur ein wenig, manche enorm stark. Aber nie vollkommen, nie zu 100%. In diese Ebene fallen Themen, die mit anderen Menschen zu tun haben, beispielsweise die Beziehung zum Chef bzw. zum Kollegen oder wie sich Ihre Kinder entwickeln. Des Weiteren finden sich auf Ebene 2 all jene Dinge, die zwar Sie persönlich, aber zusätzlich weitere, un-

beeinflussbare Faktoren betreffen. Ob ein Bergsteiger den schwierigen Gipfel bezwingt, hängt nicht nur von ihm, sondern auch vom Wetter ab.

- Auf Ebene 3, im Verantwortungsbereich, finden wir alles, was wir zu 100 Prozent beeinflussen können, alles das, was vollkommen in unserer Macht steht, z. B. am Sonntagmorgen aufzustehen und seinen Lebenspartner mit einem wunderbaren Frühstück zu überraschen; uns zu entscheiden, dass wir unser Bestes geben (wollen); uns zu entscheiden, dass wir es ein drittes, viertes, fünfzehntes Mal probieren.

Worüber die meisten Menschen klagen

Betrachten wir die drei Ebenen und fragen wir uns, wo der ROI am größten ist, wird glasklar: auf Ebene 3. Dort bekommen wir direkte Rückmeldungen, sofortige Ergebnisse. Das heißt nicht, dass alles so klappt, wie vorgenommen, aber es erhöht die Wahrscheinlichkeit enorm. Eine Selbstverständlichkeit, könnte man meinen. Doch im Alltag verhalten sich die meisten Menschen genau gegenteilig. Hören Sie mal im Freundes- oder Kollegenkreis genau hin: Worüber klagen die meisten? Genau, über Themen auf Ebene 1, also ausgerechnet aus dem Bereich, den wir überhaupt nicht beeinflussen können.

Beim Wetter kann man das ja noch verstehen, es ist vielleicht ein schöner Small-Talk-Aufhänger ebenso wie das verlorene oder gewonnene Fußballspiel des Lieblingsvereins am Wochenende. Aber sich über die geänderten gesetzlichen Bestimmungen, die meine Arbeitsweise beeinflussen, grün zu ärgern? Sich wochenlang darüber aufzuregen, dass der Kollege nun einen Porsche fährt? Ebenso gut könnten Sie Ihre Energie auf den berühmten Sack Reis in China fokussieren – mit demselben Ergebnis. Jeglicher Einsatz im Interessensbereich ist verschwendet.

Die Kunden oder das Wetter und weitere Unsicherheitsfaktoren

Lohnenswerter ist es, sich im Einflussbereich anzustrengen – jedoch mit klugem Bedacht: Hier haben Sie keine Garantie auf Erfolg. Hier können Sie sich immer nur anstrengen, immer nur Ihr Bestes geben und darauf vertrauen, dass es reicht. Sie wären aber nicht der Erste, der sein Bestes gibt und dennoch seine Arbeitsstelle oder seinen Partner verliert. Man muss sich vorab im Klaren darüber sein, dass Einsatz manchmal auch *nicht* belohnt wird. Oft findet man die Einstellung: »Jetzt habe ich mich so angestrengt, jetzt muss das auch klappen!« Sie ist verständlich, aber falsch und hinderlich. Psychologen sprechen hier von einer irrationalen Muss-Annahme. Sie liegt vor, wenn jemand etwas tut und ein zwingendes Ergebnis daraus ableitet: »Ich bin freundlich zu meinem Kunden, dann muss er auch freundlich zu mir sein«, oder: »Ich trainiere so intensiv wie nie und gebe alles, dann muss ich auch Rekordzeit laufen.«

Nein. Muss ich nicht. Kann auch schiefgehen. Dennoch: Der Einsatz lohnt. Wer sich in seinem Einflussbereich voll einsetzt, erhöht die Wahrscheinlichkeit für ein gutes Ergebnis. Wer seinen Kunden freundlich begegnet, erhöht die Wahrscheinlichkeit, dass auch diese freundlich zu ihm sind. Wer schwer trainiert, erhöht die Wahrscheinlichkeit, eine prima Zeit zu laufen, auch wenn es dafür keine Garantie gibt. Einflussnehmende Unsicherheitsfaktoren bleiben bestehen. Das ist das Leben.

100 Prozent Kontrolle

Ihr ureigenster Bereich, den ausschließlich Sie allein bestimmen, ist der Verantwortungsbereich. Darin liegt das, was Sie allein steuern und beeinflussen können, z. B. alles, was Sie tun oder eben nicht tun: ob Sie sich bewegen, weiterbilden, rauchen, für Ihre Familie da sind, dieses Buch lesen – oder eben 100 Prozent für eine bestimmte Aktivität geben. Alles, ausschließlich *alles*, was Sie in diesem Bereich leisten, hat direkte Auswirkungen. Deshalb erzielen Sie mit Ihren Aktivitäten hier die größte Hebelwirkung.

> **Beispiel: Von der Problemnudel zur Gestalterin des eigenen Glücks**   !
>
> Über zwei Jahre begleitete ich Stefanie Jenkins, Geschäftsführerin eines Automobilzulieferers mit rund 350 Mitarbeitern, mit unregelmäßigen Coachings. Sie war damals einem Burnout ziemlich nahe und wusste sich nicht mehr selbst zu helfen. »Nach etwa einem halben Jahr mit Ihnen erlebte ich die wichtigsten zwei Wochen meines bisherigen beruflichen Lebens«, resümierte sie bei unserem Abschlussgespräch. Damals hatte ich ihr die Anregung gegeben, ihre gesamten Problembereiche aufzuschreiben. Ich bat sie, wirklich *alles* aufzuschreiben – von Kleinigkeiten bis hin zu den schwersten Lebensproblemen. Für ihre langen Zugfahrten schenkte ich ihr ein leeres Buch zum Notieren. »Es war unglaublich«, sagte sie, »ich schrieb Seite um Seite voll, und es schien nicht enden zu wollen. Je mehr ich schrieb, desto aufgeregter und gleichzeitig unzufriedener wurde ich. Es konnte doch nicht sein, dass ich eine Problemnudel sein sollte.« Im nächsten Schritt hatte ich ihr aufgetragen, all ihre Punkte in die drei Ebenen einzuordnen. »Als ich das tat, bin ich total erschrocken, weil ich feststellte, dass meine ganzen richtigen Probleme in meinem Einflussbereich oder in meinem eigenen Verantwortungsbereich lagen. Das fand ich zuerst ziemlich deprimierend, weil ich dachte, auch selbst schuld daran zu sein. Aber ziemlich schnell machte es Klick und mir wurde bewusst, dass ich das ja dann zumindest zum Großteil auch selbst beeinflussen kann. In diesem Augenblick ist mir so klargeworden wie nie zuvor in meinem Leben: Ich habe mein Glück in meiner eigenen Hand.«

Testen Sie es selbst. Machen Sie den Schnell-Check, ob Ihre Themen ähnlich gelagert sind wie bei Frau Jenkins:

- Listen Sie all die Themen auf, die Sie im Augenblick beschäftigen. Zur besseren Strukturierung empfiehlt sich eine Unterteilung in die Bereiche Beruf, Beziehungen, Persönliches, Sonstiges.
- Ordnen Sie die Themen den unterschiedlichen Bereichen zu (Interessens-, Einfluss- und Verantwortungsbereich). Nehmen Sie für jeden Bereich ein gesondertes DIN-A4-Blatt.
- Priorisieren Sie jeden Punkt von 1 bis 3 (1 = sehr wichtig/aktuell/belastend bis 3 = momentan nicht so wichtig).
- Aller Wahrscheinlichkeit nach fallen Ihnen allein beim Lesen des Geschriebenen viele Möglichkeiten ein, aktiv zu werden – notieren Sie diese stichwortartig.

Noch einmal, damit es sich verfestigt: Der Einsatz im Einflussbereich ist wichtig; die größte Wirkung erzielen Sie allerdings im Verantwortungsbereich. Hier wirkt sich alles fast augenblicklich aus. Einige Beispiele zur sauberen Differenzierung:

Interessensbereich	Intensiver werdende Konkurrenzsituation; die gesetzlichen Rahmenbedingungen; die anspruchsvolleren Bedürfnisse der Kundschaft; die immer rasanteren technischen Veränderungen; Sozialleistungen des Unternehmens
Einflussbereich	Der nörgelnde Chef; schwierige Kunden; Stimmung im Team; vom Unternehmen geförderte Weiterbildung; Verhalten der eigenen Kinder
Verantwortungsbereich	Selbst finanzierte Fort- und Weiterbildung; eigene Stimmungslage; alles, was man für die eigene Gesundheit tun kann; der eigene Umgang mit schwierigen Kunden; die Qualität der eigenen Arbeitsleistung; Ihr SML

Wo wir die größte Hebelwirkung erzielen

Ordnen Sie Ihre Problem-Themen in die Bereiche ein, werden Sie feststellen, dass fast alle in die beiden Bereiche fallen, die Sie beeinflussen können – die meisten davon zu 100 Prozent. Übrigens ist es leichter gesagt als getan, sich bei den nicht beeinflussbaren Themen nicht mehr ärgern zu wollen.

Ein schöner Satz, der auch als sog. Gelassenheitsgebet bei den Anonymen Alkoholikern hochgehalten wird, bringt die drei Bereiche auf den Punkt.

> *»Herr, gib mir die Kraft, Dinge zu ändern, die ich ändern kann;*
> *gib mir die Gelassenheit, Dinge hinzunehmen, die ich nicht ändern kann.*
> *Und gib mir die Weisheit, beide voneinander zu unterscheiden.«*

Nun gut, die Weisheit, zu unterscheiden, was sich ändern und was sich nicht ändern lässt, die haben wir meistens. Nicht aber den Elan, Dinge zu ändern, die wir ändern können. Ein erster wichtiger Schritt in diese Richtung ist die Auflistung der Themen in den drei Bereichen. Das haben Sie jetzt getan. Das heißt, Sie haben die Themen identifiziert, bei denen Sie die größte Hebelwirkung haben.

Jetzt geht es ans Umsetzen: Nehmen Sie einen einzigen Punkt von Ihrer Liste aus Ihrem Verantwortungsbereich. Wählen Sie bitte nicht gleich die »Lebensbaustelle«, sondern üben Sie die neuen Denkweisen und Methoden aus den nächsten Kapiteln an Themen, die Ihnen machbar vorkommen. Sie dürfen durchaus anstrengend sein und Sie kräftig ins Schwitzen bringen. Fürs Erste sollten Sie aber wissen bzw. fest davon überzeugt sein, dass Sie das hinkriegen können.

Es darf erst einmal ruhig eine scheinbare Kleinigkeit sein – denn, so meine feste Überzeugung, es gibt kaum sog. Kleinigkeiten. Zumindest nicht bei Dingen, die Sie für sich selbst tun und auch nicht in Beziehungen zu anderen Menschen.

> **Beispiel: Wie groß scheinbar Kleines doch ist!** ❗
>
> Täglich eine Seite schreiben und am Jahresende halten Sie ein Buch wie dieses in der Hand – eine Kleinigkeit? Dem Lebenspartner statt des flüchtigen Begrüßungskusses eine innige Umarmung zukommen lassen – eine Kleinigkeit? Oder eines meiner Lieblingsbeispiele: Wer seinen Wagen täglich rund 500 Meter vom Büro entfernt parkt und die restliche Strecke zu Fuß geht, verschafft sich über 200 Kilometer zusätzliche Bewegung im Jahr. Da kann man gewiss nicht mehr von einer Kleinigkeit sprechen.

Exception kills

Vielleicht kennen Sie die berühmten »zehn Minuten täglich«. Fast egal, worin und wobei man besser werden will – stets heißt es, nur zehn Minuten Übung am Tag reichten aus. Viele von uns starten ganz euphorisch: Zehn Minuten sind doch ein Klacks! Nach einem halben Jahr ist trotzdem fast keiner mehr dabei. Woran liegt das? Was kann man verbessern?

Greifen wir zu einem Beispiel, das etliche Gründe des Scheiterns offensichtlich werden lässt – inklusive Lösungsansatz.

> **Beispiel** ❗
>
> Nehmen wir an, Max Probiertsmal möchte sich jeden Tag zehn Minuten sportlich bewegen. Er sucht sich aus praktischen Gründen dafür die Morgenzeit aus. Am Wochenende will er mittags oder abends sporteln. Eine Gymnastikmatte hat er. Die legt er am Sonntagabend bereit, denn Montag früh wird er beginnen. Herr Pro-

biertsmal stellt sich den Wecker zehn Minuten früher (immerhin: das klappt noch!), wird also am Montag statt um 6.00 Uhr um 5.50 Uhr geweckt. Montagmorgen, 5.50 Uhr. Entsetzt schreckt Probiertsmal aus dem Schlaf und drückt augenblicklich auf die Schlummertaste. Die meldet sich nach fünf Minuten das erste und nach dem zweiten Drücken weitere fünf Minuten später noch einmal. Er steht also um 6.00 Uhr auf wie immer. Natürlich zu spät für Frühsport. Dienstagmorgen ein ähnliches Spiel, woraufhin Max Probiertsmal am Dienstagabend den Wecker für den Mittwoch gleich auf 6:00 Uhr zurückstellt. »Diese Woche hat es nicht geklappt. Ich beginne dann nächsten Montag«, denkt er sich. Wie der nächste Montag verläuft, können Sie sich denken. Ebenso der übernächste. Die Matte wandert nach wenigen Wochen wieder in den Abstellraum. »Ja, ja«, denkt sich unser Kandidat, »der Geist ist willig, aber das Fleisch ist schwach.«

Es gibt zahllose Variationen des Scheiterns. Manchmal beginnt man tatsächlich, dann kommt die erste Ausnahme, dann kommen ein paar Ausnahmen, dann merkt man, dass zehn Minuten länger schlafen doch wichtiger sind als gedacht und so weiter und so fort. *Exception kills*, heißt es im Englischen – eine einzige Ausnahme macht alles zunichte.

Natürlich kennen Sie das (von anderen!). Wissen Sie, warum es kaum funktionieren kann? Weil es gar kein richtiges Vorhaben, sondern eher ein Silvestervorsatz war. Worin liegt der Unterschied und wie können Sie das ändern?

Falls Sie schon schlechte Erfahrungen mit der Exception-kills-Variante gemacht haben: Im Kapitel »Die Glücksformel 3A + a« finden Sie einen Kniff, um diese Sabotage-Denke elegant auszuhebeln.

2.1.5.4 Das Zauberwort: Commitment

Commitment ist in puncto Selbstmotivation eine entscheidende Komponente, ohne die praktisch nichts geht. Wenn Sie sie weglassen, brauchen Sie erst gar nicht anzufangen. Fügen Sie umgekehrt diese Komponente hinzu, ist die Wahrscheinlichkeit extrem hoch, dass Sie Ihr Vorhaben umsetzen – seien es die berühmten zehn Minuten oder etwas ganz anderes. Ausnahmsweise nutze ich hier den englischen Begriff, der sich in Unternehmen eingeschlichen hat und den wahrscheinlich jeder Arbeitnehmer schon einmal gehört hat. Commitment wird meist im Zusammenhang mit einer Richtung oder gar Philosophie benutzt, beispielsweise einer Unternehmensphilosophie, der sich die Mitarbeiter anvertrauen sollen. Sie sollen sich auf diese Philosophie »committen«. Das Wort stammt ursprünglich vom lateinischen Verb *committere* und heißt wörtlich übersetzt »anvertrauen«. Im wirtschaftlichen Zusammenhang meint es aber meist deutlich mehr: Die Mitarbeiter sollen sich nicht nur der Philosophie anvertrauen, sie sollen sich sogar darauf verpflichten. Um es etwas überspitzt auszudrücken: Die Mitarbeiter sollen hinter dem stehen, was das Unternehmen will und das eigenverantwortlich und eigeninitiativ umsetzen. Im Grunde bräuchten sie dann kaum mehr eine Führungskraft, zumindest keinen Antreiber. Sie haben sich innerlich verpflichtet, alle Hindernisse aus dem Weg zu räumen, Schwierigkeiten selbstständig zu meistern und so lange am Ball zu bleiben, bis das Ziel erreicht ist. Dass dies in der Praxis selten funktioniert, liegt auf der Hand: Viele Mitarbeiter fühlen sich – früher oder später – als Mittel zum Zweck degradiert. Etwa im Stil des Bonmots: »Der Mitarbeiter ist bei uns nicht im Mittelpunkt, sondern Mittel – Punkt!« Mit dem ganzen Anvertrauen ist es da nicht mehr weit her. Um eine Lanze für die Unternehmen zu brechen: Viele versuchen seriös, ihren Mitarbeitern die Möglichkeit zum »organisationalen Commitment« zu bieten. Natürlich haben die Firmen erkannt, welch fast unerschöpfliches Potenzial hoch motivierte Selbstläufer bieten. Doch Commitment bei anderen zu erzeugen, die sich dann im Sinne des Unternehmenszwecks engagieren sollen, ist ein komplexes Unterfangen.

Wie steht es beispielsweise mit Ihnen? Falls Sie nicht gerade als Selbstständiger für Ihr eigenes Unternehmen unterwegs sind, werden Sie wahrscheinlich auch nur ein begrenztes Maß an »kalkulatorischem« Commitment aufweisen, wie es die Organisationsforscher nennen. Das ist völlig in Ordnung. Niemand braucht ein schlechtes Gewissen zu haben. Denken Sie nur an die vielen Fußball-Bundesligaspieler, die vor laufenden Kameras verkünden: »Mein Herz schlägt gelbweiß« oder in welcher Farbe auch immer, nur um ein paar Monate später ihr Herz für eine andere Vereinsfarbe schlagen zu lassen. Das hindert die Herren aber nicht daran, hervorragend zu spielen und volle Leistung zu bringen. Kalkulatorisches Commitment kann also durchaus funktionieren.

Hier geht es jedoch um etwas anderes. Wenn Unternehmen die Macht der Selbstverpflichtung erkannt haben und nutzen – warum sollten Sie das nicht auch tun? Wobei ich hier eben *nicht* die Selbstverpflichtung auf die Unternehmensziele meine, sondern jene auf Ihre eigenen Vorhaben.

Wie sehr fühlen Sie sich Ihren eigenen Zielen verpflichtet? Nehmen wir an, Sie haben Themen dazu aufgelistet, Sie haben sich eines ausgesucht, das Sie angehen wollen. Was haben Sie sich dabei gedacht?

- Bestimmt wieder etwas, das nicht funktioniert ...
- Das habe ich schon zig-fach versucht und immer wieder damit aufgehört.
- Mal sehen, was daraus wird.
- Ausprobieren schadet nicht ...
- Ich fange mal an, bin gespannt, wie lange ich das durchziehe.
- Das teste ich mal.

- Ich ziehe das durch.
- Das mache ich auf alle Fälle.

Das alles sind typische Gedanken, die uns so oder so ähnlich durch den Kopf gehen können. Doch nur bei den beiden letzten Aussagen haben Sie reelle Chancen, Ihr Vorhaben in die Tat umzusetzen. Warum? Weil nur in diesen Sätzen der Ansatz einer Selbstverpflichtung, eines Commitments, steckt.

Ein genauer Blick lohnt, denn es handelt sich hier tatsächlich um eine zwingend notwendige Zutat, ohne die Vorhaben nicht gelingen können. Falls Sie sich jetzt fragen, wie Sie ohne sie bislang Ihre Ziele erreicht haben, sind Sie vermutlich unbewusst eine solche Selbstverpflichtung eingegangen.

! **Wichtig**

Es geht dabei um die absolute Verpflichtung sich selbst gegenüber, etwas zu tun. Ich wiederhole: absolut. Ich wiederhole: sich selbst gegenüber.

Bitte, und das ist hier entscheidend: nicht dem Unternehmen gegenüber. Nicht gegenüber Ihrem Lebenspartner oder Kind. Einzig und allein gegenüber sich selbst. Worin liegt der Unterschied?

! **Beispiel**

Möchte Ihr Arbeitgeber, dass Sie hinter dem neuen Produkt stehen und es entsprechend vorantreiben, hat das noch lange nichts mit Ihrem Commitment zu tun. Erst wenn Sie von sich aus zu 100 Prozent hinter dem Produkt stehen und es selbst entsprechend vorantreiben wollen – erst dann geht es in die richtige Richtung.

Spüren Sie den Unterschied? Bei einer Fußballmannschaft wird sofort klar: Der Trainer kann noch so sehr brüllen, die Spieler sollen sich anstrengen und die berühmten 150 Prozent geben – es nützt gar nichts. Im Gegenteil. Es kann sogar schädlich sein: Lässt der Trainer plötzlich in seinen Anstrengungen nach und wird er leiser, könnten die Spieler in ihren Anstrengungen auch nachlassen. Es ist wie im Unternehmen: Der Trainer muss den einzelnen Spieler so erreichen, dass dieser sich vollständig einsetzen will.

Es geht also definitiv nicht – nie! – ums Unternehmen und dessen Ziele oder um andere Menschen und deren Ziele. Es geht um Sie. Um Ihre eigenen Ziele.

Fragt sich, wie ein Commitment ausschauen kann. Hält man sich die einzelnen Bestandteile vor Augen, ist es erstaunlich simpel. Insgesamt sind es fünf Merkmale.

Nicht alle sind unbedingt notwendig, aber wenn Sie sie komplett beherzigen, ist der Erfolg tatsächlich so gut wie garantiert. Hier die Faktoren im Überblick.

Die Selbstverpflichtung muss …
1. selbst formuliert sein
2. freiwillig sein
3. mit Anstrengungen verbunden sein
4. schriftlich fixiert sein
5. öffentlich verkündet werden

Die fünf Merkmale lesen sich fast wie Selbstverständlichkeiten, und die meisten scheinen gleich einleuchtend. Kein Hexenwerk, wenn auch mehr dahintersteckt, als auf den ersten Blick wahrnehmbar.

Merkmal Nr. 1: Die Selbstverpflichtung muss selbst formuliert sein

Damit scheiden vorformulierte Fremdziele aus. Wobei, so ganz stimmt das nicht: Sie können sich schon darauf einlassen, vorausgesetzt, Sie identifizieren sich zu 100 Prozent damit. Ein absolutes Unding sind Sätze, die Ihnen ein anderer in den Mund legt, oder gar eine schriftliche »Vereinbarung«, die von jemand anderem ausgearbeitet wurde und die Sie nur noch zu unterschreiben brauchen. Achten Sie darauf, dass es sich um Ihre eigenen Gedanken handelt. Fragen Sie sich immer wieder: »Will ich das wirklich?«

Merkmal Nr. 2: Die Selbstverpflichtung muss freiwillig sein

Ein ganz wesentlicher Punkt, der erklärt, weshalb in Unternehmen so viel danebengeht, wie das folgende Beispiel zeigt.

Beispiel !

In einem badischen Unternehmen führte ich einige Jahre Seminare durch, bei denen sich die Mitarbeiter Fitnessziele vornahmen, etwa für einige Monate zweimal die Woche zu joggen, ein paar Kilos abzunehmen oder sich gesünder zu ernähren. Die Nachverfolgung funktionierte auf freiwilliger Basis direkt über mich. So blieb die Verbindung zu den Teilnehmern bestehen; ich konnte die Zielverfolgung fast »live« erleben und in manchen Fällen noch Hilfestellung leisten. Es funktionierte alles gut. Fast alle Teilnehmer (94,3 %) erreichten ihre selbst gesteckten Ziele innerhalb der nächsten 12 Monate. Dann der Schnitt: Fast von einem Tag auf den anderen klappte es überhaupt nicht mehr. Was war geschehen? Das Unternehmen war auf die Idee gekommen, diese Seminarreihe ins betriebliche Organisationsmanagement und -Controlling einzubinden. Die Teilnehmer sollten also plötzlich ihre selbstgesteckten Ziele »freiwillig« über das Unternehmen »controllen« lassen. Schnell schaltete sich der Betriebsrat ein, noch schneller fuhren die Teilnehmer ihre Vorhaben herunter auf ein Minimum, und fast ebenso schnell wurde die Idee wieder begraben.

Wagen wir hier kurz einen kleinen gedanklichen Umweg, der mit dem Thema Freiwilligkeit eng zusammenhängt. Auch hier gibt es wieder ein Schlagwort, hinter dem sich viel verbirgt: Reaktanz. Dieser Fachbegriff steht für das Verhaltensmuster, bestimmte Dinge einfach nicht zu tun, obwohl sie getan werden sollten oder gar müssen. Hinter dem »Gesetz der psychologischen Reaktanz« steckt die Aussage: »Werden Sie von jemand anderem aufgefordert, etwas zu tun, werden Sie keine große Lust haben, es zu tun, selbst wenn Sie es sonst vielleicht gern getan hätten.«

! **Beispiele: Reaktanz**

Wenn ich unseren Sohn, der vielleicht gerade sein Zimmer aufräumen wollte, ermahne: »Junge, räum doch endlich mal dein Zimmer auf!«, wird das aller Voraussicht nach bei ihm Reaktanz auslösen. Er wird wohl keine große Lust mehr dazu verspüren, obwohl er es aktuell aus eigenem Antrieb hatte tun wollen.

Hat sich der Mitarbeiter den Vormittag geblockt, um endlich einmal zehn potenzielle Kunden anzurufen und will er gerade lostelefonieren, als sich der Chef mit der Bemerkung meldet: »Meinen Sie nicht, es wäre mal wieder an der Zeit, Neukunden zu akquirieren?«, fällt die Reaktion ähnlich aus.

Das ist das Prinzip der Reaktanz. Ein kluger Kopf hat das einst auf den Satz verdichtet: »Persönlich bin ich immer bereit zu lernen. Obwohl ich nicht immer belehrt werden möchte.«

Wichtig für uns zu wissen: Reaktanz tritt auch dann ein, wenn es sich um Angelegenheiten handelt, die wir – eigentlich! – selbst wollen und die dann zusätzlich von außen an uns herangetragen werden. Wer beispielsweise gerade mit dem Rauchen aufhören will und dann von extern »Druck« bekommt, bei dem bewirkt dieser Versuch der Fremdmotivation meist genau das Gegenteil. Ganz frei und völlig unwissenschaftlich: Das ist auch eine Art Trotz. Zudem zeigt es auf, warum ein »Zieh doch nicht so ein Gesicht! Komm, sei gut drauf!« nicht funktioniert.

Nehmen wir Reaktanz und Freiwilligkeit zusammen: Sie brauchen Ihre ureigensten Gründe für ein Vorhaben und müssen wissen, dass Sie dieses vollkommen freiwillig erreichen wollen.

Merkmal Nr. 3: Die Selbstverpflichtung muss mit Anstrengungen verbunden sein

Es ist wie bei einem kleinen Kind, das über einen Graben springen will: Ist der Graben zu breit, traut es sich nicht. Ist er zu schmal, hüpft es ein paar Mal darüber und ist dann schnell gelangweilt. Achten Sie deshalb darauf, Ihr Vorhaben, bewusst oder unbewusst, nicht schon als »erledigt« abzuhaken, weil Sie genau wissen, dass Sie es ohnehin erreichen werden. Sie sollten auf einen zusätzlichen

Energieschub zum Erreichen Ihres Zieles nicht verzichten wollen. Sie sollen sich sicher sein, aber zugleich anstrengen müssen.

Merkmal Nr. 4: Die Selbstverpflichtung muss schriftlich fixiert werden

Was man schreibt, das bleibt. Was man aufschreibt, wird verbindlicher. Können Sie sich einen Raucher vorstellen, der mit dem Gedanken spielt, eventuell vielleicht einmal aufzuhören – und sich dann eine Selbstverpflichtung aufschreibt? Geht gar nicht! Dann müsste er ja tatsächlich aufhören. So im Stil: »Hiermit verspreche ich mir, dass ich mit dem Rauchen aufhören werde am …«. Sobald wir etwas schriftlich notieren, schrillen im Unterbewusstsein sämtliche Alarmglocken: »Achtung, es wird ernst!« Schreiben Sie deshalb immer auf, was Sie sich vornehmen. Sie werden diese Vorgehensweise später nicht mehr missen wollen!

Merkmal Nr. 5: Die Selbstverpflichtung muss öffentlich verkündet werden

Das Wort »öffentlich« ist in diesem Zusammenhang vielleicht etwas hochgegriffen. Natürlich kann es tatsächlich auch die große Öffentlichkeit betreffen: Wer beispielsweise vor ein paar Hundert Zuhörern verkündet, er wolle im nächsten Jahr einen Marathon laufen und vielleicht jedem Zuhörer 100 Euro verspricht, falls er es nicht tut, der wird aller Voraussicht nach sein Ziel erreichen. Es kann aber durchaus auch eine kleinere Öffentlichkeit sein. Wer im Kollegenkreis kundtut, dass er in diesem Jahr 20 % mehr Umsatz machen wird als im letzten, wird wahrscheinlich bei gleicher Ausgangslage eher Erfolg haben als einer, der es nicht kundtut. In vielen Fällen genügt sogar die ganz kleine Öffentlichkeit – wenn Sie es einem anderen Ihnen wichtigen Menschen kundtun. Versprechen Sie es Ihrer Kollegin, Ihrem Lebenspartner, Ihrem Kind, Ihrem besten Freund und Sie erhöhen damit die Erfolgswahrscheinlichkeit um ein Vielfaches.

Und jetzt sind Sie dran!

Probieren Sie es gleich einmal aus: Nehmen Sie sich jetzt eine Sache vor, die Sie oben bei den Einflussbereichen Ihrem Verantwortungsbereich zugeordnet hatten. Sagen wir beispielsweise, Sie hätten sich vorgenommen »Ende des Monats habe ich die Steuererklärung fertig«. Gehen Sie nun die fünf Punkte durch und prüfen Sie, ob Sie alle Kriterien erfüllen.

1. Ist es meine eigene Formulierung? Habe ich sie selbst aktiv verfasst oder hat sie mir jemand untergejubelt?
2. Mache ich das tatsächlich vollkommen freiwillig? Oder geht es nur um die Bedürfnisse meines Steuerberaters? Gut, das Finanzamt hat seine Fristen, aber die könnte ich noch um ein paar Monate hinauszögern. Mache ich das also unter Druck oder aus eigenen Stücken, wenn ich mich entschließe mein Vorhaben jetzt anzugehen?
3. Ist es mit Anstrengung verbunden? Ohne Frage …

4. Schriftlich fixiert: »Hiermit verspreche ich, dass ich bis zum 31. dieses Monats meine Steuererklärung vollständig abgegeben haben werde«.

5. Öffentlich: Den Steuerberater anrufen und ihm versichern, dass er alle Unterlagen hundertprozentig bis Monatsende von mir bekommt.

Fällt Ihnen etwas auf? Das Ganze dauert nur ein paar Minuten, wenn überhaupt. In kurzer Zeit ist so aus dem Silvestervorsatz ein Ziel geworden, das Sie aller Wahrscheinlichkeit nach erreichen werden.

Lassen wir die klugen Erkenntnisse der Psychologen wie Reaktanz oder Commitment ganz außen vor und sagen schlicht: Das ist die Kraft und Stärke eines Versprechens.

2.1.5.5 Das Selbstvertrauenskonto

Sie werden merken: Im Lauf der Zeit wird es immer einfacher, sich etwas vorzunehmen und es auch durchzuhalten. Dieses Phänomen nennen die Persönlichkeitspsychologen Integritätskonto oder Selbstvertrauenskonto. Anhand dessen lässt sich erklären, warum manche Menschen scheinbar leicht und mühelos ihre Ziele erreichen, während andere nicht einmal anfangen oder nach kurzer Zeit schon aufgeben.

Das Selbstvertrauenskonto funktioniert wie ein Bankkonto. Auf der einen Seite werden Einzahlungen verbucht, auf der anderen Seite Abbuchungen. Unten zeigt der Saldo, ob das Konto im Plus steht oder im Minus. Auf das Selbstvertrauenskonto zahlen Sie also ein oder Sie buchen ab, was Ihr Selbstvertrauen dementsprechend erhöht oder mindert. Einzahlungen können beispielsweise aufrichtige Komplimente von anderen sein oder die Übertragung einer wichtigen Aufgabe, die Ihnen ein anderer zutraut. Sie können ganz bewusst selbst einzahlen, indem Sie sich ein Versprechen geben und dieses einhalten. Das füllt Ihr Selbstvertrauenskonto auf Dauer enorm.

Kurz und prägnant: Ich stärke mein Selbstvertrauenskonto, indem ich mir etwas verspreche und es einhalte. Ich plündere mein Selbstvertrauenskonto, wenn ich das Versprechen breche.

Sogar Zinsen gibt es auf dem Konto, sowohl Überziehungs- als auch Habenzinsen: Wer feststellt, dass sich umgesetzte Vorhaben positiv aufs Selbstvertrauen auswirken, nimmt sich bald schon anspruchsvollere Ziele vor, woraus noch ein größeres Selbstvertrauen erwächst usw. Umgekehrt kann es passieren, dass sich Menschen im Glauben, es eh nicht zu schaffen, überhaupt nichts mehr vornehmen – was das Konto weiter ins Minus treibt und die Erwartungen an sich selbst immer mehr schmälert. Diese Positiv- bzw. Negativspirale ist es auch, warum es so wichtig ist einzuhalten, was Sie sich versprechen! Und dieses Prinzip ist auch der Grund dafür, warum es manchen Menschen scheinbar spielend leichtfällt, ihre Vorhaben einzuhalten und manchen eben nicht. Die einen haben ein prall gefülltes Selbstvertrauenskonto, bei den anderen herrscht Ebbe.

Des Öfteren werde ich von meinen Seminarteilnehmern gefragt: »Und was mache ich, wenn ich nichts oder kaum etwas auf dem Konto habe?« Meine Antwort: Jeder kann sein Selbstvertrauen stärken, indem er sich scheinbar kleine Versprechen gibt und diese hundertprozentig erfüllt – so als ginge es um sein Leben. Das ist die effektivste Übung, die man sich vorstellen kann.

Man kann mit klitzekleinen Versprechen starten, die man oft nicht einmal als solche wahrnimmt, so z. B. bei der Pünktlichkeit. Dass Unpünktlichkeit bei anderen Minuspunkte gibt, ist klar. Aber seien Sie sich bewusst, dass sie sich auch auf das eigene Selbstvertrauenskonto auswirkt. »Wieder zu spät« oder »Wieder nicht geschafft« sind Sätze, die wir uns unbewusst einflüstern. Dazu gehört, etwas weiter gefasst, auch das Einhalten von Terminen. Auch hier merken wir, etwa beim Kunden, sofort, dass nicht eingehaltene Termine dicke Abbuchungen zur Folge haben – bei unserer eigenen Unzuverlässigkeit ist uns dies meist nicht so bewusst.

Warum, glauben Sie, war es mir beispielsweise so wichtig, das Manuskript dieses Buches pünktlich abzugeben? Wegen des Verlags? Wegen der großartigen Lektorin? Auch, natürlich. In erster Linie tat ich es aber für mich selbst. Weil ich genau wusste, was eine nicht eingehaltene Zusage für mein Selbstvertrauen bedeutet hätte.

Tipp: Manchmal ist weniger mehr **!**

Haben Sie ein Vorhaben, bei dem Sie sich nicht ganz sicher sind, ob Sie es schaffen, dann reduzieren Sie fürs Erste einfach die Zeitspanne. Statt drei Monate lang jede Woche zweimal joggen zu wollen, nehmen Sie sich das nur mal für drei Wochen vor. Und wenn Sie denken, dass auch daraus nichts wird, verringern Sie auf eine Woche oder auf ein einziges Mal. Entscheidend ist, dass Sie das Vorhaben tatsächlich bewältigen.

Auch hier gilt wieder: Es gibt keine objektiv großen oder kleinen Ziele. Für den einen ist es »Kinderkram«, sich lediglich ein einziges Mal zum Joggen aufraffen zu wollen, für den anderen ist es der Einstieg in die Spirale der Selbstvertrauenssteigerung. Im Lauf der Zeit wird es immer einfacher, sich etwas vorzunehmen und es auch durchzuhalten.

2.1.5.6 Ihr Leben: ein Gemälde

Es gibt großartige Methoden, Techniken, Kniffe, die beim Erreichen von Zielen nachweisbar helfen. Doch immer und immer wieder taucht zuvor die eine Frage auf: *Will ich das wirklich?* Es beginnt im scheinbar Kleinen, etwa dem Verzicht auf Süßigkeiten, und erstreckt sich bis zur ganz großen Frage: Möchte ich wirklich ein erfülltes Leben führen und mich dafür anstrengen oder möchte ich mein Leben (weiterhin) bequem, aber langweilig vor mich hinplätschern lassen?

Nochmals seit betont: Die Antworten darauf sind keinesfalls selbstverständlich. Im Gegenteil, die meisten Menschen entscheiden sich gegen ein erfüllendes Leben und verplempern ihre Zeit vor dem Fernseher, in Facebook oder mit dem Studieren von Werbekatalogen. Warum? Weil es die bequemere Variante ist. Ein selbstmotiviertes Leben zu führen, ist anstrengender. Es ist aufregend, erfüllend, vitalisierend, sensationell – aber man muss auch etwas dafür tun. Die einen werden süchtig und können gar nicht mehr anders, die anderen fangen erst gar nicht damit an. Mir ist vollkommen klar, dass ich dies nicht zum ersten Mal in diesem Buch erwähne und es wird auch nicht das letzte Mal sein.

Es geht nicht nur darum, von ganzem Herzen »Ja!« zu sagen. Es geht auch darum, Verantwortung zu übernehmen. Wir hatten das Thema kurz gestreift, als es darum ging, sich nicht abhängig zu machen von anderen Menschen, die einen motivieren sollen. Sie wissen: Nicht ein Autor oder Trainer oder Chef ist für Ihre Motivation verantwortlich. Sie sind es selbst. Ebenso sind Sie für die finale Entscheidung verantwortlich, dauerhaft selbstmotiviert für Ihre eigenen Ziele durchs Leben gehen zu wollen. Dafür sind Sie verantwortlich – desgleichen für das, was Sie nicht tun.

Im Zusammenhang mit dem Selbstvertrauenskonto vermeldet die Hirnforschung neue Erkenntnisse. Sie sind ziemlich eindeutig. Einfach auf den Punkt gebracht besagen sie: Vorhaben oder gute Vorsätze werden *nicht* als Einzahlungen registriert – nur das, was umgesetzt wird, zählt. Sprich: Wir messen uns selbst an dem, was wir tun, und nicht an dem, was wir sagen. Deshalb auch der Name »Integritätskonto«, was ja bedeutet, dass man das tut, was man sagt und denkt.

Sie können es sich auch so vorstellen: Ihr Leben, Ihre Persönlichkeit setzt sich aus tausenden Pinselstrichen zusammen, die Sie im Laufe Ihres Lebens malen. Jeden Tag ein paar Striche, manchmal wenige, manchmal viele. Alle zusammen ergeben ein Gemälde, das komplett von Ihnen gemalt ist. Der einzelne Pinselstrich fällt nicht so sehr ins Gewicht, aber die Stilrichtung, die Gesamtausstrahlung des Bildes ergibt sich aus den vielen, vielen einzelnen Strichen und Schwüngen. Sie sind also, was Sie täglich malen. Sie sind, was Sie täglich tun.

Dies hört sich möglicherweise etwas pathetisch an. Sie sind, was Sie tun. Sitzen Sie wie der durchschnittliche Bundesbürger täglich rund 3,5 Stunden vor dem Fernseher, werden Sie mit 80 Jahren fast 100.000 Stunden Fernsehen auf Ihrem Konto haben – 100.000 Pinselstriche. Welch ein Unterschied zu einem Menschen, der in dieser Zeit musizierte, malte, spielte, schrieb, gute Bücher las oder sich um andere Menschen kümmerte.

Es gilt übrigens auch für hochgradig beschäftigte Manager: Sie sind, was Sie tun. Sind Sie sich sicher, dass das, was Sie tun, gut ist? Nehmen Sie Ihren Terminkalender der letzten vier Wochen zur Hand und prüfen Sie, ob dem tatsächlich so ist. Wenn beispielsweise »Familie« als ganz wichtig weit vorne steht – wie viel Zeit haben Sie ihr bewusst gewidmet? Glauben Sie mir, ich weiß, was ich sage. Ich kenne Vollbeschäftigung im wahrsten Wortsinn. Rund um die Uhr. Sieben Tage die Woche. Wir sind, was wir tun.

2.2 Der magische Filter

Es ist Ihre Zeit, Ihr Leben. Für all das sind Sie verantwortlich. Streichen Sie Ausreden, zumindest vor sich selbst. Übernehmen Sie die volle Verantwortung für Ihre Aktivitäten, für Ihr Leben. Wie heißt es so schön: »Trau keinem, der über 30 ist und seine Eltern für sein Leben verantwortlich macht«. Übertrieben? Leider nein. Vor Kurzem erzählte ein Vertriebsleiter in einer Seminarpause, er hätte lieber Sozialpädagogik studiert und wäre Lehrer geworden, seine Eltern hätten ihn aber zum BWL-Studium gezwungen. Wollen wir tatsächlich unsere Eltern für unser Berufsleben verantwortlich machen? Oder ein zufälliges Ereignis? Sicher nicht. Ganz sicher fühlen wir uns besser, wenn wir selbstverantwortliche Entscheidungen treffen.

Fragt sich, warum die einen so und die anderen so denken. Es ist die Perspektive, aus der wir die Welt betrachten. Ich nenne diese Perspektive gerne den »Filter«. Da er bestimmt, wie Sie die Welt wahrnehmen – ob bunt und fröhlich oder grau und traurig – nenne ich ihn gern auch den »magischen Filter«. Er besitzt förmlich Zauberkräfte.

Allerdings hat er einen entscheidenden Nachteil: Er läuft auf Autopilot, also völlig selbstständig und ganz ohne unser Zutun. Das heißt: Ihr Filter funktioniert wie ein Navigationsgerät. Es wird ein Ziel eingegeben und alles auf dieses Ziel ausgerichtet – man bekommt es gar nicht mit. Daher wird es im Folgenden zuerst darum gehen, uns die Wirkungsweise des Filters bewusst zu machen. Wie funktioniert er? Was beeinflusst ihn? Worauf reagiert er? Welche Fallen lauern wo? Denn nur bewusste Dinge lassen sich ändern.

2.2.1 Läuft und läuft und läuft: unsere Urteils- und Bewertungsmaschine

Jeder Mensch nimmt die Welt anders wahr. Menschen interpretieren alles, wirklich alles. Wir messen allem und jedem eine bestimmte Bedeutung zu, die wir dem tatsächlichen Sinneseindruck zuordnen. Diese Bedeutung holen wir aus dem Gedächtnis, weshalb die moderne Hirnforschung sagt: »Das wichtigste Sinnesorgan des Menschen ist sein Gedächtnis«. Leider ist dieses Dazutun aus dem Gedächtnis sehr subjektiv. Je nach Zutat wird eine Wahrnehmung bedrohlich, lustig, uninteressant oder erotisch. Die Empfindungen sind unzählbar. Aber genau diese Empfindungen entscheiden darüber, wie wir uns fühlen und mit einer Angelegenheit umgehen. Der Mensch hat also die Fähigkeit, Ereignisse zu interpretieren. Das ist eine fantastische Chance, aber auch ein Risiko: Im Umkehrschluss bedeutet das, und dieses wird von der Hirnforschung ebenfalls belegt, dass man nicht empfindet, was einem tatsächlich passiert im Leben, sondern das, was man reininterpretiert. Unsere Wirklichkeit ist eben niemals objektiv, sondern immer höchst subjektiv das Produkt unserer eigenen Auslegungen. Und, deshalb Chance oder Risiko: Die Interpretationen können wir selbst wählen.

Wir können uns durch ein- und dieselbe Sache entweder motivieren und inspirieren oder regelrecht lähmen (lassen). Die Wahl trifft der Filter. Schauen wir uns an, wie er funktioniert, und, noch wichtiger: wie er sich einstellen lässt, um für und nicht gegen uns zu arbeiten.

> **!** **Beispiel: Honda baut Schrottautos**
>
> Vor drei Jahrzehnten erwarb Heinz mit 19 Jahren sein erstes Auto: einen gebrauchten Honda, bei dem immer irgendetwas kaputt war. Zwei Jahre danach wurde Heinz die Klapperkiste endlich wieder los und kaufte ein besseres Auto. Damals entstand in ihm das unbestimmte Gefühl, Honda baue Schrottautos. Im Lauf der nächsten Jahrzehnte fuhr Heinz als Außendienstler Hunderttausende Kilometer über Deutschlands Straßen. Heute, nach 30 Jahren, hat Heinz nicht mehr nur ein unbestimmtes Gefühl. Heute meint er zu wissen, dass Honda Schrottautos baut.

So etwas kennt man zur Genüge von anderen und, wenn man ehrlich ist, wahrscheinlich auch von sich selbst. Was genau ist passiert? Nun, jede – absolut jede – Erfahrung hinterlässt eine Spur im Gehirn. Heinz hat also seine negativen Erfahrungen mit dem Honda als Spur angelegt. Stellen Sie es sich in etwa vor wie ein Stück Holz, vielleicht einen daumendicken Ast, über den Sie mit leichter Hand und völlig ohne Druck ein Messer ziehen. Dieses Ziehen hinterlässt eine Spur in der Rinde. Nicht tief, aber durchaus wahrnehmbar. Immer wenn Heinz am Straßenrand ein Pannenfahrzeug sah, scannte sein Unbewusstes die Marke. War es eine andere Marke als Honda, passierte nichts. War es aber ein Honda, signalisierte sein Unterbewusstsein sofort: »Da! Schon wieder ein Honda! Schnell, notier das!« Im Geist zog er dann jedes Mal das Messer über die selbe Spur, was nach einer Weile eine kleine Kerbe bewirkte, die sich im Lauf von 30 Jahren zum tiefen Spalt entwickelte.

Übertragen wir das Bild auf den Filter: Heinz »weiß« mittlerweile, dass Honda Schrottautos baut. Selbst der Kollege, der seit 20 Jahren diese Marke fährt und zufrieden ist, kann ihn nicht umstimmen. Selbst eine verlässliche Statistik, die Honda als zuverlässige Marke einstuft, wäre für ihn kein Beweis. Der Filter ist »verstopft«. Wenn Sie jetzt ein unbehagliches Gefühl beschleicht – so im Stil »Wenn das schon bei Automarken so abläuft, was wird dann noch alles durch diesen Filter gesteuert?« – geschieht das zu recht: Unser Filter, diese Urteils- und Bewertungsmaschine, bestimmt so ziemlich alles, was wir denken, fühlen und was wir zu wissen glauben.

Mark Twain brachte die Wirkungsweise des Filters mit folgendem Satz auf den Punkt.

> »In Schwierigkeiten bringt dich nicht das, was du nicht weißt.
> In Schwierigkeiten bringt dich das, was du sicher weißt, was aber nicht so ist.«

In der Persönlichkeitspsychologie nennt man das »Mind Fake«, was umgangssprachlich sehr frei mit Hirnfurz übersetzt werden könnte.

2.2.2 Einstellungen und Überzeugungen sind selbst gegen Fakten immun

Was ich »sicher weiß« und was nicht, entscheidet sich ebenfalls im Filter. So mächtig wirkt dieser Mechanismus. Hirnforscher postulieren deshalb klipp und klar: »Wir sehen nicht mit dem Auge – wir sehen mit dem Gehirn!« Was überraschend klingt, leuchtet biologisch ein: Visuelle Eindrücke, also Bilder, entstehen nicht im Auge, sondern im Gehirn. Das Gehirn steuert nicht nur unsere Wahrnehmung, sondern auch, wie wir uns fühlen. Der Knackpunkt: Bei den meisten Menschen laufen diese Prozesse vollkommen autonom ab, ohne dass sie sie beeinflussen könnten. Einzelbeispiele, siehe Heinz und Honda, lassen Einstellungen und Überzeugungen entstehen, die selbst gegen Fakten immun sind. Psychologen sprechen hier von Referenzerlebnissen.

Aber Moment: Wollen wir das? Wollen wir, dass in unserem Kopf Prozesse ablaufen, die bestimmen, ob wir motiviert sind oder nicht – Prozesse, die sich überhaupt nicht steuern lassen? Wollen wir das tatsächlich? Die Antwort kann doch nur lauten: natürlich nicht. Natürlich wollen wir diese Prozesse steuern und selbst entscheiden, wie wir uns fühlen.

Und das funktioniert auch. Es ist sogar ziemlich einfach, sofern man weiß *wie*. Anfangs verläuft es bei den meisten Menschen etwas holprig, weil sie die Steuerung nie gelernt haben. Ist aber erst einmal klar, wie das System funktioniert, lässt es sich entsprechend justieren und in die gewünschte Richtung lenken.

Legen wir den Fokus gleichzeitig auf Filter und Selbstmotivation, kann man postulieren: Die erfolgreichsten – um nicht zu sagen glücklichsten – Menschen sind nicht diejenigen, die etwas besonders gut können. Es sind diejenigen, die sich am besten zum Handeln motivieren können. Tom Peters, ein Management-Guru, sagt: »Meine vorrangigste Aufgabe ist es, mich selbst zu motivieren«. Wenn wir das schaffen, folgt alles andere fast wie von selbst. Ob wir es können oder nicht, entscheidet sich in unserem Filter. Dieser Prozess läuft bei den meisten Menschen autonom ab, aber wir können eingreifen und ihn steuern. Dann wird nicht mehr »da oben« automatisch entschieden, dann entscheiden wir selbst.

Erinnern Sie sich an die Bemerkung aus dem ersten Kapitel, als ich erwähnte, wie erstaunlich es doch sei, erst mit etwa 30 Jahren gelernt zu haben, wie man seine Gefühle verändert? Die meisten Menschen lernen es nie. Sie meinen, die Welt sei genau so, wie sie selbst sich fühlen. Mal ist man gut drauf, mal schlecht. Das sei halt so. Nein! Dem ist nicht so. Wir können es ändern. Wir können uns in genau den (selbstmotivierten) Zustand bringen, den wir haben wollen. Nun weiß ich aus vielen Jahren der Arbeit mit Menschen, dass dieser Gedanke als »unglaublich« eingestuft wird – im doppelten Wortsinn: zum einen, weil er so unfassbar sei, dass man es kaum glauben könne; zum anderen, weil anfangs viele tatsächlich nicht daran glauben (wollen).

Betrachten wir den biologischen Aufbau des Filters daher etwas konkreter. Untersuchen wir, warum er so mächtig ist.

2.2.3 Wir sehen nicht mit dem Auge – wir sehen mit dem Gehirn

Wir nehmen die Umwelt mit unseren Sinnen wahr. Wir sehen, hören, riechen, schmecken und fühlen. Nehmen wir den wichtigsten davon unter die Lupe: den Sehsinn. Hier gibt es zunächst einmal den rein physiologischen Sehvorgang, den wir noch aus dem Biologieunterricht kennen. Dabei nimmt das Auge visuelle Reize von außen auf und transportiert sie nach innen. Bildpunkte auf der Netzhaut werden in elektrische Impulse umgewandelt, um sie weiterleiten und verarbeiten zu können. Danach werden diese elektrischen Impulse wieder in Bilder und Filme umgewandelt. So entsteht der Film, den wir im Kopf visuell ablaufen lassen. Denken Sie gerade etwa an einen Hund, haben Sie garantiert einen anderen Hund vor sich als andere Leser, die an Hunde denken. Warum? Weil diese Bilder erst nach der Interpretation und Ergänzung der Reize durch das Gehirn entstehen. Das eigentliche Sehen beginnt erst mit der Interpretation der elektrischen Impulse des Sehnervs im Sehzentrum des Gehirns. Alle Reize von außen verarbeiten und verändern wir also durch Deutungen. Biologen und Hirnforscher stellen deshalb radikal fest: »Wir sehen nicht mit dem Auge. Wir sehen mit dem Gehirn.«

Es fällt schwer, dieser Aussage sofort zu vertrauen. »Wie? Mein Auge soll für das Sehen unwichtiger sein als mein Gehirn? Das kann nicht sein.«, hört sich in etwa die Reaktion darauf an. Relativieren wir es: Wir brauchen beide – das Auge für den physiologischen Sehvorgang und das Gehirn für die Interpretation der Reize. Vor diesem Hintergrund stimmt die radikale Behauptung der Hirnforscher tatsächlich, dass wir ohne den Interpretationsvorgang gänzlich blind wären.

Die Analogie zu einem Filter ist dabei überaus passend. Denn die Aufgabe eines Filters, sei es im Automobil, im Haushaltsgerät oder im Klärwerk, ist klar definiert: Er filtert die Stoffe heraus, die nicht durchkommen sollen und er lässt durch, was durchkommen soll. Wunderbar. So soll es sein.

Aber was lässt er denn durch? Was hält er zurück? Bei Produkten entscheidet das der Hersteller; er baut den Filter für einen bestimmten Zweck. Beim Menschen hingegen arbeitet der Filter unbewusst und rasend schnell, so dass wir davon nichts mitbekommen, wogegen normalerweise auch absolut nichts spricht. Das hat die Evolution so eingerichtet, damit wir schnell und effektiv entscheiden können, beispielsweise, ob wir jemanden sympathisch finden oder ob Gefahr von ihm droht. Wir können sogar in Erinnerungen schwelgen und Gefühle (wieder) aufkommen lassen. Allerdings kann uns diese Wirkungsweise auch ganz schöne Schwierigkeiten bereiten bzw. behindern, so vor allem in Sachen Stimmungen und Emotionen.

2.2.4 Warum jeder eine andere Wirklichkeit hat

Beispiel: Wenn der Ehemann nicht pünktlich nach Hause kommt ... !

Frau Saueressig sitzt zuhause und wartet auf ihren seit zwei Stunden »überfälligen« Mann. Er hätte nach einem Geschäftsessen um 20 Uhr daheim sein sollen. Er hat weder angerufen, noch sonst verlauten lassen, dass es später werden könnte. Frau Saueressig macht sich also ihre Gedanken und die entsprechenden Bilder im Kopf dazu:

- Variante 1: »Hm, das ist ja sonderbar! Sonst meldet er sich doch immer, wenn es später wird. Ob das mit der neuen Kollegin zu tun hat, von der er erzählt hat? Wer weiß, was er mit der alles zu besprechen hat! Bestimmt gibt es auch Alkohol. Und Herbert ist ja nicht gerade ein Kind von Traurigkeit. Wenn der mal in Fahrt ist. Wenn die Frau ihm signalisiert, dass sie einsam ist ... oder noch mehr ... wer weiß? Wohnt die nicht sogar in der Nähe des Restaurants? Vielleicht ist Herbert jetzt gerade in diesem Moment bei ihr? Mensch, sonst hätte der doch angerufen! Aber darauf kann er sich verlassen: Wenn er was mit dieser Tussi hat, dann ist Schluss! Dann ...«
- Variante 2: »Hm, das ist ja ganz unüblich. Sonst meldet er sich doch immer, wenn es später wird. Es wird doch nichts passiert sein? Herbert sieht doch so schlecht, besonders im Dunkeln und wenn es regnet. Erst letzte Woche ist er fast auf einen stehenden Laster geknallt. Und hat er eigentlich das Rücklicht reparieren lassen? Hätte ihn irgendetwas aufgehalten, hätte er doch angerufen. Vielleicht kann er nicht? Vielleicht liegt er im Krankenhaus? Selbst wenn der Akku vom Handy leer wäre, könnte er doch mit dem Gerät eines Kollegen anrufen. Was ist ihm nur passiert?«

Beide Versionen ließen sich weiter ausbauen und in der Dramatik noch steigern. Sie zeigen beispielhaft, wie bei einer identischen Ausgangssituation völlig unterschiedliche Bilder und Interpretationen entstehen können und in deren Folge unterschiedliche Gefühle und Stimmungen. Wahrscheinlich würde Herbert bei der Heimkehr auch entsprechend unterschiedlich begrüßt werden. All dies steuert der Filter.

Der römische Kaiser und Philosoph Marc Aurel sprach noch nicht vom Filter, war sich dessen Wirkungsweise aber durchaus bewusst, was seine folgende Aussage belegt.

> »Nichts hat eine Bedeutung außer der, die du ihr gibst.«

Eigentlich ist es schon erstaunlich: Wir wissen, wie sehr uns die eigene Wahrnehmung im Zusammenspiel mit diesen Interpretationen trügt, aber wir vertrauen ihr dennoch voll und ganz. Googeln Sie doch einmal »optische Täuschungen« und lassen Sie sich überraschen, was Sie alles sehen und nicht sehen, was aber in Wirklichkeit eben nicht oder doch zu sehen war. Eines der bekanntesten Beispiele ist das sog. Gorilla-Video (www.theinvisiblegorilla.com/videos.html). Schauen Sie sich am besten jetzt gleich das Video an, bevor Sie weiterlesen.

Im Video gibt es zwei Basketballteams mit je vier Spielern. Eine Mannschaft ist weiß gekleidet, die andere schwarz. Die Aufgabe besteht darin, festzustellen, wie oft sich die weiß gekleidete Mannschaft innerhalb der nächsten 30 Sekunden den Ball zuwirft. Nach Ablauf der 30 Sekunden wird man gefragt, wie viele

Würfe man gezählt habe – und danach, ob man auch den Affen gesehen habe. »Welchen Affen?«, fragen die meisten Menschen. Die haben außer den Spielern und dem Ball nämlich gar nichts gesehen. Erst beim zweiten Anschauen fällt auf, dass tatsächlich ein als Gorilla verkleideter Mensch mitten durchs Bild läuft und sogar in die Kamera winkt. Nur bemerken das die wenigsten, weil sie eben auf die Würfe fokussiert sind. Sie hatten ihren Filter entsprechend eingestellt.

Achtung: Haben Sie den Absatz gelesen, bevor Sie das Video gesehen haben, wird der besagte Effekt nicht eintreten. Denn Ihr Filter ist jetzt schon so auf den Affen ausgerichtet, dass der garantiert nicht herausgefiltert wird.

2.2.5 Es gibt kein richtig oder falsch

Wer mehr über dieses faszinierende Thema wissen möchte, greife zu »Der unsichtbare Gorilla: Wie unser Gehirn sich täuschen lässt«. In diesem Buch erläutern die Verfasser Christopher Chabris und Daniel Simons gut verständlich zahlreiche Filter-Phänomene aus Biologie und Hirnforschung.

Die Autoren bestätigen unsere Erkenntnis: Das meiste, was Menschen zu wissen glauben, beruht auf Wahrnehmungen und Interpretationen, die nicht selten einfach nur Täuschungen sind. Die menschliche Wahrnehmung ist anfällig, fehlbar und leicht zu manipulieren. Deshalb ist es auch mit den Augenzeugen vor Gericht nicht immer so einfach. Hier tobt der sog. War of Memories, also der Krieg um die Erinnerungen. Denen trauen wir deshalb so sehr, weil wir sie ja bildlich vor Augen haben. Doch stimmen die Bilder nicht immer. Wird ein Bankräuber beschrieben als »klein, untersetzt und mit einer blauen Wollmütze auf dem Kopf«, kann es durchaus auch ein mittelgroßer, normalgewichtiger Mann mit einer grünen Mütze oder gar ohne Mütze gewesen sein. Erinnerungen, Bilder können nachträglich im Gehirn verändert werden.

Ob dieser Fakten fragt man sich, wieweit man sich selbst noch trauen kann. Die Neurologie gibt Antwort auf diese Frage: Wir sollten uns nicht allzu viel glauben. Bei neueren Tests wurden Versuchspersonen nie statt gefundene Erlebnisse suggeriert, die diese später dann als »reale Erinnerungen« aus ihrem Gedächtnis hervorkramten. Es ging so weit, dass sich unbescholtene Bürger zu Straftaten bekannten, die sie nie begangen hatten. Dass diese wissenschaftlichen Erkenntnisse Auswirkungen auf Verhörtechniken und Gerichtsverhandlungen haben werden, liegt auf der Hand.

Die Auswirkungen auf die Selbstmotivation werden an folgendem Beispiel deutlich: Ihr Vorgesetzter kommt auf Sie zu und fordert Sie auf, zusätzlich zu Ihrem üblichen Arbeitspensum eine größere Aufgabe zu übernehmen. Dies erfordert etliche unbezahlte Überstunden, andere wichtige Dinge bleiben liegen, der Urlaub muss verschoben werden. Wie reagieren Sie? Oder einen Schritt vorher: Was denken Sie? Was läuft in Ihrem Kopfkino ab? Wir können diese Situation durchaus mit der von Frau Saueressig vergleichen, die auf ihren Mann wartet: Ob Sie eingeschnappt sind, tatkräftig und energisch die Sache angehen, liegt einzig und allein daran, wie Sie die Sache bewerten, also an Ihrem Filter. Es gibt hier kein richtig oder falsch. Es gibt nur »hilfreich« oder »nicht hilfreich«. Und als hilfreich einstufen können wir alles, was uns hilft, unsere Ziele zu erreichen. Je stärker wir uns aber auf bestimmte Ereignisse fokussieren, desto mehr tritt dieser Gradmesser in den Hintergrund. Dann hängen wir uns am Verhalten des Vorgesetzten auf, an den Überstunden oder an der möglicherweise attraktiven Kollegin. Der Aufmerksamkeitsbereich verengt sich. Es entsteht der berüchtigte Tunnelblick, der viele Dinge schlicht ausblendet, wie in den Beispielen Gorilla, Frau Saueressig oder dem Beispiel mit den Zusatzaufgaben. Bei Letzterem blendet unser Filter womöglich aus, wie überaus hilfreich dieses Engagement für die weitere Laufbahn sein kann.

Wir neigen dazu, als gegeben hinzunehmen, was wir schon kennen oder wissen. Erstens können wir rein zeitmäßig gar nicht alles hinterfragen und zweitens kostet es Energie. Unser Körper-Geist-System ist darauf trainiert, Energie zu sparen und zu überleben.

Vielleicht hatte der Naturforscher Alexander von Humboldt diesen blinden Fleck im Sinn, als er schrieb:

> »Kühner als das Unbekannte zu erforschen, kann es sein,
> das Bekannte zu bezweifeln.«

Ziehen wir ein Mini-Fazit aus dem bisherigen Wissen zum Thema Filter: Nichts ist so, wie es scheint – wir selbst verleihen allem Bedeutung. Das ist der Grund, warum zwei Menschen zwar dasselbe sehen, es aber unterschiedlich bewerten.

2.2.6 Was tun, wenn der Problembär kommt?

Gehen wir einen Schritt weiter mit noch erstaunlicheren Erkenntnissen. Ein recht abstruses Beispiel von Paul Watzlawick, dem legendären Kommunikationswissenschaftler, Psychotherapeut und Philosoph, verdeutlicht das Prinzip: Ein Mann läuft durch die Gegend und klatscht alle zehn Sekunden in die Hände. Als ihn jemand fragt, was er da mache, antwortet er: »Ich vertreibe die Elefanten«. »Aber«, wundert sich der andere, »hier gibt es doch gar keine Elefanten«. »Sehen Sie«, sagt unser Mann, »es wirkt«.

Vorsicht, bevor Sie darüber lachen. Die meisten Menschen verhalten sich ähnlich. Denken wir noch einmal an Heinz mit dem Honda. Er hat im Filter die Idee abgespeichert, Honda baue Schrottautos. Deshalb neigt er dazu, in seiner Umwelt nur wahrzunehmen, was seiner Einstellung entspricht. Irgendwann kommt er zur Überzeugung, Honda baue nur Schrottautos. Was, glauben Sie, sucht nun sein Blick auf dem Pannenstreifen? Genau: eben diese Automarke. Und warum? Weil er ja »weiß«, dass er fündig wird. Und jede Bestätigung bestärkt ihn in seiner Überzeugung. Erinnern wir uns an Mark Twain: »In Schwierigkeiten bringt uns das, was wir sicher wissen – und das dann nicht so ist.« Objektiv betrachtet baut Honda sicherlich keine Schrottautos. Dennoch könnte Heinz darauf schwören. Es handelt sich dabei um einen Automatismus im Gehirn, den die Neurologen und Psychologen als Confirmation Bias bezeichnen, also einen »Bestätigungsfehler«. Das Gehirn zieht passende Informationen an. Sind Sie also von etwas überzeugt, sucht Ihr Gehirn über den Filter nach Bestätigungen, nach Beweisen. Wenn Sie vom Gegenteil überzeugt sind, funktioniert das ebenso. Das ist übrigens gleichermaßen Chance und Gefahr beim sprichwörtlichen »ersten Eindruck«. Haben Sie einen guten ersten Eindruck gewonnen, werden weitere gute Eindrücke diesen bestätigen, während negative eher unbeachtet oder als Ausnahme abgetan werden. Bei einem schlechten Eindruck verläuft es genauso, nur eben in die andere Richtung.

Und nun stellen Sie sich vor, Sie bekämen einen neuen Mitarbeiter, dem der Ruf vorauseilt, ein »Problembär« zu sein. Klar, dass es der Neue nicht leicht haben wird, aus dieser Rolle heraus zu kommen. Denn unwillkürlich speichern Sie diese Vorinformation im Filter ab und neigen fortan dazu, nur das wahrzunehmen, was dieser Einstellung entspricht. Fällt der Mitarbeiter tatsächlich unangenehm auf, kommt sofort der Gedanke: »War doch klar!« Honda lässt grüßen.

Wir bekommen also von außen bestätigt, was wir in unserem Inneren bereits »sicher wissen«. Dadurch wird das, von dem wir überzeugt sind, »noch wahrer«, »noch richtiger«. Unsere Einstellung verfestigt sich. Das Ganze ist ein sich selbst verstärkender Regelkreis. Je mehr wir von etwas überzeugt sind, umso weniger durchlässig ist unser Filter.

Ziehen wir die Schleife zur Selbstmotivation etwas enger: Sind Sie der Überzeugung, der eigene intensive Einsatz lohne sich langfristig, es sei sinnvoll, tagtäglich mit voller Leidenschaft das Beste zu geben, dann finden Sie dazu reichlich Bestätigung. Umgekehrt bekommen Sie diese Bestätigung auch bei der Überzeugung, ausgebeutet, manipuliert oder verheizt zu werden. Was nicht zu Ihrer Überzeugung passt, sortiert Ihr Filter gnadenlos aus.

2.2.7 Der Filter wird gefüttert mit dem, was wir hineintun

Spätestens mit dem Absatz zuvor wird auch klar, wieso der Filter so verschieden ausfallen kann: Wem von klein auf eingebläut wird, dass sich Leistung lohnt, dass man alles schaffen kann oder dass es immer eine Lösung gibt, der hat in puncto Selbstmotivation einen deutlich anderen Filter als derjenige, der aufwächst mit Sätzen wie »Die machen mit dir ohnehin, was sie wollen« oder »Träume sind Schäume«.

Das Filtersystem funktioniert zwar völlig autonom, also ohne unser bewusstes Zutun, aber es wird mit dem gefüttert, was wir im Laufe unseres Lebens hineintun. Das Gute daran: Ist uns der Wirkungsmechanismus bewusst, lässt sich der Filter jederzeit so justieren, dass er uns dient und unseren Zielen näherbringt.

Lassen Sie uns das Wesentliche zum Filter festhalten, damit es besser in Erinnerung bleibt:
1. Alles, was wir sehen, wird interpretiert, also innerlich verändert. Äußeres Bild und inneres Bild können (grund)verschieden sein.
2. Das, was wir zu sehen glauben, ist vorher schon durch unsere Überzeugungen verändert worden. So sehen wir im Prinzip immer nur das, wovon wir ohnehin schon überzeugt sind.

> **!** **Beispiel: Lassen Sie mich mit den Fakten in Ruhe**
> Johanna Kaufmann, Führungskraft in einem Unternehmen aus der Finanzdienstleistungsbranche, war davon überzeugt, dass Mitarbeiter von Natur aus nur das Nötigste tun und deren Arbeit ständig kontrolliert werden müsse, da sie sonst höchstens 50 % ihrer Leistung erbrächten. Im Coaching legte ich Frau Kaufmann empirisch fundierte Studien vor. Sie belegten eindeutig, dass Mitarbeiter ihre besten Leistungen erbringen, wenn sie Freiräume haben und Wertschätzung für ihr Tun erfahren.
> Nachdem wir diese Studien eingehend analysiert hatten, meinte Frau Kaufmann: »Herr Stritzelberger, Sie können hier viel erzählen und noch zig solcher Fakten vorlegen – ich weiß, was ich weiß. Und ich lasse mir kein X für ein U vormachen.«

Hört oder liest man solche Geschichten, denkt man unwillkürlich: »Wie blöd! Das könnte mir nicht passieren.« Kann es aber doch. Jeder und jedem. Allerdings kriegen wir das selbst nur in den seltensten Fällen mit. Ganz offensichtlich wird es in Bereichen, in denen die meisten Menschen keinen Spaß verstehen, etwa bei Religion, Kindeserziehung, Fußball. Okay, Letzteres etwas augenzwinkernd. Dennoch lässt sich auch hier ein schönes Beispiel kreieren.

Beispiel

Betrachten wir einen Fan von Schalke 04. Bevor es zu Missverständnissen kommt: Ich bin weder S04-Fan noch -Gegner. Also angenommen, wir haben einen richtigen Fan. Er ist es vielleicht geworden, weil es sein Vater auch schon war. Vielleicht, weil er, seit er denken kann, eine Dauerkarte hat. Vielleicht weiß er es gar nicht so genau. Würden wir ein Marsmännchen nehmen, das die Erde besucht und sich fragt, warum gerade S04, gäbe es dafür objektiv keine triftige Begründung. Achtung: ich sagte »objektiv« – dass es subjektiv unendlich viele Gründe dafür gibt, steht außer Frage. Fragen wir allerdings den S04-Fan, warum er nicht für Bayern München oder gar den VfB Stuttgart schwärmt, geht er uns fast an die Gurgel. Warum? Er hat den entsprechenden Filter.

2.2.8 Wie justieren wir den Filter so, dass er uns ans Ziel bringt?

Bei anderen erkennen wir merkwürdige Einstellungen und Überzeugungen schnell. Und bei uns selbst? Fragen Sie sich doch einmal ganz offen, ob und wann Sie in den letzten Monaten eine Ihrer Überzeugungen geändert haben. Die meisten Menschen, die sich diese Frage ernsthaft stellen, sind überrascht, denn unsere Überzeugungen sind erstaunlich resistent. Selbst wenn Fakten wegfallen, die ursprünglich unsere Filtereinstellung maßgeblich bestimmt hatten, bleiben wir unseren Überzeugungen meist treu. Das ergaben beispielsweise Untersuchungen bei Sektenmitgliedern, deren Vereinigung »das Ende aller Tage« angekündigt hatte, wozu es naturgemäß wieder einmal nicht gekommen war. Trotzdem traten die Mitglieder nicht scharenweise aus. Nein, sie standen mindestens genauso eng zu den Glaubensauslegungen wie zuvor. Erstaunlich? Nach dem oben Erläuterten ist es zumindest nicht mehr ganz so unverständlich wie es auf den ersten Blick scheinen mag.

> *»Der Kopf produziert Gitterstäbe oder Südseeinseln.«*
> Walter Ludin

2.2.9 Nutzen Sie den Filter wie eine Kamera

Ich hatte schon erwähnt, dass wir unseren Filter so einstellen können, dass er uns dient. Aber wie? Hilfreich ist die Vorstellung, dass unsere Einstellungen wie bei einer modernen Kamera funktionieren: Möchte ich ein bewegtes Motiv fotografieren, wähle ich beispielsweise »Sporteinstellung« und setze den Fokus auf das Motiv, beispielsweise auf meinen Sohn beim Fußballspielen. Die Kamera stellt dieses Motiv automatisch scharf; alles andere darum herum ist unscharf und gerät aus dem Fokus. Die Technik ist so ausgefuchst, dass die Kamera beim

Mitschwenken automatisch auf das Motiv scharf stellt. Sie »weiß« ja, dass mein Sohn das gewünschte Motiv ist.

Genauso funktioniert es mit meinem Filter: Das scharf Gestellte entspricht meiner Einstellung. Ich kann meine Einstellung ändern, indem ich die Vorgaben an meinem Filter verändere wie die Vorgaben an der Kamera. Wie soll ich ändern, was ich mir jahrzehntelang angewöhnt habe?

Was in jedem Filter steckt	
Gene, Persönlichkeit, Charakter	Menschen kommen unterschiedlich auf die Welt. Nicht alles wird von der Umwelt geprägt. Eltern, die mehr als ein Kind haben, wissen das: Schon nach kürzester Zeit wird klar, dass die Kinder vom ersten Atemzug an eine eigene Persönlichkeit haben. Sie beeinflusst ganz elementar unseren Filter. Manche Menschen sind einfach von Natur aus energetischer oder sorgfältiger als andere.
Diversity	Diversity bedeutet Unterschiedlichkeit, Vielfalt. In vielen größeren Unternehmen gibt es ein Diversity-Management. Es versucht, die Vielfalt der Menschen dazu zu nutzen, um differenziertere, kreativere und bessere Lösungen zu finden, als wenn lauter Gleichdenkende an der Arbeit wären. Der Ansatz dahinter ist bestechend. Es ist offensichtlich, dass ein 23-Jähriger anders an eine Problemstellung herangeht als eine 63-Jährige, dass ein Südamerikaner andere Ansätze sieht als eine Chinesin. Genau solche Unterschiede in Alter, Kultur und Geschlecht beeinflussen auch maßgeblich unseren Filter bei den eigenen Zielen.
Erfahrungen	Hier wird von klein auf gesammelt, was das Leben bereit hält: die heiße Herdplatte ebenso wie der Honda, die erste Liebe, der großartige Chef, das misslungene Projekt. Natürlich erinnern wir uns nicht an alles gleichzeitig. Der Filter sammelt aber fleißig und hält es bei passender Gelegenheit bereit. Manchmal kommt keine konkrete Erinnerung hoch, aber zumindest ein intensives Gefühl, das uns dann etwas tun oder unterlassen lässt.
Emotionen	Unsere Emotionen hängen oft mit Hormonausschüttungen zusammen. Verliebte beispielsweise berauschen sich förmlich an einem wahren Hormoncocktail, in dem sich vornehmlich das sog. Glückshormon Dopamin befindet. Sie haben einen völlig anderen Filter als Nicht-Verliebte. Sie brauchen weniger Schlaf, sehen alles rosarot und der Partner ist sowieso der wunderbarste Mensch von allen. Umgekehrt sieht man nach einem Trauerfall die Welt meist durchgehend grau. Selbstredend sind beide Sichtweisen dem Filter geschuldet, der über die Emotionen unterschiedliche Motive in den Fokus gerückt hat.

Dieser gesamte Mix und so manches mehr stecken in unserem Filter. Jetzt wird auch klar, dass wir dieses ganze Sammelsurium im Alltag bewusst gar nicht steuern könnten. Der Filter wählt selbstständig fortwährend aus, abhängig von Persönlichkeit, Lebensumständen, Erfahrungen und Emotionen. Bewusst könnten wir das gar nicht leisten.

Wie aber soll man nun in die Filterarbeit eingreifen können? Manches, etwa die Gene und die daraus resultierenden Persönlichkeitsmerkmale, wird man mit Sicherheit nicht verändern können. Zudem stecken Überzeugungen und Vorstellungen darin, die wir jahrzehntelang gepflegt haben: Vorurteile nicht nur gegenüber anderen Fußballvereinen und scheinbares Wissen, das man noch nie überprüft, aber tausendfach wiedergegeben hat. Mit solchen Themen arbeiten Psychotherapeuten jahrelang und kommen mit ihren Patienten oft nur im Schneckentempo voran. Daher taucht an diesem Punkt fast unweigerlich die Frage auf: »Wie soll ich ändern, was ich mir jahrzehntelang angewöhnt habe? Geht das überhaupt?« Auf diese beunruhigende Frage gleich die beruhigende Antwort: Es geht. Wir schaffen das! Und es geht sogar deutlich leichter, als Sie wahrscheinlich vermuten. Wir können unser Gehirn quasi überlisten.

> **Beispiel: Warum ein Hotel positiv oder negativ bewertet wird** !
>
> Über ein paar Jahre betreute ich in einem Unternehmen monatlich eine Gruppe mit je zwölf Angestellten zum Thema »Von der Fremd- zur Selbstmotivation«. Wir hatten ein Mittelklasse-Seminarhotel im Ruhrgebiet und hielten uns dort jeweils zwei Tage auf. Nun verfuhr ich eine Zeitlang mit jeder neuen Gruppe so, dass ich die ersten sechs Teilnehmer in ein separates Zimmer bat und ihnen sinngemäß sagte: »Bevor das Seminar anfängt, habe ich eine kleine Bitte. Gehen Sie doch bitte durch die Hotelanlage und notieren Sie sich, was Ihnen auffällt.« Auf Nachfrage ergänzte ich: »Nun, das Hotel hat seit drei Monaten einen neuen Besitzer. Er kommt aus der Schweiz und leitete dort, wie ich weiß, ein erstklassiges Hotel mit großartiger Küche. Ich vermute, dass er dieses Hotel hier in ähnlicher Art und Weise nach oben bringen wird.« Die Teilnehmer gingen los, und ich instruierte derweil die restlichen sechs Gruppenmitglieder in der gleichen Weise – fast gleich, jedenfalls. Denn ihnen gab ich mit auf den Weg: »Ich vermute, der neue Besitzer wirtschaftet das Ganze hier so langsam aber sicher runter ...« Wie zu erwarten war: Beide Gruppen kamen meist mit völlig unterschiedlichen Erkenntnissen zurück. Natürlich hatten fast alle aus der ersten Gruppe das Hotel positiv bewertet, und sie nannten dazu auch konkrete Details. Die zweite Gruppe bewertete die Anlage deutlich schlechter. Ahnen Sie, was passiert war? Warum kamen die beiden Gruppen mit solch gegensätzlichen Ergebnissen zurück? Das fragten wir uns im Seminar natürlich auch. Von den Teilnehmern kamen Antworten wie: »Sie haben uns manipuliert!«, oder: »Sie hatten das Ergebnis ja schon vorgegeben«.

Beides stimmt. Wobei ich »vorgegeben« ersetzen möchte. Schließlich hatte ich ja nicht das Ergebnis vorgegeben, sondern lediglich einen Hinweis gestreut, wie es sein könnte. Selbstredend wird – zumindest am Anfang – ein Trainer als Autoritätsperson betrachtet und seine Aussagen haben Gewicht. Von daher war meine Aussage deutlich mehr als nur ein Hinweis. Ich hatte damit eine Priorität gesetzt, einen Fokus oder, noch deutlicher ausgedrückt: ein Ziel.

2.2.10 Ein Königreich für ein Ziel!

Genau das ist die Vorgehensweise, wie wir – ich hatte es eingangs erwähnt – spielend leicht unseren Filter justieren können: Wir brauchen lediglich ein Ziel, das wir anstreben wollen. Ein Königreich für ein Ziel! Dann läuft alles ab wie auf Knopfdruck, der eine ganze Menge an weiteren Prozessen startet. Beispielsweise werden unsere Einstellungen dann so geformt, dass sie günstig für uns sind.

Es kann wirklich so einfach sein! Denken Sie beispielsweise an Ihren Arbeitsplatz. Ganz unabhängig davon, ob Sie Manager, Arzthelferin, Landschaftsgärtner oder Lehrerin sind – es gibt ganz sicher Tätigkeiten, die Sie ungern machen, die vielleicht stupide und langweilig sind. Nun bitte ich Sie, sich auf Folgendes einzulassen: Identifizieren Sie solch eine Tätigkeit, die Sie ungern verrichten, und nehmen Sie sich als Ziel, eine Woche lang diese Tätigkeit so auszuüben, dass Sie dabei etwas Neues lernen. Oder dabei entspannen. Oder die Arbeit in perfekten Bewegungen verrichten. Oder, ganz verwegen, Freude dabei empfinden. Oder fragen Sie sich im einfachsten Fall: »Was kann ich tun, um mir diese Tätigkeit angenehmer zu gestalten?«

> **!** **Beispiel: Wie selbst einfache Arbeiten erfüllend wirken können**
>
> Tagtäglich stand Ignatz Held zwei Stunden am Aktenvernichter. Eigentlich war das nicht seine Aufgabe. Er war an sich für höhere Aufgaben angestellt worden. Tatsache aber war: In dem kleinen 5-Mann-und-Frau-Unternehmen musste jeder fast alles machen. Also war er für die tägliche Aktenbeseitigung zuständig. Nachdem Herr Held vom magischen Filter und der Zielsetzung gehört hatte, probierte er es gleich aus und fragte sich: »Was kann ich tun, um mir diese Tätigkeit angenehmer zu gestalten?« Daraufhin passierte Folgendes, wie sich Herr Held erinnert: »Nachdem ich mir zum ersten Mal diese Frage gestellt hatte, kamen mir etliche Dinge in den Sinn: Ich begann, das Geräusch des Aktenvernichters zu analysieren; ich machte das Ausleeren der rund fünf Füllungen in sieben prallvolle 35-Liter-Müllsäcke zu fröhlichen Turnübungen mit aktiven Kniebeugen. Es fing an, mich zu faszinieren, wie der Stapel immer kleiner wurde, bis ich zu guter Letzt – und das hatte ich noch nie getan – sogar noch den Aktenvernichter reinigte, abwusch, den Boden darum herum staubsaugte, alles Dinge, für die eigentlich die Putzfrau zuständig ist. Dies wiederum führte zu einem extrem stolzen und befriedigenden Gefühl, und der Arbeitstag bekam eine völlig neue Qualität.«

Diese Vorgehensweise klappt tatsächlich immer und überall. Sie ist unabhängig von der durchzuführenden Tätigkeit. Sie hängt ausschließlich vom Denken ab. Und es gibt nur eine einzige Voraussetzung: Sie müssen es selbst wollen! In diesem letzten Satz stecken die beiden wesentlichen Wörter »selbst« und »wollen«. Beide sind elementar.

Wenn nicht Sie *selbst* es tun, sondern jemand anderes Ihnen ein Ziel vorgibt, klappt es meist nicht, außer Sie haben unendliches Vertrauen in diese Person und lassen sich darauf ein. Normalerweise erzeugt es eher Reaktanz, wenn etwa die Führungskraft zum Mitarbeiter sagt: »Nun machen Sie mal nicht so ein Gesicht, weil Sie diese Aufgabe bekommen haben. Sehen Sie sie als Herausforderung. Ziehen Sie das einfach durch, vergessen Sie den geplanten Urlaub und gehen Sie das positiv an.« Von anderen kann man sich derartige Ziele also kaum vorgeben lassen.

Das zweite wesentliche Wort ist »*wollen*«. Es trägt nicht sonderlich weit, wenn Sie etwas formulieren wie »Mal schauen, ob das so klappt – vielleicht sollte ich es wirklich etwas positiver angehen«. Das geht definitiv schief. Wenn Sie etwas angehen sollen / wollen / werden, gibt es drei Kategorien:
1. Mache ich.
2. Mache ich vielleicht.
3. Mache ich nicht.

Über die dritte Kategorie brauchen wir nicht viele Worte zu verlieren. Sie ist legitim und des Öfteren auch notwendig. Die ersten beiden werden aber ungünstiger Weise oft vermischt. Meine ganz klare Empfehlung: Trennen Sie diese beiden Ausrichtungen konsequent.
- Entweder Sie sind von etwas überzeugt, dann gehen Sie es an, sagen sich also »Das mache ich«.
- Oder Sie sind sich nicht sicher. Dann verkünden Sie das sich und anderen gegenüber auch so. Sagen Sie in etwa: »Ich überlege mir, nur noch einmal die Woche fernzusehen«, oder: »Ich habe mich im Fitnessstudio angemeldet und möchte im nächsten halben Jahr mindestens zweimal die Woche trainieren, bin mir aber nicht sicher, ob ich das durchhalte«. Halten Sie es dann nicht durch, haben Sie keine Abbuchung auf Ihrem Selbstmotivationskonto. Umgekehrt können Sie manche Vorhaben auch ganz einfach so umwandeln, dass Sie diese auch sicher erreichen, etwa über die Wahl eines kürzeren Zeitraums. Nehmen Sie sich beispielsweise nicht gleich ein halbes Jahr vor für das Studio, vielleicht nur zwei Monate, oder, wenn Ihnen auch das unsicher erscheint, nur zwei Wochen. Wählen Sie einen Zeitrahmen, den Sie verlässlich durchhalten.

Und jetzt nochmals auf die Aufgabe von oben bezogen: Nehmen Sie sich eine Tätigkeit vor, die Sie nur ungern erledigen. Richten Sie wie Ignatz Held Ihren

Filter neu aus und wählen Sie den Zeitraum so, dass Sie sich sicher sind durchzuhalten. Ziehen Sie es durch. Was dann passiert, kann ich Ihnen versprechen: Sie werden verblüfft sein, wie scheinbar mühelos es funktioniert. Wahrscheinlich werden Sie sich fragen, warum Sie es nicht schon längst probiert haben. Diese Vorgehensweise hatte ich auch im TaschenGuide »Selbstmotivation – Wie Sie dauerhaft leistungsfähig bleiben« kurz beschrieben. Von den zahlreichen Rückmeldungen möchte ich eine zitieren. Ute Wallenheimer schrieb:

> »Als ich diese Mini-Methode las, dachte ich zuerst: »So ein Schmarrn! Das ist mal wieder so etwas Pseudo-Einfaches. Das kann gar nie nicht und nimmermals funktionieren. Ich hatte das dann meinem Mann vorgelesen und wir haben uns beide etwas lustig darüber gemacht. Dafür leiste ich nun quasi Abbitte. Denn, was dann passiert ist, hat mich komplett überrascht. Zuerst einmal ließ mich dieses kleine Tool von Ihnen nicht mehr los. Ich erwischte mich immer öfter, wie ich während des Arbeitens dachte, wie ich mir etwas so gestalten könnte, dass ich es freudiger verrichten könnte. Im Prinzip hatte mich da der Virus schon erwischt. Kurz und gut, irgendwann sagte ich mir, dass ich es doch einmal ausprobieren wollte. Im Gegensatz zu Ihrem Ratschlag, mit etwas Einfachem anzufangen, nahm ich aber etwas für mich immens Unangenehmes. Hintergedanke dabei: Wenn es dabei klappt, dann klappt es bei allem.
> Für Sie als Hintergrund: Ich arbeite in einem Marketingunternehmen mit 25 Mitarbeitern. Eine meiner Aufgaben ist es, Neukunden zu akquirieren. Dazu muss ich wildfremde Leute anrufen, was ich bislang nicht nur ungern machte, sondern wovor ich mich regelrecht gedrückt hatte. Wenn ich es dann doch machen musste, spürte ich einen regelrechten Widerwillen. Insgeheim trug ich diese Aufgabe immer als möglichen Kündigungsgrund mit mir herum.
> Nun nahm ich mir also vor, diese Anrufe so anzugehen, dass ich sie gerne machen würde und dabei auch noch Spaß haben wollte. Zuerst kamen in mir solche Sätze hoch wie: »Das geht doch gar nicht!«, oder: »Wenn das so einfach wäre, hättest du es schon längst gemacht und dann würde es ja jeder so machen«. Ich nahm mir dennoch vor, das einen Monat lang durchzuziehen. Ein Monat, das bedeutete jeden Freitag einen halben Vormittag diese Anrufe. Was soll ich sagen? Schon lange vor dem ersten Freitag begannen meine Aktivitäten: Ich informierte mich im Internet, wie die »Cracks« das so machen. Es gibt sogar etliche Videos über dieses Thema, was ich bislang nicht gewusst hatte. Ich sprach mit Kollegen über deren Vorgehensweisen, driftete kurz ab in Mentaltechniken und schrieb mir alle Erkenntnisse akribisch auf. Dabei lautete meine Frage immer: »Wie schaffe ich es, diese Anrufe gerne und mit Freude durchzuführen?«.
> Der erste Anruf ging komplett daneben. Aber seltsamerweise entmutigte mich das nicht, sondern im Gegenteil: das spornte mich an. Ich tätigte gleich den nächsten. Und den übernächsten. Und irgendwann war ich ganz erstaunt, als

*ein Kollege den Kopf zur Tür reinstreckte und fragte, ob ich mit in die Mittags-
pause käme – die Zeit war wie im Flug vergangen. Sie ahnen sicher, dass die
nächsten Freitage noch besser verliefen. Das entging übrigens auch weder meinen Kollegen noch meinem Chef. Heute, eineinhalb Jahre nach meinem ersten
Freitagvormittag, schule ich sogar unsere neuen Kollegen und Kolleginnen zu
diesem Thema. Alles »nur«, weil ich meinen Filter anders ausgerichtet habe.
Und das mit einem minikleinen Tool, über das ich anfangs gelacht habe.«*

Vielleicht fragen Sie sich, wie das denn sein kann? Wie kann eine scheinbar kleine
Veränderung große Entwicklungen auslösen? Dazu vergleichen wir unseren Filter im Gehirn nochmals mit der Kamera. Sie entsinnen sich: Dort lässt sich ein
Motiv scharf stellen, es bleibt dann ständig im Fokus, der Rest bleibt unscharf.
Will ich es ganz bequem haben, stelle ich gleich auf Autofokus und die Kamera
entscheidet, was in den Fokus geraten soll. Sie stellt dann automatisch immer
das ein, was wahrscheinlich scharf gestellt werden soll.

So ähnlich funktioniert es auch mit unserem Filter mit einer scheinbar winzigen
Veränderung: Wir stellen ihn auf Autofokus. Wir haben dann – wie im Fall von
Frau Wannenheimer – nicht mehr irgendwelche Unannehmlichkeiten scharf gestellt, sondern den Fokus auf »freudiges Tun« gelegt. Mit dieser Einstellung läuft
alles vollautomatisch ab: Das Gehirn sucht – über den eingestellten Filter mit der
entsprechenden Einstellung – pausenlos nach Ideen, Möglichkeiten, dieses Ziel
zu erreichen. Urplötzlich fallen uns dann viele Sachen auf, die wir vorher gar
nicht beachtet haben. Vielleicht, dass die potenziellen Kunden auch Menschen
sind, mit denen man lachen und Spaß haben kann? Vielleicht, dass Ihre Stimme
gut ankommt? Dass Sie zu Ihrer Arbeit positive Rückmeldungen bekommen? Was
auch immer: Ab dieser Neujustierung richten Sie Ihr Augenmerk, Ihren Autofokus
auf Ereignisse, die haargenau zu Ihrer Zielsetzung passen. Dann geschehen auch
die berühmten »Zufälle«, die in Wirklichkeit gar keine Zufälle sind. Wir laufen
jetzt nämlich mit einer anderen Ausrichtung herum und nehmen endlich wahr,
was vielleicht schon immer da gewesen ist. Philosophischer ausgedrückt: Das,
auf das wir warten, ist meist schon da. Und wenn wir uns ausgerichtet haben,
wenn der Autofokus scharf gestellt ist, dann passiert, was im Englischen mit
dem wunderschönen Satz umschrieben wird: »Things fall into Composition«.
Das lässt sich in etwa übersetzen mit: »Die Dinge fügen sich«.

Bestimmt haben Sie in Ihrem Leben ähnliche Erfahrungen gemacht: Wer sich dazu
entscheidet, ein Haus zu bauen, kommt vom Zeitpunkt der Entscheidung an mit
sehr vielen Menschen in Kontakt, die mit ihm ihre Bauerfahrungen teilen möchten, ihm fallen Artikel in Zeitschriften auf über das Thema, und »neuerdings«
berichtet sogar das Fernsehen über diese Thematik. Ähnlich ist es, wenn man ein
neues Auto kaufen will. Plötzlich sieht man genau diesen, vielleicht sogar selte-

nen Autotyp zig-fach auf den Straßen. Machen Sie eine Fortbildung, etwa zum Logopäden, und studieren Sie dann die Stellenanzeigen – welche springen Ihnen ins Auge? Wer einen starken Kinderwunsch verspürt, sieht überall schwangere Frauen. Und wer Hunger hat, erkennt blitzschnell alle Gelegenheiten, etwas zu sich zu nehmen. All dies war zuvor schon da, nur nehmen wir es jetzt unter einem anderen Blickwinkel erst wahr.

! **Übungen zum Justieren des magischen Filters**

Übung 1: Ihr eigener Filter

Mit dieser Übung lernen Sie Ihren eigenen Filter näher kennen.

Nehmen Sie ein Blatt Papier und einen Stift zur Hand. Beschreiben Sie in wenigen Worten ganz oben auf dem Zettel eine Situation, die Sie als besonders unangenehm empfinden. Teilen Sie darunter die Seite in zwei Spalten. Schreiben Sie in die eine Spalte »Plus«, in die andere »Minus«. Notieren Sie dann, was Sie an positiven und negativen Aspekten zu dieser Situation finden. Wiederholen Sie diese Übung mit mindestens fünf unterschiedlichen Situationen. Sollten Sie kaum positive Aspekte für die Bewertung einer solchen Situation finden, sprechen Sie mit anderen Menschen und fragen Sie diese, was sie daran positiv finden könnten. Achten Sie aber darauf, dass Sie nur die für Sie relevanten Aussagen aufschreiben.

Beispiel: Sie stehen auf dem Weg zum Arbeitsplatz fast jeden Tag eine halbe Stunde im Stau. Darüber ärgern Sie sich. Wieso? Die Antworten fallen Ihnen leicht. Sie tragen sie in die Minusspalte ein. Nun gilt es, positive Bewertungen für den Stau zu finden. Möglicherweise müssen hier erst Anfangshemmungen über Bord geworfen werden, denn was bitteschön soll an einem Stau positiv sein? Soll ich mir die verschwendete Zeit jetzt etwa schönreden? Aber dann könnten Ideen kommen wie: 1. Da kann ich in Ruhe den Tag planen. 2. Da höre ich ein Hörbuch oder Podcasts (natürlich von Reinhold Stritzelberger). 3. Da kann ich nochmals in Ruhe die Präsentation durchgehen. 4. Ich kann beten … Geduld üben … mit Musik in Stimmung kommen … und und und.

Übung 2: Filterwechsel

Notieren Sie Situationen, in denen andere Personen Ihren Filter bewusst oder unbewusst (positiv oder negativ) steuerten. Sie können dies z. B. daran erkennen, dass Sie aufgrund der Argumentation eines Gesprächspartners Ihre Meinung grundlegend geändert haben. Denken Sie beispielsweise an eine Person, über die Sie eine bestimmte Meinung hatten, die Sie dann geändert haben. Wie kam dieser Filterwechsel zustande? Was hat Ihnen dabei besonders geholfen?

Die meisten Menschen tun sich schwer mit dem ersten Teil dieser Übung. Oft fällt dem Einzelnen hierzu keine Situation ein. Das kann nachdenklich stimmen. Soll es auch! Die Erkenntnis, die dahintersteckt: Was brauchen wir, um nicht immer die gleichen Überzeugungen beibehalten zu müssen, sondern um aufgeschlossen zu sein für Neues, für Veränderungen? Um auch mal bereit zu sein für komplett andere Meinungen? Der zweite Teil der Übung fällt den meisten Menschen leichter. Hier steckt die Botschaft dahinter: Siehst du, es geht doch!

2.2.11 Energy flows, where attention goes

Unser Filtersystem arbeitet meist im Hintergrund, ohne dass wir es mitbekommen. Heute können Neurowissenschaftler dank modernster Technik Menschen quasi beim Denken zusehen. Mit sog. bildgebenden Verfahren wird sichtbar, welche Areale im Gehirn wie und wie lange für welche Vorgänge benutzt werden. Ständig kommen neue Erkenntnisse zutage, wie wichtig unser Filtersystem ist und wie es arbeitet. Ganz aktuell: Neurowissenschaftler der Universitäten Konstanz und Birmingham haben gemessen, dass beim Erinnern die sensorischen Hirnbereiche binnen 100 bis 200 Millisekunden aktiv werden. Auf gut Deutsch: Erinnerungen rufen oft so blitzschnell Bilder in uns wach, dass wir es gar nicht registrieren. Die Wissenschaft war bisher davon ausgegangen, dass das Gehirn eine Weile braucht, um im Langzeitgedächtnis nach diesen Erinnerungen zu stöbern und sie dann ans Licht, sprich ins Bewusstsein, zu bringen.

Ich gebe zu, für uns Laien sind solche Erkenntnisse im Alltag nicht von herausragender Bedeutung. Aber sie erklären unter anderem, warum man Auto fahren, dabei ein Brötchen essen, telefonieren sowie parallel über andere Menschen nachdenken kann und trotzdem keinen Unfall baut. Denn unbewusst können wir in wahnsinniger Geschwindigkeit Massen an Informationen verarbeiten. Bewusst bringen wir das nur ganz behäbig und in viel geringerer Informationsdichte fertig. Stellen Sie sich vor, Sie müssten beim Autofahren im belebten Stadtverkehr die ganze Zeit sehr bewusst auswählen, welche Informationen wesentlich sind und welche Sie aussortieren können. Das überlassen wir doch besser unserem auf Autopilot eingestellten Filtersystem.

Fragt sich, welche Informationseinheiten aussortiert werden und wer dafür zuständig ist? Unser Filter übernimmt zwar Sortieraufgaben tadellos, aber meist eben ganz ohne unser Zutun. Nur wenn Sie Ihren Filter bewusst mit einer konkreten Vorgabe, einem Ziel, versehen, arbeitet das System künftig in Ihrem Sinne. Eine uralte Weisheit der hawaiianischen Ureinwohner verdichtet diese Filterausrichtung auf den schönen Satz: »Energy flows where attention goes«. Unsere Energie folgt unserer Aufmerksamkeit, unseren Zielen. Das Filter-Prinzip hat sogar Einzug in die Psychotherapie gefunden. Hier heißt es: »Reden über das Problem macht das Problem größer. Reden über die Lösung macht die Lösung wahrscheinlicher.« Mittlerweile wird dieses Grundprinzip genutzt, um vielfältige Themen therapeutisch anzugehen: Stress oder Prüfungsangst reduzieren, Entspannung fördern, Lampenfieber verringern, impulsives Verhalten kontrollierbarer machen, um nur ein paar Beispiele zu nennen.

Vollkommen klar, dass wir uns nicht auf alles gleichzeitig konzentrieren können. Wir müssen gezwungenermaßen auswählen. Im Normalfall übernimmt unser Filter diese Aufgabe, allerdings eben von sich aus, ohne dass wir ihn bewusst steuern. Folglich gilt es sorgfältig zu überlegen, auf welche Ziele wir unser Filtersystem ausrichten wollen. Denn in diese Richtung entwickelt sich unsere Energie. Vielleicht das Großartigste daran: Ist der Filter entsprechend justiert, brauchen Sie kaum mehr etwas dafür zu tun. Die Dinge werden sich fügen. Das ist im Übrigen die herausragende Eigenschaft jener Menschen, die scheinbar immer aktiv sind, immer genügend Energie haben, immer tatkräftig angehen, was ihnen wichtig ist. Sie sind nicht etwa erfolgsversessen (Ausnahmen bestätigen die Regel) – sie haben lediglich ihren Filter auf die wichtigsten Anliegen konzentriert und lassen das Ganze auf Autopilot laufen.

2.2.12 Je größer das Ziel, desto größer die Selbstmotivation

Zugegebenermaßen reicht das noch nicht. Es bedarf noch einer zweiten Vorgabe. Die verrate ich Ihnen schon vorab, auch wenn das Thema später nochmals intensiver behandelt wird. Sie lautet: Setzen Sie Ihr Ziel so hoch, dass Sie sich anstrengen müssen, es zu erreichen! Warum? Ganz einfach: Der Filter verwaltet auch den Zugang zu Ihren Ressourcen, Ihren Energiereserven. Bei der Botschaft: »Kein Problem – das schaff ich mit 70 % Anstrengung!«, bekommen Sie auch nur 70 % Ihrer Energie. Wollen Sie aber alles, also Ihr Bestes, geben, öffnet Ihr Filter den Zugang zu den letzten Ecken Ihres Energiespeichers. Denken Sie an den Placebo-Effekt: Sie erhalten so viel »Power«, wie Sie zu brauchen glauben, um Ihr Vorhaben zu erreichen. Keine Sorge, es geht nicht um wahnwitzige Vorhaben, wie etwa unermesslich reich oder berühmt werden zu wollen. Hier sind die ganz normalen, alltäglichen Vorhaben gemeint: gesund bleiben, energiereich und leidenschaftlich arbeiten, für die Familie da sein, liebevolle Beziehungen pflegen usw. Und genau darauf ist mein Rat zugeschnitten: Trauen Sie sich etwas zu! Je größer Ihr Ziel, desto größer Ihre Selbstmotivation.

! **Beispiel: Seien Sie mutig – trauen Sie sich etwas zu**

In einem Seminar nahmen sich Teilnehmer Ziele vor, die sie bis zum nächsten Treffen drei Monate später verwirklicht haben wollten. Die Ziele wurden dann einzeln vorgestellt. Jeder Teilnehmer schätzte schlussendlich selbst ein, mit welcher Wahrscheinlichkeit er sein Ziel wohl erreichen würde. Eine Teilnehmerin, Elke Welser, Bereichsleiterin mit rund 300 Mitarbeitern, hatte sich vorgenommen, in den nächsten drei Monaten jede Woche mindestens fünf Personalgespräche zu führen. Diese Gespräche beurteilte sie als sehr wichtig, trotzdem hatte sie sie in der Vergangenheit oft vernachlässigt. Das wollte sie ändern und schätzte die Erfolgswahrscheinlichkeit auf 100 %. »Alles gut«, hätte man meinen können und zum nächsten Teilnehmer übergehen. Ich spürte aber, dass Frau Welser damit nicht sehr glücklich war. Auf meine Nachfrage überlegte sie eine Weile. Dann stellte sich heraus, dass sie ihre Ziele quasi immer mit links geschafft hatte und sie das neue Vorhaben als keine große Herausforderung einschätzte. Geistig hatte sie alles schon abgehakt und, wie sie später zugab, als »langweilig« eingestuft. Das Ganze wurde in der Gruppe diskutiert, schließlich betraf (und betrifft) es ja jeden. Es kam schier Unglaubliches heraus (was ich Frau Welser nie vorgeschlagen hätte): Sie nahm sich vor, jede Woche 15 Gespräche zu führen. Ich weiß, Sie können selbst rechnen, aber das ist das dreifache Pensum. Bei einer geschätzten Wochenarbeitszeit von rund 60 Stunden und einer durchschnittlichen Gesprächsdauer von einer Stunde machte das rund ein Viertel ihrer Arbeitszeit aus. Das fand ich schon eine Menge. Ich fragte sicherheitshalber nach, ob dies in einem realistischen Verhältnis stehe. »Ja«, antwortete Frau Welser. Und jetzt halten Sie sich fest: Als wir uns nach drei Monaten wieder trafen, eilte sie mir schon entgegen und erzählte ganz aufgeregt, dass sie sogar noch mehr Gespräche geführt habe als geplant, dass sie dadurch verstärkt zum Delegieren gezwungen worden sei, eine zusätzliche Halbtageskraft für das Büro angestellt habe und sie ausschließlich positive Rückmeldungen von allen Seiten bekäme. Bei 15 Gesprächen in der Woche waren es nach drei Monaten rund 250 intensive Kontakte mit den Mitarbeitern. Daraus resultierten Entwicklungsmaßnahmen, frühzeitiges Erkennen von Unzufriedenheit und vieles mehr. Vom Erfolg einmal ganz abgesehen: Von ihrem ersten Zielentwurf war Elke Welser fast schon gelangweilt. Fast zeitgleich mit dem Setzen dieses ungleich größeren, neuen Ziels, spürte sie, wie sie mehr Energie bekam, wie sie sofort leidenschaftlich und voller Elan ans Werk gehen wollte.

Das meine ich mit der Botschaft, dass Sie sich bei Ihren Zielen ordentlich etwas zutrauen dürfen. Sie bekommen dann genau die Energie, die Sie benötigen, um Ihr Ziel zu erreichen.

Es ist wie bei einem Marathonläufer, der genau hinter der Ziellinie zusammenbricht. Wäre die Ziellinie aufgrund eines Messfehlers erst einen Kilometer später gezogen worden, hätte er es auch bis dorthin geschafft. Und einen Kilometer früher wäre er vermutlich schon nach 41,195 km zusammengebrochen. Bevor wir uns in den weiteren Kapiteln mit konkreten Möglichkeiten beschäftigen, den Filter als Autopiloten auszurichten, spiele ich noch ein wenig den Mahner.

2.3 Bewusstheit, Fokussierung, Aufmerksamkeit

2.3.1 Müll rein – Müll raus

Während meines BWL-Studiums lernte ich das GiGo-Prinzip kennen. »GiGo« stammt ursprünglich aus der Informatik und ist eine Abkürzung für die scherzhafte Formulierung »Garbage in – Garbage out«. Also: Wer Müll hineingibt, kann auch nur Müll herausbekommen. Ein Computer kann nur so gut sein wie der

Mensch, der ihn programmiert. Wenn dieser eben Müll programmiert, dann …
Der Grundsatz aus der Informatik mag vielleicht nicht ganz so charmant daher
fließen wie die hawaiianische Weisheit, ist aber genauso wirkungsvoll.

Übertragen wir es auf uns, den Filter und den Autopiloten: Was kommt dabei
heraus, wenn wir über Jahre hinweg täglich stundenlang vor dem Fernseher sitzen, Chips futtern und jegliches Beziehungsproblem unter den Teppich kehren?
Genau: Das, was wir in Industriegesellschaften zuhauf finden: Menschen, die
sich lieber berieseln lassen, statt selbst aktiv zu werden, die zu dick sind und bei
denen die Ehen oft in die Brüche gehen. Das ist die Reinkultur des GiGo-Prinzips.
Freilich gibt es ausgezeichnete Fernsehsendungen, manche Chips-Sorten sind
wirklich ein wahrer Genuss und zudem fettreduziert, und so manches Beziehungsproblem ist es nicht wert, ausdiskutiert zu werden. Von der Tendenz her
stopfen wir aber viel zu oft geistigen und kalorienreichen Müll in uns hinein. Wie
können wir da erwarten, dass etwas anderes herauskommt?

2.3.2 Die ganze Welt will Sie von Ihren Zielen ablenken

Beim Auspressen von Orangen kommt Orangensaft heraus. Horche ich in mich
hinein, kommt das heraus, was drin ist, das, was ich in den letzten Wochen, Monaten, Jahrzehnten verinnerlicht habe. Das kann nicht anders sein, liegt auf der
Hand und wird von niemandem bestritten. Warum aber verhalten sich Menschen
dann genau konträr? Warum erwarten sie scheinbar, aus Orangen Pfirsichsaft
pressen zu können? Wie kann man erwarten, nach jahrzehntelangem Dahingam-
meln plötzlich etwas reißen zu können? Stellen wir die Frage anders herum: Wollen alle Menschen frisch und froh und aktiv und selbstmotiviert durchs Leben
gehen? Spontan sagen wir: Klar, das will doch jeder! Dem ist aber nicht so. Viele
wollen tatsächlich ihre Zeit verschwenden, fernsehen, Probleme totschweigen
und im Mittelmaß versinken. Warum? Wieder einmal lautet die Antwort: weil es so
unendlich viel bequemer ist, zumindest kurzfristig, und ohne die Folgen einzu-
kalkulieren. Den Weg in diese Richtung schlagen wir unbewusst ein; wir müssen
nichts dafür tun. Im Endeffekt, davon bin ich überzeugt, liegt es an jedem Einzelnen, sich zu entscheiden, ob er sich anstrengen will oder eben auch nicht. Wenn
ich mich nicht entscheide, lasse ich mich treiben und werde ständig abgelenkt.

Haben Sie schon einmal darüber nachgedacht, dass die Welt im Prinzip als einziges großes Ablenkungsmanöver aufgebaut ist, das Sie permanent von Ihren Zielen abbringen will? Alles giert nach Ihrer Aufmerksamkeit, nach Ihrer Zeit. Beim
Aufstehen ertönt die Werbung im Radiowecker. Danach werden schnell die wichtigsten Mails gelesen und beantwortet, in der Dusche wird sich per Duschradio
informiert, und beim schnellen Katzenfrühstück läuft das Morgenmagazin im

Fernsehen. Im Auto die ersten Telefonate, nochmals die Morgennachrichten im Radio und im Büro der alltägliche Wahnsinn: Kollege krank, zugesagte Lieferung nicht eingetroffen, zwei Termine verschoben, kein Mittagessen. Auf der Rückfahrt beschallt durch einen Gute-Laune-Sender im Radio und zuhause nach dem Abendessen nochmals Mails gecheckt. Dann endlich Entspannen vor dem Fernseher. Nach zig-fachem Zappen gehen Sie mit der Erkenntnis ins Bett, dass auch heute nichts Gescheites im Fernsehen kam. Dann endlich Ruhe, bis um 6.10 Uhr wieder der fröhliche Moderator aus dem Radiowecker tönt.

Wahnsinn!

Hier geht es noch nicht darum, dieses Karussell auszubremsen. Hier geht es erst einmal darum, ein Gespür dafür zu bekommen, wie es bei vielen Menschen – so oder ähnlich – im Alltag abläuft. Wenn kaum Zeit zum Verschnaufen, zum Nachdenken, zum Vordenken bleibt, wie wollen wir selbstmotiviert wichtige Dinge voranbringen?

Die ganze Welt boykottiert unsere guten Vorhaben. Die ganze Welt ist eine riesige Ablenkungsmaschinerie. Die Werbung gibt jährlich viele Milliarden dafür aus, um herauszufinden, wie man Ihre wertvolle Zeit und Aufmerksamkeit von Ihren wahren Ziele weg- und dann umlenken kann auf Dinge, die andere von Ihnen wollen. Das leuchtet ein, denn je besser die Unternehmen darüber Bescheid wissen, wie sie uns ablenken und beeinflussen können, umso leichter können sie uns für ihre Produkte gewinnen. Das hört sich negativ an. Nun bin ich aber definitiv kein Gegner unseres Wirtschaftssystems, im Gegenteil. Ich finde es großartig, unter welch relativ freien und möglichkeitsorientierten Bedingungen wir leben und arbeiten können. Dennoch gibt es Risiken wie die beschriebenen, deren wir uns *bewusst* sein müssen.

Bewusst – ein Wort, das alles verändern kann. Vielleicht nicht komplett alles. Aber zumindest kann es in unserem Filter den ein oder anderen entscheidenden Schalter umlegen.

2.3.3   Wie gut kennen Sie eine Zitrone?

Bevor wir hier näher darauf eingehen, sei klargestellt: Es geht hier nicht um das in esoterischen Kreisen angestrebte ganzheitliche Bewusstsein oder etwa um Meditation, Yoga usw. Hier geht es um den ureigensten Sinn des Wortes: wir *müssen* – dieses Wort benutze ich selten – uns selber wieder bewusst werden, um konsequent unsere Selbstmotivation hochhalten zu können. Zur Demonstration, was ich mit »bewusst« meine, gebe ich manchmal am Beginn von Seminaren jedem Teilnehmer eine Zitrone. Nach der ersten Pause bitte ich alle, die Zitronen wieder in eine Schale mit Dutzenden weiterer Zitronen zurückzulegen. Dann schüttle ich die Früchte durcheinander und fordere die Teilnehmer anschließend auf, wieder ihre Zitrone aus der Schale zu nehmen. Bis auf wenige Ausnahmen findet keiner seine Zitrone wieder. Danach teile ich jedem eine neue Zitrone zu mit dem Hinweis, dass zur nächsten Pause die Zitronen abermalig in die Schale gelegt würden und ich ebenso fragen würde, wer nun seine Frucht wiederfindet. Sie ahnen das Ergebnis: Alle, bis auf wenige Ausnahmen, erkennen ihre Zitrone wieder.

Warum? Weil sie nun ihre Frucht bewusst angeschaut haben. Zuvor war es eben nur eine Zitrone. Unser Gehirn speichert das ab als »Kenne ich« und beschäftigt sich nicht mehr damit. Im Augenblick, in dem unser Filter anders eingestellt wird – hier durch eine Aufforderung von außen – wird quasi ein Schalter umgelegt. Dann können wir die Zitrone tatsächlich als individuelle Frucht wahrnehmen, die es in dieser Form nur ein einziges Mal auf der Welt gibt.

Achtung: Diese Demonstration dient lediglich dazu, den Begriff »bewusst« bewusster zu machen Keinesfalls will ich dazu auffordern, alles im Leben im gleichen Maß so bewusst zu betrachten. Das ist das ehrenwerte Credo mancher Zen-Meister, Achtsamkeits- und Yoga-Lehrer; ich bin aber der durchaus begründeten Meinung, dass es bei uns Menschen ganz gut eingerichtet ist, so wie es ist: Eine Zitrone ist eben nur eine Zitrone und im Normalfall unbedeutend für unser Leben. Unser Gehirn braucht sich nicht zu merken, welche Rundungen und Einbuchtungen und Verfärbungen sie hat.

2.3.4   Wovon lassen Sie sich ablenken?

Die Evolution hat unser Oberstübchen so eingerichtet, dass wir nach dem Prinzip »Management by Exception« vorgehen, also nur auf wahrgenommene Ausnahmen reagieren. Alles, was normal läuft, beachten wir nicht näher. Genau hier lauern aber die Gefahren für unser Leben und unsere Selbstmotivation, die ja maßgeblich bestimmt, wie wir unser Leben führen. Stark vereinfacht läuft es auf die Frage hinaus: Will ich mich treiben lassen oder mein Leben selbst in die Hand nehmen?

Zuerst müssen Sie sich darüber bewusst sein, wo überall Ablenkungen lauern – wer oder was von Ihnen Zeit und Energie abzieht. Kennen Sie diesen Wirkungsmechanismus, können Sie sich von den Verführungen der Außenwelt lösen und, das ist der zweite Aspekt, Ihre Energie zielgerichtet einsetzen. Um das Ziel vorwegzunehmen: Es geht darum, wieder die Macht (welch starkes Wort!) zurückzugewinnen, unseren Filter und damit unsere Aufmerksamkeit und unser Bewusstheit gezielt einzusetzen. In Bezug auf Selbstmotivation geht es jetzt darum, den Ablenkungsversuchen anderer Einhalt zu gebieten und wieder das eigene Antriebssystem zu aktivieren.

Beginnen wir mit dem ersten Aspekt: Wovon lassen Sie sich ablenken? Grundsätzlich muss Ablenkung nicht schlecht sein. Wichtig ist nur, dass wir uns gesteuert, d. h. bewusst ablenken lassen.

Reflexionsübung: Wovon lassen Sie sich ablenken, ohne dass Sie es möchten? !

- Kennen Sie zu Tagesbeginn Ihre wichtigsten beruflichen und persönlichen Vorhaben für diesen Tag?
- Kennen Sie Ihr wichtigstes Ziel für dieses Jahr? Was ist Ihr Ziel für die nächsten fünf oder gar zehn Jahre?
- Wie viele Stunden am Tag / in der Woche schauen Sie fern? Passt das zeitlich für Sie?
- Wie viele Stunden am Tag / in der Woche sind Sie in sozialen Medien unterwegs? Passt das zeitlich für Sie?
- Welche Menschen bestimmen wesentliche Aspekte Ihres Lebens? Denken Sie hier bitte nicht nur an Ihren Chef, die Kunden und Lieferanten, sondern auch an Ihren Lebenspartner, die Eltern und Schwiegereltern, die Kinder, Nachbarn, die Kirchengemeinde …

Wer diese Fragen ernsthaft beantwortet, kann ganz schön ins Grübeln geraten. Für manchen sind die Antworten ernüchternd. Wir gehen eben oft vornehmlich fremdbestimmt durchs Leben gemäß dem Sponti-Spruch: »Ich kaufe mir Sachen, die ich nicht brauche, mit Geld, das ich nicht habe, um Menschen zu imponieren, die ich nicht mag.« Das ist Fremdbestimmung pur.

Nun behaupte ich nicht, ein hundertprozentig selbstbestimmtes Leben sei die erstrebenswerte Alternative. Es gibt nun mal Gesetze, Grenzen, Fristen – etwa vom Finanzamt oder im Impfpass – deren Einhaltung sinnvoll scheint, auch wenn sie von außen bestimmt werden. Diese von außen vorgegebenen Pflichten sind quasi die Leitplanken, innerhalb derer wir uns bewegen können. Innerhalb der Grenzen liegt es aber ausschließlich an Ihnen, welche Richtung Sie einschlagen. In Bezug auf unseren SML macht es eben den Unterschied, ob Sie konsequent auf ein Vorhaben zusteuern oder ob Sie sich willenlos treiben lassen. Selbstmotivation bedeutet ja nichts anderes, als genügend Energie aufzubringen, um eigene Vorhaben zu verwirklichen. Um diese Vorhaben, wie wir sie im täglichen Ablenkungswahnsinn wieder ins Zentrum rücken und auch in schwierigen Zeiten die dafür notwendigen Energiereserven mobilisieren, geht es im Kapitel »Wie wir ins Handeln kommen«.

2.3.5 Bewusster Fokus auf Ihrer Selbstmotivation

In diesem Abschnitt möchte ich den Scheinwerfer wieder auf das richten, was Sie selbst wollen. Unsere Selbstmotivation hat viel damit zu tun, sich des bisher im Leben Geleisteten (wieder) bewusst zu werden und es sowohl bewusst als auch unbewusst zu würdigen.

> **!** **Übung: Das haben Sie geleistet**
>
> Halten Sie Ihre Antworten auf die folgenden Fragen am besten schriftlich fest:
> - Welche Prüfungen haben Sie bislang bestanden? Denken Sie an Studium und Ausbildung, aber auch an den Führerschein, ein Bewerbungsgespräch, ein Assessment-Center oder das Probetraining beim Lieblingsverein. Alles, was Ihnen etwas bedeutet (hat), gilt. **Beispiel:** Ich bin immer noch mächtig stolz darauf, als 14-Jähriger die Aufnahme in einen hochrangigen Schachverein geschafft zu haben, der vorher nur Erwachsene aufgenommen hatte.
> - Auf welche Leistungen sind Sie stolz? Auch hier bitte nicht nur an den Beruf, sondern auch an Beziehungen, überwundene Krisen, sportliche Leistungen, Hobby, Gesundheit usw. denken.
> - Erinnern Sie sich: Wofür wurden Sie besonders gelobt? Wofür gab es Anerkennung?
> - Finden Sie ein Beispiel, bei dem Sie voller Elan und Motivation etwas angegangen und geschafft haben. Worum handelte es sich? Warum haben Sie es geschafft? Wie konnten Sie schwierige Phasen auf dem Weg dahin überstehen und durchhalten?
> - Aus Sicht der Menschen, die Ihnen am meisten bedeuten: Was schätzen diese an Ihnen?

Gönnen Sie sich diese Gedanken und vor allem die Antworten und halten Sie bei dieser Übung ein wenig inne, auch wenn Sie lieber gleich weiterlesen würden. Es lohnt sich. Wir unterbewerten nämlich allzu oft, was wir im Leben geleistet haben. Dies schwarz auf weiß zu lesen, macht es uns (wieder) bewusster. Für manche(n) ist es hilfreich, diese Antworten immer mal wieder zur Hand zu nehmen und zu lesen.

2.3.6 Ablenkung ist das Gegenteil von Fokussierung

Es kann ganz schön unbequem sein, auf sich selbst zu hören und nicht auf die Meinung von außen. Es ist so viel leichter, in einer Besprechung in die allgemeine Euphorie über eine neue Produkteinführung einzustimmen, als seine Zweifel zu äußern und als Miesmacher dazustehen. Es ist so viel einfacher, dem allgemeinen Modetrend zu folgen und die Trendfarbe zu tragen, als seinen eigenen Stil zu pflegen. Es ist unendlich viel leichter, sich ins gemachte Nest zu setzen und die

Kanzlei von den Eltern zu übernehmen, als den eigenen beruflichen Neigungen und Eignungen zu folgen und beispielsweise Geschichtsforscher zu werden. Es ist im Alltag bequemer, sich ablenken zu lassen, statt selbst nachzudenken.

Ablenkung ist das Gegenteil von Fokussierung. Letztere benötigen wir immer, wenn wir etwas erreichen wollen, im Kleinen wie im Großen. Bei der Vorbereitung auf einen Marathon ebenso wie beim Schreiben eines Angebots.

Beispiel   **!**

Edwin Urbanus möchte ein Angebot schreiben. Dazu setzt er sich an seinen Rechner. Er schätzt, dass er ungefähr 30 Minuten brauchen wird. Tatsächlich dauert es jedoch 2,5 Stunden. Was war passiert? Kaum hatte Herr Urbanus das Musterangebot geöffnet und mit der Adresse des Kunden versehen, blinkte sein Posteingang im E-Mail-Programm. Schnell mal nachgeschaut, nichts von Bedeutung. Wieder zurück ins Angebot. »Wobei war ich gerade? Ach, ja, Adressdaten ... Mal schauen, was alles ins Angebot rein muss ...« Anruf von der Assistentin, wann denn mit dem Angebot zu rechnen sei. Dann Vibrationsalarm am Diensthandy, nächste Mail und dann noch ein Anruf. Fast schon erstaunlich, dass das Angebot bereits nach 2,5 Stunden fertig geworden ist.

Herr Urbanus ist Opfer seiner Ablenkungen geworden. Beruflich sind wir glücklicherweise oft genug gezwungen, Sachen fertigstellen zu müssen. Privat dagegen verschieben wir so manches auf den Sankt Nimmerleinstag, sei es das Fitnessprogramm, die Zeit für sich selbst oder einen geplanten Wellness-Kurzurlaub mit der besten Freundin.

Wie also fokussieren wir uns auf das, was wir selbst wollen? Hier sei schon mal auf das Kapitel »Die tiefe Kraft des wirklich Wichtigen« verwiesen. Als Tipp vorab, so banal er an dieser Stelle auch klingen mag: Minimieren Sie Ablenkungen. Wenn Sie etwas Wichtiges erledigen möchten, schalten Sie das Mobiltelefon, Mailprogramm und am besten gleich den Internet-Browser ab. Das hört sich leichter an, als es ist: Meine Frau ist des Öfteren erstaunt, was ich alles nicht mitbekomme, vornehmlich von dem, was sie an mich heranträgt – weil ich einfach voll auf eine Sache konzentriert sein und die Außenwelt förmlich abschalten kann. Das ist Übungssache. Zudem muss einem die Konzentration auf diese eine Sache wichtiger sein als der möglicherweise folgende Ärger mit Personen, die einem währenddessen etwas zu sagen hatten ...

Über die Wirkungsweise der vielen kleinen Störungen des Alltags, nennen wir sie Mikro-Unterbrechungen, gibt es aussagefähige Studien. Erik Altmann, Psychologie-Professor an der Michigan State Universität, ließ mehrere Hundert Probanden verschiedene Aufgaben am Rechner lösen. Dabei wurden sie durch Mini-Unterbrechungen von maximal drei Sekunden Dauer abgelenkt. Es handelte sich um ganz alltägliche Unterbrechungen, also etwa das »Ping« beim Eingehen einer E-Mail, das Vibrieren des Mobiltelefons oder der Signalton einer empfangenen SMS. Das vorhersagbare, aber dennoch erschütternde Ergebnis: Die Studenten brauchten deutlich länger für die Aufgaben und machten in etwa doppelt so viele Fehler wie eine Kontrollgruppe, die nicht unterbrochen wurde in ihrer Arbeit.

Aufmerksamkeit ist wie ein Scheinwerfer. Kennen Sie noch die TV-Sendung »disco« mit Ilja Richter? Dort gab es in jeder Sendung eine Szene, bei der ein Gewinner aus den Reihen der Zuschauer vorgestellt wurde. Bevor dieser in den Mittelpunkt gestellt wurde, hieß es immer: »Licht aus.« Die Zuschauer riefen dann »Wommmm!« und das Licht ging aus. Dann hieß es wieder von Ilja Richter: »Spot an«, worauf die Zuschauer antworteten: »Jaaaa!«. Ein Scheinwerfer flammte auf und ließ den Gewinner in gleißendem Licht erstrahlen. So in etwa kann man sich unsere Aufmerksamkeit vorstellen. Sie scheint auf eine einzige Sache, nicht auf zwei oder drei oder gar sieben oder zwölf.

Studenten, mit denen ich von Zeit zu Zeit zusammenarbeite, behaupten oft, sie würden beim Lernen durch Radio oder gar Fernsehen im Hintergrund nicht gestört. Ganz Hartnäckige wagen sogar die steile These, sie bräuchten diese Geräusche und Hintergrundberieselungen und hängen oft noch die Begründung dran, dass sie sich so besser konzentrieren könnten. Sie stehen jedoch mit solchen Behauptungen im Widerspruch zu allem, was empirische Untersuchungen darüber sagen: Wir arbeiten am besten, wenn wir konzentriert einer einzigen Sache nachgehen.

2.3.7 Wir betteln förmlich um Ablenkung

Zumindest im Unterbewusstsein nehmen wir die Mikro-Unterbrechungen durchaus wahr, werden zwar nur kurz abgelenkt, aber eben mit Folgen, wie aus der Studie ersichtlich: Wir brauchen deutlich länger und erzielen schlechtere Qualität.

!   **Beispiel**

Stellen wir uns einen Studenten vor, der sich auf die bis dahin wichtigste Prüfung seines Lebens vorbereiten will. Es ist Hochsommer und draußen herrscht brütende Hitze, während er in seiner kleinen Bude über den Büchern brütet, Studien am PC erstellt, Ergebnisse überprüft usw. Stellen Sie sich jetzt weiter vor, direkt vor seinem Haus wäre ein recht belebter Abenteuerspielplatz, gut besucht von kreischenden, laut rufenden und lachenden Kindern. Was macht unser Student? Klar, er schließt trotz der Hitze die Fenster, um sich konzentrieren zu können. Wir alle wissen, wie es wäre, wenn er stattdessen die Fenster aufreißen würde. Kein normaler Mensch würde das tun.

Was den Umgang mit Rechnern, Tablets und Smartphones betrifft, reißen wir die Fenster weit auf und betteln förmlich darum, abgelenkt zu werden. Unser Alltag kann noch so turbulent sein, wir sind immer bereit, eingehende Nachrichten zu empfangen, mit der Wetter-App zu prüfen, ob es morgen wieder so heiß wird, und schnell noch den Eingang einer E-Post zu bestätigen.

In einem der vorherigen Abschnitte hatte ich die ganze Welt als eine riesige Ablenkungsmaschinerie beschrieben. Das Internet lässt den Motor dieser Maschinerie noch schneller laufen. Es ist das Ablenkungssystem schlechthin. Es nutzt unsere sämtlichen Schwächen aus, um uns von uns selbst ab- und auf die Belange der Anbieter hinzulenken. Wir sind neugierig, also wollen wir wissen, was sich tut, wer sich meldet, was über wen genau geschrieben wird. Wir wollen nichts verpassen, also sind wir ständig erreichbar. Wir lassen uns nur zu allzu gern und sehr bereitwillig ablenken.

2.3.8 Jede Entscheidung bedeutet gleichzeitig auch »Nein« zu sagen

An dieser Stelle könnten wir uns lang und breit über den Sinn und Unsinn von Multitasking unterhalten. Bezogen auf unser Thema bleibt dazu festzustellen, dass unser Maß an Selbstmotivation begrenzt ist. Wir können sie auf viele Aufgaben verteilen und damit jeder ein bisschen davon zukommen lassen. Wirklich zeitgleich, also in ein und demselben Moment, können wir jedoch nur eine einzige Sache angehen. Eine einzige Sache. Fragt sich nur welche.

Aufmerksamkeit ist also unser Scheinwerfer, unser Fokus. Hier gibt es ein griffiges Akronym aus dem Englischen:

f.o.c.u.s. = follow one course until success (Folge einem Weg bis zum Erfolg)

Mit Aufmerksamkeit, mit Fokus geben wir unserer Motivation die gewünschte Richtung. Dies kann unser Maß an Motivation sogar noch verstärken – oder deutlich verringern, wenn wir den Eindruck gewinnen, in die falsche Richtung zu marschieren. Aufmerksamkeit kommt bei Interesse zustande. Damit sind wir wieder beim Filter und den Zielen. In erster Linie ist Fokussierung deshalb eine Entscheidung: Was will ich und wovon muss ich mich (zeitweise) trennen?

Jede Entscheidung bedeutet gleichzeitig auch, zu etwas anderem »Nein« zu sagen. Vielleicht fällt es uns deswegen oft so schwer, uns zu entscheiden?

2.3.9 Wir sind, was wir tun – und was wir nicht tun

Mein Trainerkollege Peter Gerst ist ein Genie. Ich darf das so behaupten, weil ich ihn schon jahrzehntelang kenne und sein Treiben genau verfolgen durfte. Zudem haben wir zusammen den TaschenGuide »Willensstärke« geschrieben. Peter Gerst hält Seminare, trainiert in Unternehmen, coacht Vorstände und erhält ausschließlich beste Bewertungen. Er leitet nebenher eine Filmcrew, arbeitet als Regisseur und Schauspieler und ist in mehreren Verbänden tätig, in einem sogar im erweiterten Vorstand. Mittlerweile hat er sein eigenes Trainingsinstitut, schult seine Trainerkollegen und erweitert mit ständig neuen – und fast immer guten – Ideen sein Spektrum und die Auftragsbasis. Dabei ist Peter kein Hansdampf in allen Gassen, im Gegenteil. Wenn Sie ihn kennenlernen würden, wären Sie überrascht, welch ruhiger, bescheidener Mensch er ist. Während eines langen Gesprächs fragte ich ihn, wie er denn das alles bewältige. Ich erhielt die erstaunlichste Antwort, die ich je auf diese Frage bekommen habe. »Ich arbeite mit einer Do-*not*-Liste«, sagte er mir.

Zuerst war ich völlig perplex. Es widersprach meiner damaligen Vorstellung von Zielorientiertheit, sich nicht *auf* etwas auszurichten, sondern *davon weg*. Wir sprachen viel darüber. Ich beschäftigte mich später ausführlich mit diesem Thema. Und tatsächlich: Peter ist nicht der einzige, der so arbeitet. Natürlich ist ihm sonnenklar, was er will. Er hat aber so viele Ideen, auch neue und völlig überraschende, dass er sie nie alle bis zum Ende realisieren könnte. Folglich muss er sich selbst schützen, um sich nicht in unzählige, fruchtlose Aktionen zu verstricken.

Manchmal kann es also wichtiger sein, zu entscheiden, was man *nicht* machen wird, als zu entscheiden, was man machen wird.

> **!** **Übung: Ihre Do-not-Liste**
>
> Erstellen Sie Ihre persönliche Do-not-Liste, also eine Liste von Dingen, die Sie nicht tun sollten. Was könnte darauf stehen? Ein paar Beispiele zur Anregung:
> - Ja sagen, wenn ich Nein meine.
> - Mich am Projekt X beteiligen.
> - Mich im Verein in den Vorstand wählen lassen.
> - Mails lesen und beantworten, während ich andere Arbeiten erledige.
> - Fernsehen
> - Jeden Tag Alkohol trinken.
> - Internetsurfen während der Arbeitszeit.
> - In Jammergespräche mit der nörgelnden Kollegin einstimmen.
> - Den Sohn vor dem PC platzieren, damit ich meine Ruhe habe.
> - Wieder in die gleiche Urlaubsunterkunft gehen wie die letzten beiden Jahre.
> - An Sitzungen teilnehmen, die Zeitverschwendung sind (wenn ich das vorher weiß oder ahne).

Übrigens: Peter Gerst hat mittlerweile eine Assistentin. Sie hat die Aufgabe, ihn wieder auf Spur zu bringen, wenn er einmal schwach wird und sich doch von Dingen ablenken lässt, die auf seiner Do-not-Liste stehen. Sie achtet konsequent darauf. Beneidenswert. Meine eigene persönliche Assistentin ist meine Ehefrau – und die hat auf mich eher den gegenteiligen Effekt ...

Sollte Ihnen diese Verfahrensweise zu abgehoben vorkommen oder definitiv nicht auf Sie passen, arbeiten Sie nach der klassischen Methode – mit einer To-do-Liste. Dabei legen Sie am Abend eine Sache fest, die Sie definitiv am nächsten Tag erledigen werden. Das sollte natürlich die wichtigste Aufgabe sein. Damit sind Sie fokussiert.

Bevorzugen Sie dieses Vorgehen, können Sie es noch ausbauen mit der Fortgeschrittenen-Variante: Überlegen Sie zuerst die drei Eigenschaften, die Ihren Erfolg ausmachen (es dürfen auch fünf sein, aber mehr nicht). Was also trägt zu Ihrem Erfolg bei? Die Art, wie Sie mit Menschen umgehen? Ihre Akribie? Ihr Fingerspitzengefühl? Schreiben Sie sich diese Eigenschaften auf und arbeiten Sie täglich daran. Verfeinern Sie sie, bauen Sie sie aus, üben Sie.

Diese ganzen Entscheidungen »für etwas« und »gegen etwas« haben für Sie etwas Beängstigendes? Vielleicht denken Sie: »Ich darf ja gar nichts mehr anderes machen, es könnte ja falsch sein und mich in eine komplett andere Richtung bringen«. Keine Angst, dem ist natürlich nicht so. Wir können uns oft genug Fehlschritte leisten. Aber, und das ist das Entscheidende: Die Tendenz muss stimmen. Zu einem besseren Gefühl können Ihnen dabei die Zeilen von Stephen Covey verhelfen, dem Autor von »Die 7 Wege zur Effektivität«. Er meint:

> *»Vielleicht leben wir in der Illusion, dass die Umstände oder andere Menschen für die Qualität unseres Lebens verantwortlich sind. Aber in Wahrheit haben wir selbst die Verantwortung für unsere Entscheidungen. Und auch, wenn einige Entscheidungen klein und unbedeutend erscheinen, verbinden sich diese wie kleine Bergquellen, die später zu einem riesigen Fluss werden. Und wir bewegen uns mit wachsender Kraft auf unser Schicksal zu.«*

Auch dies zeigt: Wir sind, was wir vornehmlich tun. Ohne Weiteres können wir etliche Schritte in eine andere oder gar die entgegengesetzte Richtung machen. Aber die große Masse der ausgeübten Tätigkeiten entscheidet letztlich, wohin uns der Strom lenkt, wie das Gemälde ausschauen wird, das wir von uns malen, und ob wir am Ende, wie im Kapitel »Mitten in der Wohlfühl-Oase liegt das Mittelmaß« beschrieben, die Freunde unseres Lebens betrauern müssen.

2.4 Drei bewährte Ansätze für einen selbstmotivierten Zustand

Sie merken: Alles steht und fällt mit der Art, wie wir denken. In den folgenden Unterkapiteln geht es darum, unsere Gedanken, unser Fühlen, unsere Körpersprache und unsere Sprache so zu nutzen bzw. auszurichten, dass sie unsere Vorhaben unterstützen und uns in schwierigen Zeiten helfen, die nötige Energie aufzubringen. Systematisch können wir hier drei Bereiche unterscheiden:

- Stimmungsmanagement,
- Körpersprache und
- Sprache.

Alle hängen zusammen, können aber einzeln trainiert werden. Die Literatur zu diesen Themenbereichen ist nahezu unerschöpflich, ebenso die Seminarangebote. Zudem versprechen viele Scharlatane das Positiv-optimistisch-glücklich-Denken. Vor Kurzem erhielt ich das ernstgemeinte Angebot, mich einem Prozess zu unterziehen, der lediglich fünf Minuten dauern sollte, aber mein komplettes Denken und Fühlen in eine energiereiche, positive Richtung lenken würde. Es würde deshalb so gut funktionieren, weil dabei feinstoffliche Prozesse ausgelöst würden. Kostenpunkt 2.400 Euro. Netto.

In den folgenden Unterkapiteln stelle ich Ihnen ausschließlich erprobte Methoden vor, die wirken. Nicht bei allen, aber bei den meisten Menschen. Versichern darf ich Ihnen auch, dass ich alles selbst ausprobiert und zudem genügend Erkenntnisse mit Seminarteilnehmern gewonnen habe.

Feinstoffliche Prozesse sind garantiert nicht dabei.

2.4.1 Selbstmotivierter fühlen: Stimmungsmanagement

Gefühle lassen sich willentlich und gezielt verändern. Und Selbstmotivation lässt sich mit einem aktiven Stimmungsmanagement steigern. Eingesetzt werden ihre Praktiken in vielen Bereichen, vom Spitzensport bis zur Therapie. Unter Stimmungsmanagement versteht man Denkprozesse, die dazu führen, sich – authentisch! – anders zu fühlen. »Authentisch« ist deshalb so wichtig, weil die Methode nur funktioniert, wenn man gänzlich dahintersteht. Wer bei einer Tätigkeit denkt: »Puh, das passt ja gar nicht zu mir«, sollte sie lieber gleich lassen. Sie müssen sich so fühlen, dass Ihr Tun ganz zu Ihnen gehört, dass es Ihre Gedanken sind.

Beispiel

!

Möglicherweise kennen Sie die beste Rugby-Nationalmannschaft der Welt? Das sind die All Blacks aus Neuseeland. Sie führen vor jedem Spiel ein mittlerweile weltberühmtes Ritual auf, den Haka der Maori (zu sehen z .B. unter www.youtube.com/watch?v=yGPTq5EEfNQ). Dieser ursprüngliche Kriegstanz der neuseeländischen Eingeborenen diente zum einen zur Einschüchterung der Gegner, zum anderen brachten sich die Krieger damit selbst in einen entsprechenden Zustand. Dass dieser im Kampf oder Rugbyspiel aggressiv, mutig und kampfeslustig sein sollte, liegt nahe. Schauen Sie sich einmal Videos dazu an und beobachten Sie die Spieler dabei genau. Sie führen das Ritual mit einer Hingabe aus, als ginge es um ihr Leben. Früher ging es dabei tatsächlich um Leib und Leben. Allerdings erst im Kampf, noch nicht beim Tanz, der darauf einstimmen sollte.

2.4.1.1 Der Kern des Stimmungsmanagements

Es geht jetzt nicht darum, den Haka zu lernen. Dieser Südseetanz passt kaum in die europäische Welt. Aber er ist Stimmungsmanagement pur – und daraus können wir einiges für uns ableiten. Warum? Falls Sie ein Haka-Video angeschaut haben, wissen Sie, was damit gemeint ist. Da kann ein Spieler im Vorfeld noch so sehr abgelenkt, schlecht gelaunt oder miesepetrig daherkommen – wenn er den Haka absolviert hat, ist er voll fixiert auf das Spiel und entsprechend eingestimmt. Er ist in genau dem richtigen Zustand für das Spiel.

Und eine solche Einstimmung benötigen auch wir manchmal. Wir haben alle unsere Aufgaben, die wir zuverlässig erledigen wollen. Wir sind aber nicht immer im gleichen mentalen Zustand dafür. Will ich meine schlechte Stimmung jetzt nicht am Anderen, dem Kunden, dem Kollegen oder dem Lebenspartner, auslassen – nun, dann benötige ich eben etwas, um meine Stimmung positiv zu ändern. Einen Alltags-Haka gewissermaßen. Das ist der Kern des Stimmungsmanagements.

Der Alltags-Haka lässt sich ziemlich einfach erlernen. Aber man muss – wieder einmal! – etwas dafür tun. Es genügt definitiv nicht, eine der im Folgenden vorgestellten Methoden auszuwählen und sich zu sagen: »Ja, wenn ich sie einmal benötigen sollte, setze ich sie ein«. Es handelt sich bei allen Techniken um Rituale, die umso schneller und intensiver wirken, je öfter sie eingeübt werden.

Können Sie sich vorstellen, in einem Club voller Menschen beschallt von lauter Popmusik einschlafen zu können? Wahrscheinlich eher nicht. Nun, ich darf Ihnen versichern: Ich kann das. Auf Knopfdruck gewissermaßen. Oder, besser gesagt: auf Kommando. Auf mein eigenes Kommando. Ich habe es geübt. Seit über 30 Jahren praktiziere ich autogenes Training. Und genau diese Übung meine ich, wenn ich sage: Üben sie, damit Sie ihre Technik parat haben, wenn Sie sie brauchen.

Es lohnt sich, etwas länger darüber nachzudenken, wie viel Zeit Ihnen diese Gedankenpflege wert ist. Der durchschnittliche Fernsehkonsum in Deutschland liegt wie erwähnt bei rund 3,5 Stunden. Jeden Tag. Wer nur eine halbe Stunde davon für sein Stimmungsmanagement abknapsen würde ...

Wenn es um Methoden zum aktiven Steuern von Emotionen geht, bekommt so mancher ein mulmiges Gefühl. Das ist mehr als verständlich. Üblicherweise nehmen wir unsere Gefühle als gegeben hin und halten sie für notwendig. Manche Gefühle sind es tatsächlich. Trauer beispielsweise ist ein elementares Gefühl. Im Trauerprozess wird etwas verarbeitet. Wer ihn dauerhaft unterdrückt, läuft Gefahr, in Depressionen zu verfallen. Um es ins rechte Licht zu stellen: Bei den folgenden sehr wirkungsvollen Methoden handelt es sich um Möglichkeiten, die eigenen Stimmungen so zu ändern, dass sie für die geplante Vorgehensweise passen. Es geht nicht darum, wie die All Blacks ein aggressives Spiel zu bestreiten, sondern, je nach Anlass, gelassen, fokussiert oder kraftvoll zu sein.

2.4.1.2 Physische Methoden

Beginnen wir mit einfachen Werkzeugen (»Tools«). Im Prinzip sind sie so einfach, dass man sich unwillkürlich fragt, warum nicht jeder damit arbeitet. Es handelt sich um physische Vorgehensweisen, die kaum mentale Anstrengungen erfordern.

Stellen wir uns vor, ein erstrebenswertes größeres Ziel vor Augen zu haben, etwa ein Buch zu schreiben oder auf einen Marathon zu trainieren – und wir wissen im Vorfeld schon, dass wir nicht immer Lust dazu haben werden. Nun, genau für diese Anlässe stehen uns Möglichkeiten der physischen Visualisierung zur Verfügung.

Visualisieren bedeutet, das Ziel und damit verbundene Gefühle bildlich darzustellen. Menschen denken natürlicherweise in Bildern und Bildfolgen. Geschriebene oder gesprochene Worte haben keine Chance gegen Bilder. Es gibt den Kernsatz: »Vorstellungskraft schlägt Wille«. Sie haben vielleicht den Willen, in den Bergen eine Schlucht über eine schmale Brücke zu überqueren – aber Ihre Vorstellungskraft zeigt Ihnen fortwährend, wie Sie fallen (könnten). Menschen mit Höhenangst wird es dann unmöglich, diese Brücke zu überqueren. Vorstellungskraft schlägt Wille. Wer Diät hält und sich diese dreistöckige, wunderbare Sahnetorte im Geiste ausmalt, sie vielleicht gar schon auf der Zunge schmeckt – der weiß, was mit diesem Satz gemeint ist.

Deshalb ist es so entscheidend, die passenden Bilder vor sich zu haben. Im ersten Schritt physisch. Im weiteren Verlauf schauen wir, wie wir innere Bilder erzeugen.

Foto-Collagen wirken wie Schüsse ins Gehirn

Eine Methode, die richtigen Bilder in den Kopf zu bekommen, sind Foto-Collagen. Sie wirken schnell und sehen auch noch gut aus. Beispiel Marathon: Suchen Sie frühere Bilder von sich von einem Lauf – natürlich von einem, den Sie erfolgreich absolviert haben. Es ist einleuchtend, dass Bilder eines Ereignisses, bei denen man jämmerlich versagt hat, unerwünschte Gefühle auslösen würden. Suchen Sie Bilder im Internet, in Zeitschriften. Verändern Sie vorhandene Fotos so, dass Sie noch besser zu Ihnen passen und noch positiver auf Sie wirken – basteln Sie beispielsweise Ihren Kopf auf den Körper eines glücklichen Zieleinläufers. Nehmen Sie Bilder, die positive Gefühle bei Ihnen auslösen. Ideal wäre es, wenn Sie beim Anschauen quasi gleich loslegen wollten. Die Collage sollten Sie natürlich nicht übertreiben. Blenden Sie also beispielsweise keine Fabelzeit ein, die Sie nie erreichen würden. Haben Sie Ihre Collage erstellt, muss sie damit noch nicht fertig sein. Lassen Sie Platz für Erweiterungen. So können Sie Ihre monatlichen Fortschritte grafisch aufzeichnen oder in der Zwischenzeit aufgenommene Fotos dazu kleben.

Nun sollte die Collage an einen Platz, an dem Sie sie täglich sehen – je öfter, desto besser. Wenn Sie weder Ziele noch Vorgehensweise öffentlich machen wollen, sollten Sie Ihre Collage also nicht gerade am Arbeitsplatz aufhängen oder zuhause im Flur, wo sie jeder Besucher betrachten kann. Es können sich dann aber das Schlafzimmer, die Innentüren von Kleider- oder Küchenschränken oder der Fitnessraum anbieten. Ein Teilnehmer berichtete, dass er seine Collage zum Befestigen an der Duschwand in eine wasserdichte Folie verpacken ließ. Der Fantasie sind keine Grenzen gesetzt.

Weiter brauchen Sie nichts zu tun. Jeden Morgen, etwa beim Duschen, betrachten Sie die Collage. Sie haben also jeden Tag bildlich Ihr Ziel vor Augen. Sie müssen sich nicht noch zusätzlich (positive) Gedanken machen, Sie brauchen sich nichts gesondert vorzunehmen. Den Rest erledigt Ihr Unterbewusstsein. Sie wissen ja: Vorstellungskraft schlägt Wille. Oder, um es mit dem charismatischen Professor Siegfried Vögele zu sagen, seines Zeichens Direktmarketing-Papst und Erfinder der sog. Dialogmethode: »Bilder sind Schüsse ins Gehirn«. Wem das Beispiel mit den Schüssen zu martialisch sein sollte, nehme Aristoteles, der schon vor über 2.000 Jahren wusste: »Die Seele denkt nie ohne bildliche Vorstellung«.

PowerPoint zum Einschlafen? Verblüffen Sie sich selbst!

Es gibt heute natürlich modernere Methoden für die Visualisierung – was nicht unbedingt heißt bessere, aber andere auf alle Fälle und sowohl mit Vor- als auch Nachteilen versehen. In Seminaren verwende ich dazu teilweise PowerPoint-Präsentationen, natürlich nicht solche zum Einschlafen mit 200 eng bedruckten Folienseiten. Ich lasse innerhalb weniger Minuten eine Bildfolge ablaufen und hinterlege sie mit einer entsprechenden Musik. Beim Thema Selbstmotivation wähle ich entsprechende Motive, so z. B. einen Bergsteiger, ein Eisenbahngleis, das sich in zwei Richtungen gabelt, Martin Luther King bei seiner berühmtesten Rede usw. Jedes Bild ist untertitelt etwa mit »Vergessen Sie die Sache mit dem Erfolg. Geben Sie einfach Ihr Bestes.« Und das Ganze unterlege ich mit fetziger Musik. Bilder, Musik und Untertitel sind so gewählt, dass sie den meisten Menschen gefallen. Ausnahmen gibt es immer mal wieder, aber im Großen und Ganzen kommt diese Präsentation gut an.

Diese Präsentation habe ich für Menschen gestaltet, die ich meist (noch) gar nicht kenne. Sie wirkt trotzdem. Stellen Sie sich nun vor, Sie machen solch eine Präsentation mit Ihren eigenen Bildern, Ihrer eigenen Musik und Ihren eigenen Texten. Wow! Das ist die moderne Form der Collage. Verbunden allerdings mit dem Nachteil, dass ein Abspielmedium greifbar sein muss. Mittlerweile genügt ein Smartphone oder Tablet; ideal sind natürlich ein PC oder gleich ein Beamer.

Lassen Sie sich dann einfach berieseln. Keine Sorge, das nutzt sich nicht ab, sondern wird immer wirkungsvoller. Wie beim autogenen Training. Wie bei jedem Ritual.

Super, super, super: Animation oder Video

Eine Schippe drauflegen können Sie mit einem Video, das Sie selbst erstellen oder erstellen lassen. Ein professionelles Video ist natürlich noch wirkungsvoller, als eines, das Sie mit dem Smartphone selbst machen, allerdings auch zeitlich wie finanziell erheblich aufwendiger. Im Internet finden sich Anbieter, die für relativ kleines Geld maßgeschneiderte Bildfolgen kreieren. Schauen Sie beispielsweise unter www.fiverr.com.

2.4.1.3 Mentale Methoden

Nun zur Königsdisziplin, den inneren Bildern. Diese können Sie unabhängig von allen technischen und räumlichen Rahmenbedingungen immer und überall aufrufen. Allerdings braucht das ein wenig Übung.

Bilder, die wir vor unserem geistigen Auge haben, lösen immer gleichzeitig Gefühle und oft sogar körperliche Reaktionen aus. Damit sind wir wieder im Zusammenspiel mit unserem Filter: Was man fühlt, ist nicht das Ergebnis von Erfahrungen – es ist unsere Interpretation davon. Wie man interpretiert und die Gefühle empfindet, lässt sich trainieren. Wie ein Regisseur können Sie sich selbst so konditionieren, dass Sie Ihre Vorhaben mit angenehmen Gefühlen verbinden. Wenn Sie dies wiederholt tun, wird es zum Normalzustand.

Sie können mit den folgenden Techniken Ihre Gefühle steuern und verändern, so dass Sie in genau den Zustand kommen, den Sie haben möchten. Das ist nichts Übersinnliches oder gar Esoterisches. Das ist praktisches Handwerkszeug. Die meisten Menschen, die diese oder ähnliche Techniken anwenden, fühlen sich augenblicklich wohler. Das resultiert aus dem Gefühl der Eigenmacht. Wer seine Gefühle selbst bestimmen oder zumindest teilweise beeinflussen kann, kann sich auch steuern, kontrollieren. Das ist Macht. Das ist Eigenmacht. Sie steht im Gegensatz zur Ohnmacht, die wir empfinden, wenn wir äußeren Umständen oder eben unseren Gefühlen hilflos ausgeliefert sind. Eine Studie der World Health Organization (WHO) zeigt auf, dass Menschen, die sich – ganz subjektiv und unabhängig von den äußeren Umständen – eigenmächtig fühlen, gesünder sind als Menschen, die sich, ebenso subjektiv, in der Opferrolle sehen.

Mentale Stärke stabilisiert nicht nur die psychische, sondern auch die körperliche Gesundheit und Leistungsfähigkeit. Darum arbeiten so viele Leistungssportler mit mentalen Techniken und oft sogar mit Experten auf diesem Gebiet. Deshalb können sie sich auch in schwierigen Situationen auf ihr Ziel konzentrieren und besser mit Rückschlägen umgehen.

Beginnen wir mit einer simplen Vorgehensweise und fahren wir dann fort mit einer hochwirksamen Technik, die etwas mehr Aufwand bedarf.

Der einfache Ansatz, der zuverlässig funktioniert

Diese scheinbar simple Visualisierungstechnik hat schon bei vielen Menschen entscheidende Veränderungen ausgelöst. Hinter ihr steckt freilich mehr, als man auf den ersten Blick vermuten könnte.

So funktioniert die Visualisierungstechnik !

Stellen Sie sich vor, was Sie erreichen möchten. Visualisieren Sie das Ziel vor Ihrem geistigen Auge. Sehen Sie Ihren Zieleinlauf, sich selbst mit Wunschgewicht, beim Klaviervorspiel oder als Redner auf der Bühne. Lassen Sie es – wie bei der Fotocollage – so ablaufen, wie es im Idealfall sein soll.

> Das ist schon alles. Ich verbessere: Das ist die Grundform. Sie genügt bereits für gute Ergebnisse. Wir können sie aber deutlich ausbauen und optimieren. Beispielsweise, indem wir die geistigen Bilder anreichern mit unseren Gefühlen. Sehen Sie sich also auf der Bühne oder beim Zieleinlauf, wie Sie glücklich vor sich hin strahlen – lassen Sie auch geistig die Gefühle aufleben, die Sie wahrscheinlich in der Realität haben.
> Tun Sie das täglich, werden Sie Ihrem Vorhaben förmlich entgegenstürmen.

Technik und Wirkung sind verblüffend einfach. Ein Teilnehmer fragte mich einmal in einer Seminarpause, was er denn machen könne: In Besprechungen, an denen ein bestimmter Kollege teilnimmt, würde er immer viel zu emotional reagieren. Nachdem wir abgeklopft hatten, was er alles schon erfolglos probiert hatte, riet ich ihm, sich vorzustellen, wie denn ein solches »Meeting« mitsamt dem Kollegen im Idealfall ablaufen könnte. Der Kollege würde sich wie immer verhalten, er aber könne in seinem Kopfkino ganz souverän, eben ideal reagieren. Der Teilnehmer probierte es für sich allein ein paar Mal aus, veränderte den Film in seiner Vorstellung einige Male, bis er das Ergebnis absolut passend fand. Dann spielte er den Film zig-fach vor seinem inneren Auge ab. Das Ergebnis kennen Sie.

! **Beispiel: Was vorbereitende Gedankenpflege bewirkt**

Vor einiger Zeit coachte ich den Inhaber eines großen Architekturbüros. Er hatte nach seiner Schilderung schon etliche Aufträge nur deshalb nicht erhalten, weil er im finalen Gespräch an die Decke gegangen war. Etwa bei Sätzen wie: »Das ist ja recht und gut, aber viel zu teuer«. Da fühlte er sich in seiner Ehre gekränkt und reagierte unbesonnen. Er hatte seine Gefühle und sein Verhalten nicht mehr unter Kontrolle. Nach dem zuvor Geschilderten brauche ich Ihnen weder die Vorgehensweise, dem entgegenzuwirken, noch deren Ergebnis zu schildern. Mittlerweile scheitern immer noch einige Gespräche, aber nicht mehr ob seines Verhaltens.

Wie viele Menschen betreiben eine vorbereitende Gedankenpflege, um ihre Vorhaben zu erreichen?

Wie viele Menschen bereiten sich so auf Besprechungen vor? Sicherlich (noch) nicht genug. Schade, denn es lohnt sich sehr, da Sie damit das Reservoir Ihres Unterbewusstseins nutzen.

Bestimmt haben Sie bei Fernsehübertragungen schon Sportler beobachtet, die kurz vor dem Wettkampf stehen. Hochspringer gehen im Kopf ihre Schritte ab, Skirennläufer und Bobfahrer rauschen vor ihrem geistigen Auge die gesamte Abfahrt hinunter. Sie alle wissen: Je intensiver und konkreter ihre Vorstellungen mitsamt den dabei empfundenen Gefühlen sind, desto bereitwilliger werden sie von ihrem Unterbewussten unterstützt.

Eine solche Visualisierung liefert die Grundlage für fast jegliches mentale Training. Es gibt zahllose weitere Einzeltools und Methoden. Im Folgenden stelle ich Ihnen drei mentale Techniken mit unterschiedlicher Ausrichtung vor. Nach meiner Erfahrung funktionieren sie bei den meisten Menschen.

Der Kreis, der immer motiviert

Diese Methode eignet sich hervorragend zur Vorbereitung auf Zeiten, in denen man erwartungsgemäß (zu) wenig Selbstmotivation aufweisen wird. Wie bei allen anderen Methoden gilt auch hier: Je öfter Sie sie durchführen, umso wirkungsvoller sind sie.

Der Selbstmotivationskreis: Wie Sie sich nachhaltig in die richtige Stimmung bringen   !

Nehmen Sie sich beim ersten Mal mindestens eine Stunde Zeit, in der Sie ungestört an einem angenehmen Platz sein können. Für die weiteren Durchführungen genügen wenige Minuten, wobei Sie auch dann, zumindest anfänglich, möglichst ungestört sein sollten.

Markieren Sie einen Kreis auf dem Boden, bevor Sie mit der eigentlichen Übung beginnen. Sie können diesen Kreis z. B. mit Kreide aufmalen oder mit einer Schnur auslegen. Er sollte in etwa so groß sein, dass Sie bequem darin stehen können. Stellen Sie sich nun neben den Kreis und lassen Sie einige Erlebnisse aus Ihrer Erinnerung Revue passieren, bei denen Sie voll motiviert waren. Es können Erlebnisse aus allen Bereichen sein. Wichtig ist lediglich, dass Sie sich dabei gut fühlten und mit einem hohen Maß an Selbstmotivation agiert haben. Wählen Sie jetzt aus diesen Erlebnissen eines der besten aus. Suchen Sie sich am besten ein Erlebnis aus, das Ihnen schon bei der bloßen Erinnerung ein Lächeln auf die Lippen zaubert. Nun kommt es darauf an, dass Sie dieses vergangene Erlebnis nicht nur in Ihrem Kopfkino sehen, sondern dass Sie auch die positiven Gefühle wieder spüren, die Sie damals in der Situation empfanden. Tauchen Sie vollkommen ein in diese Vorstellung, spüren Sie Ihre unbändige Kraft, lassen Sie Ihren Puls hochschnellen, grinsen Sie breit wie damals. Gehen Sie mit allen Sinnen in die Vorstellung dieser Situation. Sind Sie mittendrin in dieser Vorstellung und scheint das wunderbare Gefühl kaum mehr steigerungsfähig zu sein, treten Sie in den vorbereiteten Kreis. Achten Sie auf Ihre Körperhaltung und Mimik. Was sehen Sie ganz konkret in diesem Moment? Welche Geräusche hören Sie, welche Worte kommen Ihnen in den Sinn, was sagen Sie zu sich selbst? Vergegenwärtigen Sie sich vor allem das Gefühl, das Sie in diesem Moment empfinden. Spüren Sie es nochmals ganz intensiv.

Dann verlassen Sie den Kreis.

Kommt Ihnen das seltsam vor? Befremdlich? Ungewohnt? Das ist gut. Vielleicht gönnen Sie sich jetzt eine kleine Pause. Trinken Sie einen Kaffee, atmen Sie frische Luft. Denken Sie an etwas ganz anderes. Und dann nochmal von vorn, diesmal geht es schon bedeutend schneller: Denken Sie an eine Situation, in der Sie hoch motiviert waren, lassen Sie wieder die entsprechenden Gefühle hochkommen. Nehmen Sie die identische oder eine zumindest ähnliche Körperhaltung ein. Treten Sie in den Kreis. Ist das Empfinden am stärksten, verlassen Sie den Kreis wieder.

> Das können Sie mehrfach wiederholen, wobei der Kreis später gar nicht mehr ausgelegt werden muss und Sie ihn sich einfach vorstellen können. Schon nach wenigen Wiederholungen werden Sie bemerken, dass Sie die Vorübung mit dem Referenzerlebnis gar nicht mehr benötigen. Gleichzeitig mit dem Betreten des (imaginären) Kreises werden Sie spüren, dass die damals erlebten Motivations-Ressourcen wieder in der gleichen Art und Weise in Ihnen aufkommen.

Sie fragen sich, was diese Übung so wirksam macht? Hier der Hintergrund: Das wiederholte Erleben eines Referenzerlebnisses mit einem hohen SML reaktiviert Ressourcen. Diese Ressourcen macht der Kreis quasi »dingfest«. Sie lassen sich dadurch beliebig oft, jederzeit und an jedem Ort dazu nutzen, sich wie im Referenzerlebnis zu motivieren und diese Ressource auf andere Bereiche zu übertragen.

Die mächtige Wirkung des Selbstmotivationskreises lässt sich mit Worten kaum beschreiben; man muss sie erleben. Probieren Sie es aus. Lassen Sie sich darauf ein. Falls Sie jemand während der Übung ablenken sollte, schicken Sie ihn weg mit der Bemerkung des Archimedes: »Störe meine Kreise nicht!«

Der Hochstapler, der uns Energie schenkt

Im Gegensatz zum nachhaltig wirkenden Selbstmotivationskreis ist die nun folgende Als-ob-Methode nicht für tiefergreifende Veränderungen gedacht. Sie hilft, um kurzfristig in einen selbstmotivierten Zustand zu kommen und eine bestimmte Aufgabe zu erledigen. Sie bietet sich an, wenn Sie momentan nicht sonderlich motiviert, energiegeladen oder eben nicht in einer Stimmung sind, die für die vor Ihnen liegende Aufgabe sinnvoll wäre. Wenn Sie ein Gespräch mit einem potenziellen Kunden führen, Ihre Mitarbeiter für ein Vorhaben begeistern oder Ihren Vorgesetzten davon überzeugen, dass nur Sie der richtige Mensch für eine bestimmte Sonderaufgabe sein können, macht ein guter emotionaler Zustand Sinn.

> **!** **Die So-tun-als-ob-Methode: Wie Sie sich schnell und kurzfristig Energie holen**
>
> Tun Sie so, als wären Sie im Zustand, in dem Sie sein wollen. Das ist schon alles. Der Rest kommt von allein.
> Möchten Sie also z. B. hochgradig motiviert sein für das Gespräch mit dem potenziellen Kunden, tun Sie vorher schon so, als wären Sie es. Wie sind Sie normalerweise, wenn Sie derart motiviert sind? Wahrscheinlich schreiten Sie energisch aus, haben einen kraftvollen Händedruck, strahlen den anderen mit einem umwerfenden Lächeln an, agieren mit weit ausholenden Bewegungen. Vielleicht ist Ihre Stimme klar und fest. Es geht nicht darum, dass Sie wirklich in dieser Verfassung sein sollen – Sie sollen nur für ein paar Minuten so tun, als ob Sie es wären.

»Der tut ja nur so als ob!« Diese Formulierung ist zwar negativ besetzt, aber wir müssen anerkennen, dass sie meist – zumindest eine gewisse Zeit – famos funktioniert: Der Hochstapler fliegt Jumbo-Jets oder operiert, ohne jemals einen Flugschein gemacht oder eine Universität von innen gesehen zu haben. Der Angeber mit dem geliehenen Ferrari zieht nicht selten mit der lokalen Schönheit von dannen. Schein statt Sein. Dieses Prinzip scheint allzu oft zu funktionieren, allerdings – und das ist die wesentliche Einschränkung – immer nur eine begrenzte Zeit lang. Menschen, die diesem Prinzip folgen, leben stets in Sorge aufzufliegen, was sie früher oder später auch tun.

Aber halten wir fest: »So tun als ob« funktioniert bei äußeren Prozessen eine Zeit lang gut. Noch besser, aber eben auch nur eine gewisse Zeit lang, funktioniert es bei inneren Prozessen. Und hier bitte ich Sie darum, die Hochstapler einmal zu vergessen und das »So tun als ob« für unsere Zwecke in einen positiven Kontext zu stellen. Wir können uns dieses Prinzip nämlich ganz gut zunutze machen, wenn es um Selbstmotivation geht. Mit der folgenden Mini-Übung können Sie seine Wirkungsweise sofort nachprüfen.

> **Übung: Wirkungsweise des So-tun-als-ob-Prinzips kennenlernen** !
>
> Setzen Sie sich auf einen Stuhl. Denken Sie an etwas Unangenehmes, Schlechtes, Negatives: vielleicht an einen Trauerfall, eine in die Brüche gegangene Beziehung, eine verpatzte Prüfung. Lassen Sie Kopf und Schultern hängen, machen Sie einen runden Rücken, lassen Sie Ihre Muskeln erschlaffen. Und jetzt denken Sie daran, wie Sie Ihre nächste Aufgabe energiegeladen und optimistisch angehen werden … das geht nicht!
> Probieren Sie es umgekehrt: Stehen Sie auf, ballen Sie die Boris-Becker-Faust, sagen Sie innerlich »Ja!«, machen Sie einige große, feste Schritte, Brust raus, gerader Rücken, Schultern straff (und Bauch rein). Und jetzt äußern Sie noch während des Herumgehens negative Gedanken wie »Die Welt ist so traurig« und »Ich bin nur ein armes kleines Würstchen«. Auch hier stellen Sie rasch fest: Das geht nicht!

Sie sehen daran: Unsere äußere Haltung marschiert immer im Gleichschritt einher mit unserer inneren Haltung. Sind Sie hochgradig motiviert und optimistisch, gehen Sie mit einer völlig anderen Körpersprache, also Gestik und Mimik, durch die Welt, als wenn Sie todtraurig sind. Wir kommen auf dieses Thema noch ausführlicher zurück im nächsten Kapitel »Selbstmotivierter auftreten: unsere Körpersprache«. Was wir in uns tragen, wird also nach außen sichtbar durch unser Verhalten. Und jetzt kommt der Kniff: Es klappt auch umgekehrt. Wir können durch unsere äußere Haltung auch unsere innere beeinflussen. Zumindest kurzfristig. Das können Sie ganz einfach testen, wenn Sie mal nicht in bester Stimmung sind: Hüpfen Sie dann für rund 60 Sekunden durchs Zimmer. Hoch und runter, auf einem Bein, auf dem anderen, mit beiden Beinen gleichzeitig.

Schlenkern Sie dabei am besten noch mit den Armen. Sie merken augenblicklich, wie sich Ihr Zustand zum Besseren hin verändern wird. Warum? Seit wir das Licht der Welt erblickten, weiß unser Unterbewusstsein, dass »Zielloses-durch-die-Gegend-Hüpfen« mit guter Laune verbunden ist. Entsprechend können Sie gar nicht mehr die trüben Gedanken in sich haben. Deshalb können wir mit einer selbstmotivierten Körperhaltung auch keine deprimierenden Gedanken in uns tragen. Das meint auch das Prinzip: »Fake it till you make it«. Es wurde bereits im 19. Jahrhundert vom US-amerikanischen Psychologen William James entdeckt. Er formulierte: »Wenn Sie ein bestimmtes Gefühl haben wollen, sollten Sie so tun, als ob Sie es bereits hätten. Auf diese Weise erreichen Sie die gewünschte Gefühlslage am besten.«

Falls Sie nicht sicher sind, ob diese Methode zu Ihnen passt – tun Sie mal so, als ob …

Der Geburtstag, der uns handeln lässt

Dies ist eine meiner Lieblingsmethoden, wenn es um tiefgreifende Veränderungen geht. Sie eignet sich immer dann, wenn Sie sich nicht nur einmalig für ein Verhalten motivieren, sondern sich grundlegend anders ausrichten wollen. So z. B., wenn es darum geht, Ihrem Lebenspartner, Ihren Kindern oder anderen wichtigen Menschen die nötige Zeit und Präsenz zukommen zu lassen. Auch bei dieser Technik spielen unterbewusste Prozesse wieder eine entscheidende Rolle.

! **Die Rede zu Ihrem 80. Geburtstag**

Stellen Sie sich eine große Feier zu Ihrem 80. Geburtstag vor. Die für Sie fünf wichtigsten Menschen halten eine Rede über Ihr Leben und beschreiben, was sie an Ihnen so schätzen. Dabei gilt es, einen einzigen wichtigen Punkt zu beachten: Die Personen beschreiben *nicht*, wie Sie tatsächlich mit ihnen umgegangen sind, sondern so, wie *Sie* es gerne gehabt hätten. Der Sohn sagt also beispielsweise nicht: »Mein Papa ist ein toller Mann. Er ist Trainer, schreibt Bücher und isst mit Vorständen zu Abend. Nur schade, dass er so wenig zuhause ist.«, sondern er fantasiert: »Mein Papa ist ein toller Mann. Er ist Trainer, schreibt Bücher und isst mit Vorständen zu Abend. Ich weiß zwar nicht, wie er es schafft, aber er ist immer für mich da, wenn ich ihn brauche. Er hat mich noch nie im Stich gelassen. Ich kann mich immer auf ihn verlassen.«
Mehr brauchen Sie nicht zu beachten. Nehmen Sie einen Block und einen Stift zur Hand und machen Sie es sich gemütlich. Stellen Sie sich vor, Sie sind alt und faltig (stopp, das genügt mit den altertümlichen Vorstellungen!), aber geistig topfit.
Ein 80-Jähriger in guter Verfassung. Heute haben Sie Geburtstag und freuen sich.
Es gibt ein großes Fest. All Ihre Freunde, Bekannten und Nachbarn kommen, um diesen besonderen Tag mit Ihnen zu feiern. Schwelgen Sie ruhig ein wenig in dieser Lebensvorschau. Dann geht es los. Jetzt halten die fünf wichtigsten Personen

Ihres Lebens Reden. Von Vorteil wäre, wenn diese Personen aus unterschiedlichen Lebensbereichen kommen. Sollten Sie fünf Kinder haben, hält nur eines eine Rede; und dann vielleicht noch Ihr Lebenspartner, die beste Freundin, der Vereinskamerad Jetzt die Kernfrage: Was möchten Sie von diesen Personen gern hören? Noch einmal zur Verdeutlichung: Es geht nicht um die Realität, sondern um *Ihre Wunschvorstellung*.

Das Verblüffende an dieser Methode: Sie brauchen nichts weiter zu tun. Den Rest erledigt Ihr Filter. Indem Sie sich heute fragen, was Sie am Ende Ihres Lebens (in Sachen Beziehungen) gern erreicht hätten, stellen Sie bereits jetzt die Weichen für später. Der psychologische Trick dabei: Sie sehen, hören und – vor allem! – fühlen, wie es wäre, wenn Sie beispielsweise eine wunderbare Beziehung zu einem Ihrer Kinder hätten. Das ist die perfekte Visualisierung.

2.4.2   Selbstmotivierter sprechen: Welche Macht Sprache auf uns selbst ausübt

Im letzten Kapitel habe ich noch das Hohelied der Visualisierung gesungen – und warte hier und jetzt mit Sprache auf. Wie passt das zusammen? Ganz einfach. Beides funktioniert. Solo, zusammen, völlig egal. Sie wählen aus, was für Sie am besten passt. In den folgenden Abschnitten erfahren Sie, wie Sie Ihren SML mit Sprache steigern können.

Mit den richtigen Worten lässt sich fast alles erreichen. Politiker wissen das. Religiöse Führer wissen das. Manager wissen das. Wir können damit andere Menschen zum Lachen bringen, zum Weinen, zum Nachdenken, zum Handeln.

Erstaunlicherweise ist den meisten Menschen klar, dass Sprache eine immense Wirkung hat – auf andere Menschen! Wenn also der Herr Maier den Herrn Müller mit »Du Depp!« betitelt, liegt es für jeden Beteiligten und Außenstehenden auf der Hand, dass diese sprachliche Aussage nicht gut für die Beziehung der beiden ist. Herr Maier könnte zu Herrn Müller vor einem entscheidenden Kundengespräch sagen: »Das schaffst du nie, den zu überzeugen. Du nicht!« Auch das würde die Beziehung schädigen. Jeder weiß es, jedem ist das bewusst. Allerdings macht sich kaum jemand Gedanken, welche Auswirkungen es hat, wenn man ähnlich ruppig oder noch viel drastischer mit sich selbst umgeht.

! **Beispiel**

Oliver beschimpft sich jeden Morgen, wenn es ums Aufstehen geht. Da klingelt der Wecker. Er drückt auf die Schlummertaste und sagt sich: »Mmmh, nur noch ein paar Minuten ... bis zum nächsten Klingeln ... wobei ich mir eigentlich vorgenommen hatte, heute gleich mit dem ersten Klingeln aufzustehen ... Mann, das schaffst du wieder nicht ... Komm, auf, raus aus dem Bett! Raff dich auf, Olli, du alte Socke ... Oh, Mann, so ein Mist! Ich schaffe es wieder nicht ... der Tag fängt mal wieder bescheiden an ... da kann ja nichts draus werden ... Wenn du es nicht mal mit dem Einfachsten schaffst ... wenn du es nicht mal schaffst, wie ein normaler Mensch aufzustehen – was willst du denn dann heute überhaupt auf die Reihe kriegen? ...«

Das Beispiel des müden Olivers beschreibt nur eine von unzähligen Situationen, in denen wir unsere Sprache gegen uns einsetzen. Laut Sprachforschern haben wir rund 50.000 bis 80.000 Gedanken jeden Tag. Das sind die Selbstgespräche, von denen auch schon im Kapitel »Was uns wirklich antreibt« die Rede war: Wir stellen uns ständig Fragen und beantworten sie. Dabei ist die Qualität der Fragen maßgeblich für die Qualität der Antworten. Hier gehen wir noch einen Schritt weiter. Wir beschäftigen uns mit den Auswirkungen der Sprache auf unsere Selbstmotivation und wie wir sie gezielt nutzen können.

Sprache ist unendlich viel mehr als die bloße Aneinanderreihung von Wörtern zu Sätzen. Sprache ist ein Transportmittel: Sie bringt nach außen, was wir in uns haben. Wir steuern uns mit unseren Formulierungen, wie die folgenden Beispiele verdeutlichen.

2.4.2.1 Wie lang ist der Rhein?

Manchmal teile ich in einem Vortrag kleine Zettel aus und bitte die Zuhörer, sie so auszufüllen, dass es weder Nachbar noch Vorder- oder Hintermann sehen können. Danach sammle ich alle Zettel wieder ein. Auf allen steht Folgendes.

Bitte schätzen Sie die Länge des Rheins.

Ist er länger oder kürzer als ... Kilometer?

Bitte tragen Sie hier ein, wie Sie die Länge in Kilometer schätzen: ...

Was die Zuhörer nicht wissen, ist: Es gibt immer zwei Versionen des Blattes. Jeweils die Hälfte der Zuhörer bekommt Typ A, die andere Hälfte Typ B.
- Auf A steht: Ist er länger oder kürzer als 1.800 Kilometer?
- Auf B steht: Ist er länger oder kürzer als 800 Kilometer?

Nach all dem, was Sie mittlerweile über die Wirkungsweise unseres Filters wissen, ist es für Sie keine Überraschung zu hören, dass die Antworten im Schnitt völlig unterschiedlich ausfallen. Gruppe A schätzt den Rhein durchschnittlich um mehrere Hundert Kilometer länger als Gruppe B. Und das, obwohl fast allen klar ist, dass der Rhein wohl deutlich länger sein wird als 800 Kilometer und wohl deutlich kürzer als 1.800 Kilometer. Dabei ist doch nur eine Ziffer anders. Ganz spitzfindig formuliert: Nur eine 1 wurde hinzugefügt. Und das macht solch einen gewaltigen Unterschied? Ja, genau so ist es. Es gibt die wunderbare Formulierung: »Der Unterschied zwischen dem richtigen Wort und dem fast richtigen ist in etwa so groß wie der zwischen einem Blitz und einem Glühwürmchen.«

2.4.2.2 Hahnenwasser oder Taste of Paradise? Worte sind Decoder

Manchmal begrüße ich Seminarteilnehmer so: »Guten Morgen. Bevor wir anfangen, möchte ich sagen, dass wir heute ein riesiges *Problem* vor uns haben.« Dann verlasse ich den Raum, komme nach einer halben Minute wieder und sage: »Guten Morgen. Bevor wir anfangen, möchte ich gleich sagen, dass wir heute gemeinsam eine große *Aufgabe* vor uns haben«. Später diskutieren wir darüber. Es geht prinzipiell allen Teilnehmern und Menschen ähnlich. Allein das Wort »Problem« empfinden wir als unangenehm. Es löst Assoziationen aus wie unangenehm, schwer, schwierig, unlösbar, negativ, beladen, energielos, müde, hoffnungslos. Der Begriff »Aufgabe« löst viel positivere Assoziationen aus: Anpacken, Lösungen suchen, vorwärts, Hilfe suchen, lösbar.

Vielleicht spüren Sie es – hier wird auch Energie frei. Tatsächlich können Worte allein auch körperliche Reaktionen auslösen. Wer Zweifel hat, braucht sich bloß einmal in eine Vorlesung mit Studenten zu begeben. Dort herrscht meist die gewohnt gelangweilte Haltung vor. Kaum erwähnt der Professor, dass ein Inhalt »prüfungsrelevant« sei, geht ein spürbarer Ruck durch den Saal, die Studenten richten sich auf, werden aufmerksamer, wacher, energiegeladener. Ich gebe zu, dieser Effekt hält nicht lange an. Aber er sorgt für einen kleinen Adrenalinkick. Und das ist eine körperliche Reaktion.

Sie sehen: Worte haben eine ungeheure Kraft. Nicht nur auf andere Menschen. Vor allem auf Sie selbst. Wie Sie denken, wie Sie mit sich selbst umgehen, wie Sie sich für etwas motivieren.

Im Prinzip wirken Worte wie ein Decoder. Irgendwo auf der Welt steht beispielsweise ein Baum. Sie möchten dies jemandem mitteilen und sagen: »Dort steht ein Baum«. Jetzt hoffen Sie, dass der andere in seinem Kopf dieselbe Vorstellung hat wie Sie von dem besagten Baum, so dass Sie sich darüber unterhalten können.

Und mit den Worten an uns selbst, verhält es sich genauso: Je größer Ihr Wortschatz ist, desto mehr Möglichkeiten haben Sie, auf sich selbst einzuwirken. Es macht eben einen glühwurm-blitzmäßigen Unterschied in unserer Vorstellung aus, ob wir sagen, wir haben einen Baum oder eine Birke vor uns. Ebenso stellen wir uns unter einer Amsel etwas anderes vor als unter einer Meise. Wessen Wortschatz so mager ist, dass er das Tier lediglich als »Vogel« bezeichnet, kann seinem Gegenüber nur Allgemeineres mitteilen. Ebenso geht es uns mit unseren Gefühlen und der Fähigkeit, uns selbst zum Handeln zu motivieren. Je größer die sprachliche Vielfalt, umso stärker die Möglichkeiten, sich zu aktivieren.

Entsinnen Sie sich des GiGo-Prinzips: Was reinkommt, kommt auch wieder raus. Unseren Wortschatz erweitern wir beispielsweise beim Lesen guter Bücher. Und genau das tun Sie ja momentan.

Lassen Sie uns aber noch ein wenig beim Decoder-Thema bleiben: Ich sehe etwas, wandle es in ein Wort um und sage dieses Wort jemand anderem oder mir selbst. Dann wandle ich es in meiner geistigen Vorstellung wieder um in das, was es sein soll. So wird beispielsweise aus dem schönen Tier mit den langen Federn ein »Pfau«; und wenn ich dieses Wort zu jemandem sage, wandelt er das in sich wieder zu einer visuellen Vorstellung um. Dass bei diesem komplexen Prozess massenweise Fehler und Missverständnisse passieren, liegt auf der Hand. Möglicherweise hat der andere etwas komplett anderes im Kopf als wir.

Wir haben also etwas, das wir benennen wollen oder gar müssen und verwenden dafür Worte, mit denen wir es quasi etikettieren. Damit wird es noch deutlicher. Unsere Worte sind (wie) Etiketten. Ob Sie auf eine Flasche Wasser das Etikett »Edles Gletscherwasser – the Taste of Paradise« kleben oder handschriftlich »Hahnenwasser« darauf schreiben, macht einen Unterschied.

Auf genau diese Weise lassen sich auch unsere Erfahrungen und Empfindungen etikettieren. Für andere, aber auch für uns selbst. Und jetzt wird es spannend, denn hier können wir rasch eingreifen und durch andere Etiketten andere Empfindungen auslösen.

! **Beispiel: Sprache transportiert unsere Gefühle**

Kollege Zimmermann ist mal wieder krank. Eine Terminsache muss erledigt werden. Der Vorgesetzte bestimmt Jutta Elender, diese zu übernehmen. Kurz darauf klagt sie der gemeinsamen Assistentin im Vertrauen: »So ein Mist! Wie ich diese Abendarbeiten hasse. Und dann noch dieser gewaltige Druck mit dem Termin. Nur, weil der Zimmermann sich mal wieder krankschreiben lässt. Mir wird ganz übel, wenn ich nur daran denke, dass übermorgen Abgabe ist. Ich hasse das!«

Kaum kommt Jutta Elender nach Hause, klagt sie mit fast denselben Worten ihrem Lebenspartner ihr Leid. Was glauben Sie, welche Empfindungen kommen in ihr hoch? Natürlich – fast die identischen wie tagsüber. Sie hatte ja ihre unangenehmen Empfindungen im Büro mit ihren Worten und Empfindungen abgespeichert, und als sie diese Worte wieder hörte, wurde alles wieder originalgetreu etikettiert.

Das machen alle Menschen so. Tagtäglich. Ohne darüber nachzudenken. Und genau dort bietet sich die Chance anzusetzen. Da man als Außenstehender immer besser sieht, bleiben wir beim Beispiel von Jutta Elender. Was wäre aller Wahrscheinlichkeit nach eine klügere Etikettierung?

Hier einige Formulierungen zur Auswahl:
- »Das heißt mal wieder: Zwei Tage Augen zu und durch.«
- »Das wäre nicht meine favorisierte Lösung gewesen.«
- »Da neige ich dazu, mich innerlich ein wenig zu sträuben.«
- »Ober sticht Unter – da habe ich aber was gut.«
- »Mensch, da werde ich doch ziemlich ärgerlich.«

2.4.2.3 Was uns ein zum Tode verurteilter Engländer zu sagen hat

Es gäbe noch zahlreiche weitere Formulierungen. Haben Sie vielleicht bei der einen oder anderen gedacht, sie höre sich lächerlich an? Möglicherweise haben Sie Recht. Es kommt immer auf den Einzelnen an. Persönlich genieße ich Untertreibungen wie bei der zweiten Formulierung förmlich. Ich erkläre gleich, warum. Zuvor zwei Aussagen, die Sie bitte auf sich wirken lassen:

Aussage 1:
»Wahnsinn! Einfach Wahnsinn! Mein Chef piesackt mich bis zum Äußersten. Das ist nicht nur Schikane, das ist Mobbing! Jetzt verlangt er noch von mir ganz brutal, dass ich massig Überstunden schiebe. Vor allen anderen macht er mich zur Schnecke.«
Aussage 2:
»Es ist schon ungewöhnlich, finde ich. Mein Vorgesetzter ist nicht unbedingt gerade ein Sympathiebolzen. Auf seine unnachahmliche Art versucht er jetzt, mich zu etlichen Überstunden zu bringen. Dank bekomme ich dafür wohl eher nicht ...«

Sie bemerken natürlich den gewaltigen Unterschied: In Aussage 1 sind starke Gefühle in Wallung. Aussage 2 ist auf einer deutlich niedrigeren emotionalen Ebene angesiedelt. Das spürt jeder. Aber haben Sie auch bemerkt, dass es um ein und dieselbe Situation geht? Stellen Sie sich die Situation bitte einfach einmal vor, versetzen Sie sich in die Lage des Betroffenen – und fragen Sie sich, wer von beiden Sie lieber sein möchten. Der Mensch, der sich so aufregen muss? Oder der Mensch, der das Ganze scheinbar lässig an sich abtropfen lässt?

Nein, die Antwort darauf ist wieder nicht trivial. Auf diese Frage fallen etliche Antworten, wie z. B. »Aber ich *muss* mich doch aufregen!«, oder: »Da *will* ich doch meinen ganzen Ärger rauslassen«.

Wer allerdings länger darüber nachdenkt, neigt eher zu Aussage 2. Die ist nicht nur gesünder, sondern mittel- und langfristig auch günstiger für uns: Wir sind diplomatischer, haben einen offeneren Filter, suchen und finden bessere Lösungen und sind nicht nur gelassener, sondern auch für unsere Mitmenschen erträglicher.

Lässt sich das nun einfach so lenken und steuern? Ja, sehr einfach. Hier komme ich nochmals zu einem meiner Lieblingssätze von oben: »Das wäre nicht meine favorisierte Lösung gewesen.« Zugegeben, den habe ich mir als Jugendlicher aus irgendeiner Geschichte abgeschaut. In dieser Geschichte wird ein sehr feiner Herr, ein Engländer, zum Tode verurteilt. Als ihm das Urteil mitgeteilt wird, reagiert er mit: »Das wäre nicht meine favorisierte Lösung gewesen«. Natürlich ist das maßlos untertrieben, aber es offenbart einen gewissen Humor, selbst in Anbetracht des wohl unvermeidlichen Todes. Auch wenn er sich fürchterlich aufgeregt hätte, wäre sein Schicksal ja schließlich dasselbe geblieben.

! **Beispiel: Wie mir maßlose Untertreibung einen Auftrag rettete**

Die Anekdote mit dem zum Tode verurteilten Engländer habe ich bei großen Unannehmlichkeiten stets im Kopf. Anfang Januar 2015 fand eine einführende Kick-off-Veranstaltung bei meinem damals größten Kunden statt. Das gesamte Jahr war mit über 100 Trainingstagen für dieses Unternehmen gut geplant, alle Aktivitäten waren inhaltlich, zeitlich und organisatorisch aufeinander abgestimmt. Direkt nach der Einführungsrunde wurde ich in die Zentrale gebeten. Völlig überrascht erfuhr ich, dass der Vorstand sämtliche Weiterbildungen für 2015 gestrichen hatte. Diese eine Veranstaltung zu Jahresbeginn sollte die einzige Maßnahme fürs gesamte Jahr bleiben. Ich war schockiert. Vom erheblichen finanziellen Aspekt einmal abgesehen, hatte ich meine Trainer eingeplant und andere Aufträge abgesagt. Und mein Gegenüber verkündete die Streichung, als sei es das Selbstverständlichste auf der Welt. Ich hätte aus der Haut fahren können! Was aber sagte ich? Sie ahnen es: »Die Entscheidung des Vorstands wäre nicht meine favorisierte Lösung gewesen«. Daraufhin blickte mich mein Gegenüber eindringlich an, lächelte unvermittelt und meinte, plötzlich ganz menschlich: »Wissen Sie, meine auch nicht. Wir hätten das am liebsten mit Ihnen durchgezogen.« Mitte 2016 sah es in dem Unternehmen etwas lichter aus und es kam doch noch zu einer weiteren Zusammenarbeit. Wahrscheinlich wäre das nicht der Fall gewesen, wenn ich tatsächlich aus der Haut gefahren und meinem Unmut so richtig Luft verschafft hätte. Vielleicht wäre es mir dann zwar im Augenblick der Absage tatsächlich etwas bessergegangen, aber gelohnt hätte es sich nicht.

Der Nutzen ist jetzt klar. Nun geht es darum, wie wir uns so etwas angewöhnen können. Ich hatte ja gesagt, dass es sich einfach bewerkstelligen ließe. Dem ist auch so. Zuerst einmal müssen wir uns bewusst sein, dass man alles – ich betone: ALLES – in mindestens drei unterschiedlichen Wertungen ausdrücken kann. Beispielsweise wird den Schwaben manchmal nachgesagt, sie seien geizig. Das ist die negative Variante. Neutraler könnte man formulieren, Schwaben seien sparsam. Und ganz positiv lässt sich feststellen: Schwaben können gut mit Geld umgehen.

2.4.2.4 Alles lässt sich dreifach formulieren: negativ – neutral – positiv

Machen wir ein paar Tests gemeinsam. Dabei gilt es eines zu beachten: Manches empfindet der eine als lächerlich, während es dem anderen ein Schmunzeln und Nicken entlockt. Es geht nicht darum, wie solche Formulierungen bei anderen ankommen mögen; es geht darum, welche Wirkung das bei Ihnen auslöst. Nehmen Sie die von mir eingesetzten neutralen und positiven Varianten als Anregungen und schreiben Sie es daneben, wenn Ihnen etwas Besseres einfällt:

Negative Variante	Neutrale Variante	Positive Variante
fett	beleibt	zu klein für sein Gewicht
dumm	hat andere Fähigkeiten	nicht intellektuell abgehoben
voll im Stress	intensiv eingebunden	ganz schön gefordert
faul	macht das Nötigste	setzt seine Kräfte bewusst ein
Schwätzer	redet viel	sprachbegabt
lächerlich	ziemlich abwegig	könnte Körnchen Wahrheit enthalten

Und hier noch einige Begriffe, mit denen Sie üben können:

Negative Variante	Neutrale Variante	Positive Variante
Ausgelaugt		
Beziehungsmüde		
Demotiviert		
Unverzeihlich		
Anstrengend		

Mit ganzen Sätzen funktioniert das natürlich ebenso. Lassen wir die neutrale Variante beiseite und setzen eifrig den Sprachhebel an, dann wird aus:

- Ich fühle mich hundeelend. → Ich bin nicht in Höchstform.
- Ich bin völlig frustriert. → Ich fühle mich ein wenig geknickt.
- Das klappt ja nie. → Irgendwann schaffe ich das!

2.4.2.5 Manche Sprachmuster wirken wie negative Mantras

In einem Coaching sprach eine Teilnehmerin ständig von »Ich hasse das. Oh, wie ich das hasse!«. Sie betonte »hassen« so, als wäre tatsächlich etwas ganz Schlimmes passiert. Ihre Mimik nahm dabei einen verächtlichen Ausdruck an. Ihr Tonfall war emotional und laut. Es ging jedoch nicht um Serienmord oder Politik, sondern um ganz normale Arbeiten in ihrem beruflichen Alltag.

Wir machten uns gemeinsam an die sprachliche Differenzierung. Schnell wurde ihr klar, dass sie mit »hassen« ein viel zu intensives Wort für ihre beruflichen Alltagsschwierigkeiten gewählt hatte. Immer wenn sie dieses Wort verwendete, kamen natürlich auch die damit verbundenen Gefühle hoch, was schnell zu einem sich immer weiter hochschaukelnden Sagen-fühlen-sagen-fühlen-Kreislauf führte.

Im beruflichen Kontext fallen oft Worte wie okay, abarbeiten, aufreibend, Tretmühle, langweilig, mühsam, anstrengend, gestresst. Menschen nutzen ständig solche Formulierungen für sich. Zum einen stellt sich die Frage, ob diese ihren Empfindungen entsprechen, zum anderen darf bezweifelt werden, ob sie ihrer beruflichen Entwicklung und dem inneren Wohlbefinden zuträglich sind. Wie wäre es, wenn stattdessen Begriffe fallen würden wie leidenschaftlich, intensiv, aufregend, großartig, spannend, faszinierend, herausfordernd, atemberaubend, engagiert?

Der Philosoph Arthur Schopenhauer sagte einmal: »Das ganze Leben ist ein Pensum zum Abarbeiten«. Puh! Das erzeugt bei mir eine Gänsehaut, so unangenehm empfinde ich das. Da halte ich es lieber mit dem Autor Ronny Boch, der meinte: »Lebensfreude hebt selbst Kleinigkeiten ins Großartige«. Was für ein Unterschied!

Machen Sie sich diesen Umgang mit Worten immer wieder bewusst. Achten Sie auf Ihre Mitmenschen, so werden Sie feststellen, dass fast alle ihre mantragleichen Sprachmuster verwenden. Und wie steht es um Ihre eigenen Sprachmuster? Vielleicht neigen Sie, wie viele Ihrer Mitmenschen, dazu, negative Erlebnisse überdimensioniert darzustellen? Prüfen Sie, ob Ihre Worte zu Ihren tatsächlichen Empfindungen passen. Ist der verlorengegangene Auftrag wirklich eine Katastrophe? Oder ist es nicht eher Alltag, dass irgendwann einer der vielen Kunden abspringt? Können Sie daraus vielleicht etwas über Bestandskunden lernen, das Ihr Unternehmen weiterbringt? Sind Sie tatsächlich der Meinung, dass Ihre Chefin eine hysterische Zicke ist? Vielleicht hat sie auch nur die Angewohnheit, etwas lauter zu diskutieren? Oder vielleicht steht sie derzeit ja einfach nur unter großem Druck?

Ziel dieser Reflexion ist es nicht, jemand in Schutz nehmen oder verteidigen zu wollen. Es geht um Sie und darum, dass Sie sich sprachlich so ausdrücken, wie Sie es tatsächlich empfinden – bzw., wie es strategisch für Sie klug wäre. In den folgenden Abschnitten stelle ich Ihnen beliebte hinderliche Sprachmuster vor und zeige Ihnen, wie Sie sie in etwas Positives wandeln können.

Können frische Brötchen spektakulär sein?

Neigen Sie dazu, positive Ereignisse herunterzuspielen bzw. kleinzureden? Damit sind Sie nicht allein. Diese Neigung habe ich auch.

> **Beispiel** !
>
> Vor vielen Jahren zog ich einen großen Auftrag an Land. Als ich meiner Frau davon erzählte, spielte sich das ungefähr so ab: »Ach, Schatz – wir können dieses Jahr wieder in Urlaub fahren. Den Auftrag vom Unternehmen X habe ich jetzt endlich gekriegt.« Meine Frau reagierte recht euphorisch, worauf ich das in etwas gemächlicheres Fahrwasser lenkte: »Moment. Moment. Jetzt schauen wir erst mal. Das muss ja alles richtig geplant und dann auch durchgeführt werden. Die Qualität vor Ort ist immer das wichtigste. Da steckt massig Arbeit und Aufwand dahinter. Und ob das alles so hinhaut, weiß ich auch noch nicht. Machen wir es so: Wenn alles geschafft ist, öffnen wir eine Flasche Champagner.« Den Champagner haben wir nie getrunken, nicht in dem Jahr damals und auch nicht, als der gesamte Auftrag nach rund zwei Jahren abgeschlossen war. Rückblickend war mir klar, dass ich mich zwar riesig gefreut, aber mich gleichzeitig sprachlich eingebremst hatte. So geht es vielen Menschen: ein toller Abschluss in der Prüfung: »War auch wichtig.« – Haus gebaut: »Endlich geschafft!« – Beförderung: »Habe ich verdient.« – oder auf Komplimente, wie gut wir etwas gemacht haben: »War kein Problem.«

Schon erstaunlich: Positive Ereignisse werden sprachlich meist unter- und negative überbewertet. Kehren Sie den Spieß zu Übungszwecken doch einmal um. Kommt demnächst eine auch noch so kleine frohe Botschaft, etwa, dass der Brötchenservice ab nächster Woche nicht mehr nur zwei- sondern fünfmal ins Büro kommt, sagen Sie (sich): »Großartig! Das ist ja eine richtige Sensation. Fünf Mal! Also jetzt jeden Tag in der Woche! Super!« Klar, ist das übertrieben, eignet sich aber zum Testen ganz prima.

In Anlehnung an die Übung von oben, bei der wir aus negativen Formulierungen neutrale und, wenn möglich, sogar positiv ausgerichtete Wendungen gemacht haben, hier eine weitere Sprachfeilerei: Sie können Ihre guten Gefühle deutlich verstärken, indem Sie leicht positive oder neutrale Aussagen (noch stärker) positivieren.

Ein paar Beispiele:
- Ich habe das ganz ordentlich gemacht. → Das habe ich sensationell gemacht.
- Ich gehe gern tanzen. → Ich liebe es zu tanzen.
- Ich arbeite gern. → In meinem Beruf gehe ich vollkommen auf.
- Die Präsentation war nicht übel. → Das war eine spektakuläre Präsentation.
- Mir geht es gut. → Ich fühle mich wie im dritten Frühling.

! **Wichtig**

Wenn Sie etwas wirklich ganz ohne Untertreibung negativ finden, funktioniert diese Technik nicht. Das wäre zwar schön, aber unser Verstand lässt sich ganz so einfach nicht überlisten.

Agieren Sie als Sprach-Detektiv: Spüren Sie negative Muster auf

Zu den weiteren sprachlichen Mustern, die uns hinderlich sind, gehört das Verallgemeinern von Negativem. Dabei werden Dinge, die nicht auf Anhieb oder noch nicht so gut klappen, dargestellt als: »Das kann ich nicht«. (Funktioniert übrigens auch in Bezug auf andere: »Du kannst das einfach nicht.«) Egal ob neue Firmen-Software, Pauken einer Fremdsprache oder Präsentation vor dem Vorstand – »Das kann ich nicht« bedeutet: Das kann ich nicht, weder so noch anders und in alle Ewigkeit.

Manchmal begegnet mir dieses Sprachmuster bei Coachees, die ein schwieriges Gespräch mit ihrem Vorgesetzten führen sollen. Dann antworte ich meist recht beiläufig: »In Ordnung, stimmt. Das können Sie *noch* nicht, und gerade deshalb ...«. Spüren Sie den gewaltigen Unterschied? Mit dem Wörtchen »noch« habe ich gerade einmal vier Buchstaben hinzugefügt, und schon bekommt die Aussage eine ganz andere Richtung. Diese Methode wirkt übrigens auch bei Kindern verblüffend.

! **Beispiel**

Wenn der Schüler seufzt: »Ich kann Mathe einfach nicht!«, und der Lehrer antwortet mit: »Ja, stimmt – das kannst du *noch* nicht, und gerade deshalb ist es wichtig, dass du weiter so fleißig übst«, ist das ein Ansporn.

Auch uns bringt dieses »Noch« weiter. Probieren Sie es aus. Sagen Sie sich beispielsweise, wenn Sie mit einem Vorschlag aus diesem Buch nicht gleich warm werden: »Das klappt noch nicht so ...!«

In der politischen und beruflichen Welt ist es gang und gebe, Begriffe so einzusetzen, dass sie die Gedanken von anderen in die gewünschte Richtung lenken. Sicher kennen Sie das ein oder andere Beispiel. Aus der Krankenkasse ist längst die Gesundheitskasse geworden. Verteidigungsminister hört sich ungleich friedlicher an als die frühere Bezeichnung Kriegsminister. Beim Strategiespiel »Risiko« wurden Spielaufträge wie »Besetzen Sie alle Länder Europas und Afrikas« längst umformuliert in »Befreien Sie die Länder«. Auch im wahren politischen Leben gibt es keine Angriffskriege mehr – jeder verteidigt nur noch sein Land. Die Sekretärin nennt man Assistentin, den Berufsanfänger Junior Consultant, der Hausmeister wird zum Facility Manager ernannt. Entlassungen werden mit Outplacement umschrieben.

Profitieren auch Sie von dieser Methode: Spüren Sie negative oder sogar schädliche Sprachmuster auf und ersetzen Sie sie durch hilfreichere. Das fühlt sich anfangs ungewohnt und etwas seltsam an. Bleiben Sie trotzdem dran. Sie werden sehr schnell spüren, dass diese neuen Sprachmuster Ihre Vorhaben deutlich mehr fördern als die bisherigen. Stülpen Sie bitte nicht gleich Ihren gesamten Sprachschatz um. Fangen Sie mit einigen wenigen Formulierungen an und arbeiten Sie sich langsam weiter voran. Peu à peu gehen diese – noch neuen – Formulierungen in Ihren aktiven Sprachschatz über. Zugleich ersetzen Sie damit wenig hilfreiche Empfindungen durch günstigere, die Sie letztlich auch in einen selbstmotivierteren Zustand versetzen.

2.4.2.6 Metaphern und Analogien

In dem nun folgenden Abschnitt kombinieren wir die Ansätze der Visualisierung, die Sie oben kennengelernt haben, mit unserer Sprache. Dabei geht es um Bilder, die wir unbewusst in uns tragen und die sprachlich ab und zu an die Oberfläche kommen. Manche Menschen denken ständig in solchen Bildern und tun sie auch mit ihrer Sprache kund.

> **Beispiel** !
>
> Ganz besonders blieb mir eine hochrangige, extrem dominante Führungskraft in Erinnerung, die alles in dieser Hinsicht bislang Erlebte in den Schatten stellte. Von seinen Mitarbeitern sprach der Manager einmal so: »Die sind wie kleine Carrera-Autos und flitzen ihre Runden. Ab und zu muss ich mal eines runternehmen und wieder richten. Oder ganz rausnehmen. Manchmal hole ich auch ein neues und

setze es den anderen vor die Nase.« Über einen überqualifizierten Mitarbeiter sagte er: »Der ist wie ein Dinosaurier, den ich in eine viel zu kleine Garage stellen muss.« Und einen in seinen Augen zu aufgeregten Kollegen charakterisierte er: »Mir kommt der so vor, als renne er ständig über den Flur mit einer Warnweste an. Links und rechts auf seinen Schultern kleben Leuchtstreifen. Auf seinem Kopf ein Helm mit einer blinkenden Rundumleuchte und er reißt jede Flurtür auf und schreit »Alarm!« Als er in den Vorstand aufrückte, meinte er: »Das ist ein Haifischbecken«, und als er drei Jahre später zum Vorsitzenden wurde: »Jetzt bin ich der weiße Hai«. Ein ungewöhnlicher Mensch, der trotz seiner manches Mal etwas abwertend scheinenden Vergleiche beruflich sehr erfolgreich war und ist.

Nun haben allerdings die wenigsten Menschen solche sprachlichen Sinnbilder ständig auf Lager. Das geht mir ebenso. Jedoch habe ich mir ganz bewusst Metaphern zugelegt – was ich jedem Leser auch wärmstens empfehle: Schaffen Sie sich solche Bilder für die großen, wichtigen Themen in Ihrem Leben wie Arbeit, Familie, Finanzen, Gesundheit.

Bilder wirken – immer

Bevor wir uns auf die Suche nach für Sie hilfreichen Metaphern begeben, noch etwas zu deren Bedeutung. Eine Metapher ist nicht nur irgendein Bild. Eine Metapher setzt eine Bedeutung fest, die wir verbildlichen. Und dieses Bild ist meist so tief und fest und stark, dass es auch die stärksten rationalen Argumente nicht wegwischen können.

! **Beispiel**

Einer meiner Trainerkollegen ist im Gesundheitsbereich tätig. Das ist erstaunlich, wiegt er doch rund 160 Kilo und raucht wie ein Schlot. Einmal bekam ich mit, wie ihn eine Teilnehmerin ansprach, wie es denn käme, dass er als Vorbild sich so ungesund verhalten würde. Seine Antwort: »Wissen Sie – kein Wegweiser geht den Weg, den er weist.«

Wow! Das ist eine Metapher, gegen die der Zuhörer kaum andiskutieren kann. Da sieht man einen Wegweiser, der die richtige Richtung anzeigt, aber selbst im Boden feststeckt. Jede sprachliche Argumentation wäre angreifbar und zumindest diskussionswürdig. Aber dieses Bild des Wegweisers bleibt unverrückt.

! **Beispiele: Wie Metaphern wirken**

Ein ebenso intensives Bild bekam ich auf einer Firmenfeier in Esslingen bei Stuttgart vermittelt. Es herrschte eine ausgelassene Stimmung. Nur die Bedienungen waren seltsam scheu und verschüchtert. Auf Fragen gingen sie so gut wie nicht ein. Sie huschten von Tisch zu Tisch, schauten die Gäste nicht an. Zu später Stunde, als nur noch wenige Gäste anwesend waren, gesellte sich der Inhaber des Lokals zu uns. Irgendwann fragte ich ihn: »Sagen Sie mir doch bitte: Wie ist Ihre Führungsphilosophie?« Seine Antwort kam spontan: »Das ist klar: Ich habe hier eine Herde Schafe – und ich bin der Schäferhund.« Da war mir alles klar.

Noch ein Beispiel: Eine 44-jährige Frau in einer Führungsposition mit 150 Mitarbeitern fand nie Ruhe, konnte kaum Erfolge genießen, arbeitete fast rund um die Uhr. Die Frage nach ihrer Einstellung zur Arbeit beantwortete sie mit: »Selbst ein winziges Leck kann ein großes Schiff zum Sinken bringen.« Auch hier: alles klar!

Worte sind die mächtigste Droge: Entwickeln Sie eine Metapher für Ihr Leben
Ob ich mein Leben empfinde, als wenn im Bus ein Verrückter am Steuer sitzt oder dass ich selbst als Busfahrer Richtung und Tempo bestimme, ist ein Unterschied. Erkennen Sie, welche Bedeutung solche Metaphern haben?

Zweierlei lege ich Ihnen hier ans Herz.

1. Entwickeln Sie eine förderliche Metapher für Ihr gesamtes Leben. Ergänzen Sie dazu den Satz: »Mein Leben ist wie …«. Es dürfen ruhig ein paar ausschmückende Sätze dabei sein. Es bietet sich an, etwas zu nehmen, zu dem Sie einen Bezug haben. Sind Sie gern am Meer oder auf See, könnten Sie eine Seereise wählen, ein Segelschiff oder die Gezeiten. Spielen Sie ein Instrument, wählen Sie ein Orchester, eine Band, eine Trompete. Lieben Sie die Natur, kommt eine Blumenwiese ebenso in Frage wie Berge, ein Baum, ganze Landschaften.

> **Beispiel: Mein Leben ist ein Berg**
> Angenommen, Sie haben sich für die Berg-Metapher entschieden, dann könnten Sie Ihr Leben so beschreiben: »Mein Leben ist wie ein herrlicher Berg. Groß. Mächtig. Manchmal unüberschaubar. Manchmal sieht man den Weg ganz deutlich, dann wieder weiß man nicht, wie es nach der nächsten Krümmung weitergeht. Mal macht man Rast. Mal kommt man gut voran. Mal ist der Weg schmal und holprig, mal ist er breit und gut zu gehen.« Dies lässt sich noch weiter ausbauen, je nachdem, wie es Ihnen am besten hilft.

!

2. Dieselbe Vorgehensweise taugt auch für Teilbereiche Ihres Lebens. Haben Sie sich bezogen auf Ihre Arbeit bislang vielleicht »im goldenen Käfig« oder »in der Tretmühle« gefühlt oder wie Stromberg empfunden (»Arbeit ist wie Krieg«), können Sie nun mit der richtigen Metapher entscheiden, wie Sie sich lieber sehen möchten und was Ihnen ein deutlich selbstmotivierteres Gefühl gibt. Wie wäre es mit »Meine Arbeit ist ein Spiel«? Auch hier macht es einen Unterschied, an welches Spiel Sie denken: an ein Fußballspiel mit Fouls, Schiedsrichtern, die gelbe Karten zeigen, und Siegen in letzter Minute? Oder an ein Kartenspiel mit einem hohen Glücksfaktor, zu dem auch Mogeln gehört?

> **!** **Beispiel-Metaphern für den Lebensbereich »Arbeit«**
>
> Hier ein paar Ideen für den Lebensbereich »Arbeit«, die Sie selbst weiter ausschmücken können:
>
> Arbeit ist wie ...
>
> - Aspirin,
> - eine Zwiebel,
> - Medizin,
> - das Mensch-ärgere-dich-nicht-Spiel,
> - ein Film,
> - ein Garten,
> - Autofahren,
> - Fitnesstraining.

Um es mit dem sprachgewaltigen Dschungelbuch-Autor Joseph Rudyard Kipling zu sagen:

> *»Worte sind die mächtigste Droge, welche die Menschheit benutzt.«*

Dem stimme ich uneingeschränkt zu. Worte, Sprache, insbesondere Metaphern können uns grenzenlos begeistern oder entmutigen. Sie wirken am besten, wenn wir sie so verinnerlichen, dass wir bewusst gar nicht mehr an sie denken. Dann arbeiten sie für uns permanent im Unterbewusstsein. Dann setzen sie sich – siehe Filter und Autopilot – ganz automatisch und pausenlos für unsere Belange ein.

Etwas anders funktioniert unsere Körpersprache, wie Sie sogleich sehen werden.

2.4.3 Selbstmotivierter auftreten: unsere Körpersprache

Mittlerweile fast schon eine Binsenweisheit: Unser äußerer Zustand verrät, wie es in uns drinnen ausschaut. An unserer Körperhaltung, Mimik und Gestik, Stimme und Sprache lässt sich recht gut erkennen, wie es uns geht. Denn der innere Zustand verknüpft sich unmittelbar mit dem äußeren.

> **!** **Beispiel**
>
> Betrachten wir einen typisch depressiven Menschen. Vielleicht kennen Sie sogar jemand, dann stellen Sie ihn sich bildlich vor. Depressive bewegen sich langsamer, zeigen kaum oder nur kleine Gesten. Ihre Stimme ist leise und monoton, die Mimik ist ausdruckslos, starr. Kein Blickkontakt. Der innere Zustand spiegelt sich deutlich nach außen. Nicht nur Therapeuten und Ärzte, viele Menschen können dieses charakteristische Verhaltensmuster einschätzen.

Samy Molcho, der Großmeister der Körpersprache, hat mittlerweile ganze Generationen gelehrt, diese Verbindung zu erkennen und andere Menschen gekonnt einzuschätzen.

Nur die wenigsten wissen, dass dieser Effekt auch umgekehrt wirkt – dass sich unser äußerer Zustand auch auf den inneren auswirken kann. Diesen Zusammenhang können wir für unsere Selbstmotivation nutzen wie einen Ein-/Aus-Schalter. Legen wir also eine kraftvolle, motivierte Körperhaltung an den Tag, reagiert unser Inneres und passt sich dieser Körperhaltung an – wir werden also motiviert(er).

Das geht so rasch und einfach, dass es einem manchmal fast »zu billig« vorkommt: »Wenn das so locker geht, kann es ja nicht klappen«. Doch, es kann! Erinnern Sie sich an die Als-ob-Methode.

Schon minimale Korrekturen der Körperhaltung können unsere Gefühle kolossal verändern. Beobachten Sie andere Menschen: Das kleine Mädchen, das den Weg entlang hüpft – meinen Sie, es hat traurige Gedanken? Menschen in der U-Bahn, die mit gesenktem Kopf und hängenden Schultern dasitzen – ob sie sich gerade in einem euphorischen Stadium befinden? Nicht von ungefähr heißt es: »Lass den Kopf nicht hängen!«

> **Beispiel**   **!**
>
> Hierzu gibt es eine Mini-Geschichte bei Charlie Brown von den Peanuts. Der erklärt einem Mädchen: »Wenn du deprimiert bist, ist es ungeheuer wichtig, eine ganz bestimmte Haltung einzunehmen. Das Verkehrteste, was du tun kannst, ist aufrecht und mit erhobenem Kopf dazustehen, weil du dich dann sofort besser fühlst. Wenn du also etwas von deiner Niedergeschlagenheit haben willst, dann musst du so dastehen ...«.

Wie Körpersprache unsere Hormone beeinflusst

Amy Cuddy, forschende Psychologin an der Harvard-Universität, ging der folgenden interessanten Frage nach: Fühlen wir uns automatisch kraftvoller und motivierter, wenn wir gezielt selbstmotivierte Körperhaltungen einnehmen? In ihrer Studie bat sie Versuchsteilnehmer, zweimal kurz hintereinander für jeweils eine Minute verschiedene Haltungen einzunehmen: zunächst zwei unmotivierte Haltungen, sie nannte sie Low-Power-Posen; dann zwei äußerst selbstmotivierte Haltungen, die sog. High-Power-Posen.

- High-Power-Posen sind z. B. ein selbstbewusster Stand, raumgreifende Gesten, eine offene Körperhaltung.
- Low-Power-Posen sind das Gegenstück mit den Merkmalen der oben dargestellten depressiven Haltung: hängender Kopf, hängende Mundwinkel, hängende Schultern.

Die Ergebnisse waren eindeutig. »High-Power-Poser« fühlten sich stärker und sicherer. Dieses Fühlen ließ sich anhand von Blut- und Hormonwerten nachweisen. Hormone sind körpereigene Botenstoffe, die unsere Stimmungslage sowie unser Verhalten stark steuern. Das Hormon Testosteron etwa ist unter anderem verantwortlich für Selbstvertrauen und Motivation. Viel Testosteron = hohe Selbstmotivation, könnte man es simpel formulieren. Das Hormon Cortisol steuert den Stress – je mehr wir davon im Blut haben, desto gestresster fühlen wir uns. Ideal wäre also, viel Testosteron und wenig Cortisol im Blut zu haben; dann wären wir in der optimalen Verfassung: hoch motiviert und gleichzeitig sicher und ruhig.

Genau diese optimale Hormonmischung wiesen die High-Power-Studienteilnehmer von Amy Cuddy auf. Ergebnis ihrer Studie: Die Körpersprache beeinflusst den Hormonhaushalt und damit Stimmung und Motivation – völlig unabhängig davon, wie man sich zuvor gefühlt hat. Fast überflüssig zu erwähnen, dass bei den Low-Power-Posern der gegenteilige Effekt eintrat.

Es gibt zahlreiche weitere Untersuchungen. Alle kommen zum selben Ergebnis: Wollen Sie schnell und sicher in einen selbstmotivierten Zustand kommen, nehmen Sie eine entsprechende Körperhaltung ein. Bewegen Sie sich eine Weile mit dieser Ausstrahlung und Ihr SML wird deutlich ansteigen. Um es mit William James zu sagen, einem der Begründer der modernen Psychologie:

>>*Ich tanze nicht, weil ich fröhlich bin, sondern ich bin fröhlich, weil ich tanze.*<<

Diese Rückkopplungswirkung von der Körperhaltung auf die Psyche gehört übrigens zu den Methoden, die sog. Motivationstrainer in Großveranstaltungen anwenden. Sie lassen beispielsweise Hunderte Zuhörer aufstehen, sich abklatschen, fröhlich begrüßen oder zum Rhythmus einer anregenden Musik stampfen und singen. Die Trainer wissen genau, dass sich nach diesen kurzen Zwischenübungen in High-Power-Posen kaum einer mehr schlecht fühlen kann. Und je besser die Stimmung, desto eher die Zustimmung ...

2.5   Zusammenfassung

Im ersten Kapitel haben wir uns damit beschäftigt, wie die Art und Weise des Denkens unsere Selbstmotivation steuert und welchen Denkfallen wir aufsitzen können. In Kapitel 2 haben Sie erfahren, wie sich diese Fallen vermeiden lassen und wie wir uns in eine hilfreichere Ausrichtung bringen können. Dabei haben wir uns mit dem Prinzip der Selbstwirksamkeit auseinandergesetzt, insbesondere mit der Kombination aus Placebo-Effekt und engagiertem Denken. Wir haben festgestellt, dass Selbstmotivation immer auf ein bestimmtes Ziel gerichtet sein muss ist und wir uns jedes Mal aufs Neue dafür – oder dagegen – entscheiden müssen. Am lohnenswertesten ist es, wenn wir uns in unserem sog. Verantwortungsbereich engagieren; dort haben wir die Macht, Dinge nach unserem Wunsch zu gestalten. Die Entscheidung für selbstmotiviertes Handeln haben wir als Selbstverpflichtung bezeichnet und einige grundlegende Voraussetzungen dafür kennengelernt. Haben wir uns zu einem Vorhaben entschlossen, können wir dazu übergehen, unsere Motivation grundlegend so auszurichten, dass sie in unserem Unterbewusstsein zum Automatismus wird: über unseren Filter sowie mithilfe eines aktiven Stimmungsmanagements und insbesondere dank der Veränderung unserer Gedanken, Sprache und Körperhaltung.

3 Wie wir ins Handeln kommen

Dieses Kapitel beschäftigt sich mit vier elementaren Erkenntnissen, die sich methodisch zur Schaffung eines beständig hohen SML nutzen lassen.

- Zunächst geht es um das Leben in der »Wohlfühl-Oase«. Wir haben es uns dort gemütlich gemacht und betrachten ganz entspannt, wie das Leben draußen vorbeizieht. Die meisten Menschen wissen instinktiv, dass es Sinn machen würde, diese Oase zu verlassen – sie schaffen es aber oft nicht (mehr). Oder sie gehen raus und kommen schnell wieder zurück, weil es draußen zu anstrengend ist. Sie lernen Impulse kennen, die Ihnen das Verlassen der Wohlfühl-Oase einfacher machen.
- Das zweite Kernthema in diesem Kapitel erläutert, weshalb wir uns so oft von aktuellen Themen beherrschen lassen und damit kaum mehr Zeit und Kraft für das langfristig wirklich Wichtige finden. Warum vernachlässigen Menschen ihre Gesundheit, ihre Familie, ihre berufliche und persönliche Weiterentwicklung? Wie können sie es besser machen?
- Ein Erfolgsrezept liefert das dritte Thema dieses Kapitels: Motivaction. Sein Name ist Programm, denn wir wandeln unsere Motivation um in »Action«, in TUN, in Handeln. Diese Fähigkeit zählt schlussendlich. An unserem 80. Geburtstag wird in den Festreden nicht die Sprache sein von all dem, was wir versucht haben – sondern von unseren tatsächlichen Erfolgen und Leistungen. Dieses Kapitel macht Ihnen den Startschuss für Ihre Vorhaben leichter und schafft die Voraussetzungen fürs Durchhalten.

Dann geht es auch schon über zum vierten und letzten Kernthema: Legen Sie Ihre Ziele mit der Glücksformel so fest, dass Ihre Erfolgsaussichten extrem hoch sind.

Sind Sie bereit?

3.1 Die immense Anziehungskraft der Wohlfühl-Oase

Man kann es fast nicht mehr hören: »Die müssen endlich raus aus ihrer Komfortzone!« Unter Managern zählt dieser Satz mittlerweile zum Standardrepertoire, wenn sie ihre Mitarbeiter zu mehr und schnellerer Arbeit antreiben wollen. Mannschaftstrainer im Sport stimmen in dieses Credo ebenso ein wie viele Eltern bei der Erziehung ihrer Kinder. Unterschwellig klingt bei diesem Satz immer auch durch, die Angesprochenen seien schlicht zu faul. Sie sollen gefälligst mehr tun, sich mehr anstrengen.

> **!** **Beispiel: Der »typisch schwäbische Unternehmer«**
>
> Es ist tatsächlich immer noch häufig so, dass sich ein (schwäbischer) Unternehmer pudelwohl fühlt, wenn er abends hundemüde und völlig geschafft ins Bett fällt. Dann weiß er, dann spürt er, dass er etwas geleistet hat. War er dagegen auf dem Golfplatz, hat er entspannt und vielleicht lockerleicht mit Geschäftsfreunden zu Mittag gegessen – dann geht er abends mit einem ungeten Gefühl ins Bett, obwohl er vielleicht beim Golfen einen neuen Kunden gewonnen und beim Mittagessen das Qualitätsproblem in der Fertigung gelöst hat.

Es geht nicht darum, Faule hinter dem Ofen hervorzulocken. Schon gar nicht sich selbst. Es geht um viel mehr. Es geht um – Sie wissen es bereits, wenn Sie das erste Kapitel gelesen haben: ein erfülltes Leben. Um das, was uns wirklich wichtig ist. Dazu müssen wir uns nicht abschuften. Die Zauberformel lautet, wie bereits erwähnt, »work smart, not hard«. Aber wir müssen aktiv sein und etwas für unsere Vorhaben tun. Konstant und nachhaltig, wie es heute so schön heißt. Einfacher gesagt, als getan. Wir neigen dazu, uns lieber bedienen zu lassen, statt selbst etwas zu tun. Die Aktivitäten der Dschungelcamp-Insassen sind spannender als die eigenen. Beim Beachvolleyball zuzuschauen und einen Latte Macchiato zu trinken genügt völlig. Wozu also selbst mitspielen und sich anstrengen? Schwierigkeiten mit dem neuen Kunden? Der Chef wird's schon richten. Denken Sie an den Interessensbereich (siehe Kapitel »Die drei Ebenen der Wirksamkeit«): Oft klagen wir über etwas, das wir nicht ändern können, und tun nichts in den Bereichen, in denen wir etwas verändern könnten.

Na ja, manchmal tun wir doch etwas, zumindest ein bisschen: Wir machen einen zögerlichen Schritt nach vorn und zwei große Schritte rückwärts bei Gegenwind. Dabei wäre so vieles möglich, wenn wir uns richtig ins Zeug legen würden.

3.1.1 Planen Sie niemals Ihre Karriere – planen Sie Ihre Selbstmotivation

Kaum jemand gibt noch sein Bestes, und damit meine ich: wirklich sein Bestes. Das gilt in allen Lebenslagen. Okay, beim Hobby ist das manchmal anders. Wer einen Marathon läuft, geht dabei an seine Grenzen. Wer kegelt, gibt alles, um abzuräumen. Aber sonst? Wir gehen kaum (mehr) an unsere Grenzen. Dazu müssten wir uns auf eine Sache voll und ganz einlassen. Allerdings schrecken wir davor jedoch meist zurück, weil wir uns *bewusst* (da ist es wieder, dieses wichtige Wort aus dem ersten Kapitel) entscheiden müssten. Für oder gegen etwas. Aber entscheiden. Bewusst. Und jede Entscheidung für etwas bedeutet, sich von allen anderen Optionen zu trennen, notfalls vom jetzigen Arbeitsplatz, vom Lebenspartner, von lieb gewonnenen Gewohnheiten, vom allabendlichen

Fernsehtermin. Da warten wird doch lieber ab und vertagen. Will ich ein dauerhaft selbstmotiviertes Leben führen? Will ich durchhalten, wenn es schwierig und anstrengend wird? Will ich mein Bestes geben? Die Antworten auf all diese Fragen fordern: eine Entscheidung dafür oder dagegen. Sie merken schon: Das Commitment-Kapitel steht nicht zufällig so weit vorn.

> **Beispiel** !
>
> Ein paar Mal im Jahr arbeite ich mit Gruppen junger Menschen, mit Azubis, Studenten, Berufsanfängern. Meist sind die Teilnehmer um die 20 Jahre alt. Irgendwann konfrontiere ich sie mit der Frage: »Möchten Sie tatsächlich die nächsten rund fünf Jahrzehnte – 50 Jahre! – Ihres Lebens im Beruf Ihr Bestes geben? Jeden Tag?« Meist löst diese Frage anfänglich etwas Frustration aus. 50 Jahre! Was für eine Dimension – was für eine Zeitspanne! Wie soll man es bloß schaffen, über eine so lange Zeit stets selbstmotiviert seinen Aufgaben nachzugehen? Doch der Frust schlägt recht schnell in produktivere Gedanken um: »Was wäre denn die Alternative? Immer nur unmotivierte Leistungen bringen?«, oder: »Wie schaffe ich das denn sonst? Wenn ich nur des Geldes wegen arbeite, klappt das nie – da brauche ich etwas Größeres.«

3.1.2 Die Duschhebel-Methode

Oft ist es für junge Menschen ein ebenso neuer wie verblüffender Gedanke, wenn ich ihnen empfehle: »Planen Sie nicht Ihre Karriere – planen Sie Ihren SML.« Diese Gedanken zielen genau in die richtige Richtung. Schlussendlich läuft es darauf hinaus, sich für ein aktives, selbstmotiviertes Leben zu entscheiden. Fälle ich diese Entscheidung nicht, lasse ich also alles auf mich zukommen, ist dies gleichbedeutend mit einer Entscheidung dagegen. Allerdings gibt es einen wesentlichen Unterschied zwischen bewusstem und unbewusstem Entscheiden: Entscheiden wir uns bewusst, übernehmen wir stets Verantwortung. Im Kleinen für das, was wir uns gerade vornehmen. Im Großen für unsere Gesundheit, unsere Beziehungen, unsere Selbstmotivation – für unser Leben. Ich weiß, das hört sich richtig groß an. Und das ist es auch. Psychologisch bedeutet eine bewusste Entscheidung immer, das Gefühl zu bekommen, (wieder) Kontrolle auszuüben. Wir sind dann den Umständen nicht mehr ausgeliefert. Wir tun selbst etwas.

Tun Sie sich schwer bei Entscheidungen, rate ich Ihnen zur bewährten Leg-den-Duschhebel-um-Methode. Vielleicht kommt Ihnen das bekannt vor: Sie stehen unter der Dusche und wollen abschließend kalt duschen. Vorsichtig schieben Sie den Duschhebel nach links zum blauen Zeichen. Das Wasser wird etwas kühler. Es fühlt sich schon nicht mehr so angenehm an. Schnell ziehen Sie den Hebel zurück nach rechts und sofort rieselt wieder wohlig warmes Wasser über Ihren

Körper. Das wiederholen Sie noch das ein oder andere Mal, bis Sie entscheiden, dass heute nicht der richtige Tag ist, um kalt zu duschen.

Mit der Leg-den-Duschhebel-um-Methode passiert das nicht: Haben Sie sich entschlossen, kalt zu duschen, atmen Sie tief ein, halten Sie die Luft an – und legen Sie den Duschhebel in einem Schwung bis zum Anschlag nach links. Eiskalt. Brrrr … Brausen Sie sich zehn Sekunden ab und wiederholen Sie das noch zweimal. Es geht von Mal zu Mal einfacher. Vor allem: Es klappt und ist nur ein ultrakurzer Moment der Überwindung. In dem Augenblick, in dem Sie den Hebel umlegen, haben Sie sich entschieden und gleichzeitig auch schon gehandelt. Das ist eine ausgezeichnete Art, diese Vorgehensweise zu üben. Wie oft zaudern und zögern wir, schieben unsere Entscheidungen auf oder lassen sie uns von anderen abnehmen oder gar die Zeit entscheiden? Probieren Sie mal die Leg-den-Duschhebel-um-Methode. Oder, falls Sie hochtrabendes Neudeutsch bevorzugen: Gehen Sie über den »Point of No Return«. Das ist der Punkt, ab dem es kein Zurück mehr gibt. Dann können Sie nur noch vorwärts.

3.1.3 Energiesparen liegt in der menschlichen Natur

Vorwärtsstürmen ist anstrengend, keine Frage. Der Mensch neigt eben dazu, Anstrengungen aus dem Weg zu gehen. Schon Ralph Waldo Emerson, ein amerikanischer Philosoph des 19. Jahrhunderts, wusste:

> *»Die Menschen streben nach Bequemlichkeit.*
> *Doch Hoffnung gibt es nur für diejenigen, die unbequem leben.«*

Wenden wir uns zunächst dem Streben nach Bequemlichkeit zu. Es liegt in der Natur des Menschen. Unser gesamtes Körper-Geist-System ist darauf ausgelegt, Energie zu sparen für Augenblicke, bei denen es auf diese Energie ankommt. Das ist evolutionär bedingt. Wer sich in der Steinzeit als Jäger unnütz verausgabte, konnte dem hungrigen Rudel Säbelzahntiger nichts mehr entgegensetzen. Wer dagegen ausgeruht und kraftvoll war, konnte noch rasch auf den nächsten Baum flüchten oder sich mit kräftigen Steinaxt-Hieben verteidigen – und danach, zurück in der Höhle, seine Gene weitergeben. Wir sind also die Nachkömmlinge jener urzeitlichen Jäger, die ihre Energie klug einzusetzen wussten.

Heute ist Energiesparen immer noch eine wichtige Eigenschaft. Wir müssen uns zwar nicht mehr wilder Tiere erwehren, allerdings müssen wir unsere Energie, unsere Aufmerksamkeit, unsere Willensstärke fokussieren auf das, was (uns) wichtig ist – sonst verschwenden wir unsere Kraft an Unwichtiges und haben keine mehr, wenn es darauf ankommt.

Deshalb gilt es den Reflex, nichts oder möglichst wenig zu tun, zu überwinden oder zumindest in eine andere Richtung zu lenken. Doch dieser Reflex ist ziemlich ausgeprägt. Wir schonen überall unsere Kräfte: Fernbedienungen, Rolltreppe, elektrische Helferlein vom Fensterheber im Auto bis zur Zahnbürste. Statt zum Kollegen ins Nachbarbüro zu gehen, schreiben wir ihm eine Mail.

3.1.4 Wie die Wohlfühl-Oase wirkt

Beispiel

In einem Unternehmen dufte ich 55-jährige Führungskräfte mit einem Abschieds-Workshop in ihren Ruhestand verabschieden. Ich stellte die Frage: »Was machen Sie in den nächsten drei Jahren nach Verlassen des Unternehmens?« Der Tenor der Antworten: »Wenn ich hier fertig bin, mache ich nicht nur nichts mehr – dann mache ich gar nichts mehr!«

Zugegeben, mit der Einstellung aus dem Beispiel lässt sich viel Energie sparen. Aber wofür? Wie wird es einem Rentner vermutlich ergehen, wenn er die nächsten Jahre tatsächlich »gar nichts mehr« macht? Wenn er sich jahrelang gehen lässt, sich keinen Anforderungen mehr stellt, sich nicht mehr anstrengen will? Die Neuro-Wissenschaftler sind sich einig, dass es entscheidend ist, ständig neuen Herausforderungen zu begegnen, wenn man geistig und körperlich auf der Höhe bleiben will.

Sie merken: Es würde schon Sinn machen sich anzustrengen. Zumindest ab und zu. Zumindest für die wirklich wichtigen Themen. Aber wie schaffen wir das? Und zwar nicht nur in einer Einmal-Hauruckaktion, sondern regelmäßig?

Dazu passt das Modell der Wohlfühl-Oase trefflich. Es gibt etliche andere Namen: »Meine kleine, heile Welt«, »Bequemlichkeitszone«, »inneres Wohnzimmer«, und die Fachliteratur spricht oft von der »Komfortzone«. Diesen Begriff hat man auch in der Managementwelt übernommen. Allerdings polarisiert »Komfortzone«, zudem ist sie in der Literatur nicht einheitlich beschrieben. Bei Mitarbeitern ist dieser Begriff meist ziemlich verbrannt und negativ besetzt. Nennen wir sie deshalb hier die Wohlfühl-Oase. Doch was ist damit gemeint? Eines meiner Lieblingsbeispiele führt es Ihnen vor Augen.

! **Beispiel: Die Wohlfühl-Oase im Fernsehsessel**

Freitagabend, 20.15 Uhr, vor dem Fernseher. Es läuft »Wer wird Millionär?«. Auf dem Beistelltisch stehen Chips und Flips, Cola, Wein und Bier. Ich sitze in bequemer Halbhöhenlage, also tief in den Sessel gekuschelt, die Füße auf dem Hocker ausgestreckt. Das perfekte Bild einer Wohlfühl-Oase. Hier ist es bequem. Hier ist es ruhig. Angenehm. Hier finden sich Bekanntes, Rituale, Sicherheit, Routine, Alltag. Da fühle ich mich wohl, entspannt, ausgeglichen. Und ich habe sogar ein klein wenig Erfolg. Beispielsweise, wenn ich die 32.000-Euro-Frage lösen kann – in dieser Größenordnung spielt sich mein Erfolg ab.

Wählen wir einen größeren Rahmen: Die Wohlfühl-Oase ist ein Bereich, den wir gut kennen, in dem wir uns sicher fühlen, in dem wir kaum Energie aufwenden müssen. Wichtig schon an dieser Stelle: Dieser Bereich ist höchst individuell. Der eine fühlt sich noch wohl, wenn er mit Haien taucht und mit dem Fallschirm aus dem Flugzeug springt; der andere ist schon weit außerhalb der Wohlfühl-Oase, wenn er nur mal einen fremden Menschen ansprechen soll. Das ist so, weil die Grenzen, wo das sichere Gefühl aufhört und die Überwindung beginnt, bei jedem unterschiedlich verlaufen. Ein Überschreiten dieser Grenzen verursacht ein mulmiges Gefühl, weil man das gewohnte Umfeld verlässt. Womit wir beim »Außerhalb« sind. Finden wir innerhalb unserer Wohlfühl-Oase kuschelige Begriffe wie Sicherheit und Bequemlichkeit, so liegt außerhalb das Gegenteil: Stress, Ärger, Unbekanntes, Neues, Veränderung, Risiko, Probleme, Unsicherheit, Angst; dort ist es unbequem, unruhig, unangenehm. Stellen wir es in einer Zeichnung dar, ergibt sich folgendes Bild:

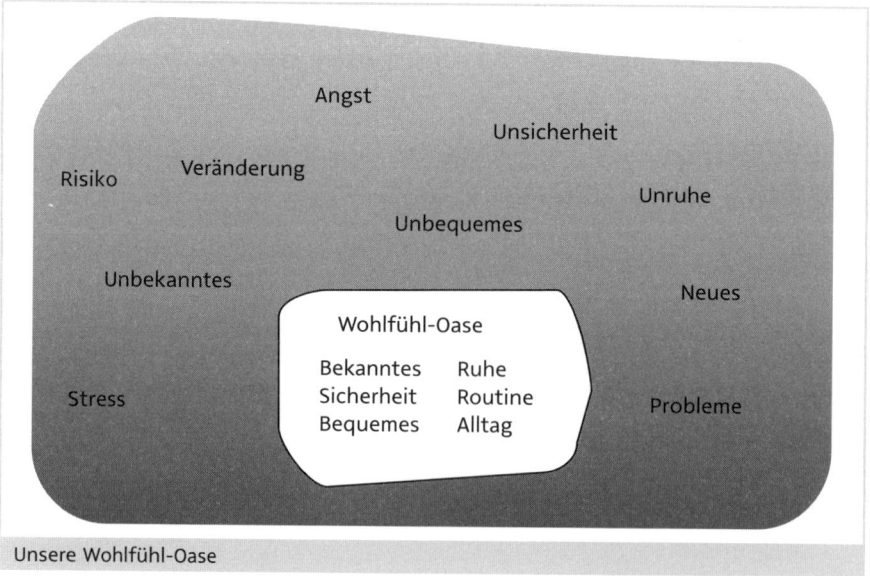

Unsere Wohlfühl-Oase

Die Begriffe, die hier geschrieben stehen, treffen auf die meisten Menschen zu, aber nicht auf alle. Wie gesagt, jeder hat seine eigene, individuelle Wohlfühl-Oase. Was sich bei dem einen weit außen befindet, kann beim anderen mittendrin sein.

3.1.4.1 Die 30-Sekunden-Übung

Um einen Grundgedanken herauszukristallisieren, bitte ich Sie, sich auf die folgende kleine Übung einzulassen. Sie dauert gerade einmal eine Minute.

Reflexion: Was erfüllt Sie mit Stolz?

Lesen Sie diese Anleitung, legen Sie dann das Buch zur Seite und lassen Sie sich auf das Gedankenexperiment ein. Sie brauchen dazu nicht mehr als eine Minute der Ruhe. Denken Sie in dieser kurzen Zeit darüber nach, wie Ihr Leben bis heute verlaufen ist. Lassen Sie es im Zeitraffer ablaufen.

Und jetzt kommt die eigentliche Aufgabe: Halten Sie gedanklich die Ereignisse fest, auf die Sie stolz sind, also all das, was Sie geschafft haben: persönlich, beruflich, gesundheitlich, was auch immer. Vielleicht haben Sie eine Krise gemeistert, einem in Not geratenen Freund geholfen, eine Beziehung gerettet, etwas geschafft, was keiner für möglich hielt, oder Sie sind in einer Sache viel weitergekommen als Sie anfangs dachten. Fragen Sie sich also:

- Was habe ich alles schon in meinem Leben geleistet?
- Welche Krisen habe ich bewältigt?
- Worauf bin ich stolz?

Haben Sie darüber nachgedacht, beantworten Sie bitte noch diese Frage:

Mussten Sie für das, auf das Sie stolz sind, raus aus Ihrer Wohlfühl-Oase, oder haben Sie es hinbekommen, ohne diesen Bereich zu verlassen?

Die Antwort auf die letzte Frage empfinden die meisten als absolut verblüffend. Ich nehme an, es ergeht Ihnen ebenfalls so: Alles, worauf Sie stolz sind, haben Sie außerhalb Ihrer Wohlfühl-Oase erreicht. Etwas verallgemeinert können wir als psychologisches Gesetz feststellen: Je mehr Anstrengung eine Sache erfordert, desto mehr wert ist sie uns«. Oder, um es umgekehrt auszudrücken: Alles, was wir ohne Anstrengung quasi geschenkt bekommen, ist uns weniger wert als das, was wir uns hart erarbeiten müssen.

Bei den alten Wikingern galt der Leitspruch:

»Schwere See stärkt die Arme unserer Ruderer,
und der Sturm bringt uns schneller ans Ziel.«

Wahrscheinlich ahnen Sie bereits, wohin ich Ihre Gedanken lenken möchte: »Wenn ich etwas erreichen will, das mir wichtig ist, dann muss ich raus aus meiner Wohlfühl-Oase!« Genau. Nur ist der Gedanke komplexer, als er anfänglich scheint – und es ist definitiv *nicht* so, dass wir uns beständig außerhalb aufhalten sollten oder gar müssten. Im Gegenteil. Aber dazu später.

Der Bereich außerhalb wird auch als Wachstumsbereich bezeichnet. Und das liegt auch auf der Hand: Bei Chips und Flips und »Wer wird Millionär?« hat noch kaum jemand seine Persönlichkeit weiterentwickelt. Das geht eben nur mit Anstrengung, und die liegt außerhalb. Nur außerhalb können wir wachsen, persönlich vorankommen. Nur dort finden wir die so wichtigen Herausforderungen, die wir meistern können und nach deren Bewältigung wir uns gut fühlen. Das ist Selbstbestätigung pur.

3.1.4.2 Wenn die Oase zur Falle wird

Denken Sie nochmals zurück an den 55-jährigen Frührentner, der sagte: »Ich mache dann gar nichts mehr«. Angenommen, der würde tatsächlich gar nichts mehr machen, wie sähe es dann aus mit seiner Psyche? Woher bekommt er Bestätigung von außen und von sich selbst? Worauf könnte er stolz sein, oder wann könnte er zumindest noch sagen: »Das habe ich gut gemacht?«

Lassen Sie uns den Personenkreis ein wenig erweitern weg von Frührentnern, denn es betrifft uns alle. Gerade im Berufsleben treffen wir doch häufig auf die beiden Killerargumente: »Das haben wir schon immer so gemacht«, und: »Das haben wir noch nie so gemacht«. Was nichts anders bedeutet als: bloß keine Veränderung. Bloß nicht raus aus der Bequemlichkeitszone. Falls Sie meinen, diese Aussagen wären nicht zu toppen, liegen Sie falsch. Vor Kurzem stieß ich auf einen Mitarbeiter, der auf eine geplante Veränderung mit der Aussage reagierte: »Das haben wir schon immer noch nie so gemacht«.

Im Beruf ist klar, wohin dies führt. Es führt ohne Umwege in den Stillstand. Und was bedeutet das für uns selbst? Was passiert, wenn wir uns den kleinen und großen Herausforderungen nicht mehr stellen? Wenn wir das Leben vor sich hinplätschern lassen? Uns nicht mehr weiterbilden, Auseinandersetzungen scheuen, uns nicht mehr anstrengen? Es liegt auf der Hand: Innerhalb der Wohlfühl-Oase liegt nicht das verheißene Paradies. Dort liegt eher die Wohlfühl-Falle. Je länger ich drin bin, umso schwerer wird es, wieder rauszukommen. Draußen in der Wachstumszone warten Weiterentwicklung, besondere Anforderungen und Erfolge. So manch einer argwöhnt, dass dort auch Gefahren für Leib und Seele lauern. Wir machen uns Sorgen, was dort außerhalb alles passieren könnte. Und so bleiben wir dann lieber doch an vertrautem Ort.

Haben Sie noch die Begriffe parat, die meist mit dem Bereich außerhalb der Wohlfühl-Oase assoziiert werden? Es fallen Wörter wie unbequem, Stress, Ärger usw. Fast alle sind negativ besetzt. Und ja, draußen sind Veränderungen. Draußen ist Neues. Risiko. Dem setzt sich kaum ein Mensch freiwillig aus. Unbekanntes ängstigt uns und wer möchte sich gerne schon freiwillig ängstigen?

Gehen wir gedanklich nochmals zurück ins Kapitel »Was uns wirklich antreibt« und rufen uns in Erinnerung, was dort über den Umgang mit Sprache stand. Wir hatten festgestellt, dass sich alles negativ, neutral und positiv ausdrücken lässt. Lassen Sie uns dieses Wissen hier gleich auf ein paar der oben erwähnten Begriffe anwenden, die wir mit dem Bereich außerhalb unserer Wohlfühl-Oase verbinden. Meist sind es unangenehme Assoziationen, die wir haben, wenn wir an sie denken. Das muss aber nicht sein, denn sie können im Kern ebenso positiv sein. Wenn wir diesen Begriffen ein anderes Etikett verpassen, klingen sie aktivierender und fördern unsere Selbstmotivation, statt sie zu kappen.

3.1.4.3 Was Stress bedeuten kann

Stress hat heute einen ganz schlechten Ruf. Wer will schon Stress haben? Verantwortlich gemacht wird Stress unter anderem für Blackouts, Erektionsstörungen, Schlaganfälle, Gereiztheit, Depressionen, Schlafstörungen, Burnout und, und, und. Dabei wurde der Begriff Stress ursprünglich vom Mediziner Dr. Hans Seyle ganz neutral definiert als »unspezifische Reaktion des Körpers auf jegliche Anforderung«. Stress ist also an sich erst einmal etwas Neutrales. Er stellt einfach einen Vorgang dar, der durch äußere Einwirkungen und unsere Interpretationen geistige und körperliche Reaktionen hervorruft. Den Begriff entlehnte Seyle aus der Physik. Dort bezeichnet Stress lediglich die Veränderung eines Materials durch äußere Krafteinwirkung. Es folgen Anspannung, Verzerrung und Verbiegung. Genau diese Veränderungsauswirkungen übertrug Seyle auf den Menschen.

Und Stress ist auch nicht gleich Stress. Wissenschaftler unterscheiden zwischen gesundem und ungesundem Stress: zwischen dem sog. Eu-Stress und dem auf Dauer schädlichen Di-Stress. Stress ist also nicht per se negativ. Im Gegenteil: Stress in der richtigen Dosis gibt uns die Energie, die wir benötigen, um unseren Anforderungen gewachsen zu sein.

Zudem wird Stress höchst individuell empfunden. Für den einen ist es der blanke Horror, vor 200 Leuten sprechen zu müssen – ein anderer genießt solche Auftritte. Was für den einen also bereits höchst negativer Stress ist, kann für den anderen gerade der richtige Kick auf dem Weg zum Ziel sein.

Veränderungen sowie Angst sind ebenfalls per se nichts Böses oder Negatives – oft sind sie nützlich und notwendig. Wir werden dadurch beispielsweise wachsam, bekommen Energie oder platt gesagt: Wir passen gut auf.

3.1.4.4 Was Misserfolg bedeuten kann

Und was ist mit den sog. Misserfolgen? Auch hier lässt sich das scheinbar Negative durch einen anderen Filter betrachten: »Der stärkste Motor für den Erfolg ist ein nicht überwundener Misserfolg«, postulierte der Publizist Ernst Reinhardt. Damit ist gemeint, dass wir aus unseren Misserfolgen am meisten lernen oder zumindest lernen könnten.

> **! Beispiel**
>
> Meine Karriere als Trainer und Coach begann damit, dass ich von meinem damaligen Arbeitgeber nach Ablauf der Probezeit ohne Vorwarnung hochkant und unter falschem Vorwand rausgeschmissen wurde (das neutralere Wort »gekündigt« wäre hier wirklich fehl am Platz). Ganz am Anfang meiner Trainer-Laufbahn arbeitete ich mit einer Eventmanagerin zusammen. Mein erster Auftritt sollte vor rund 250 Zuhörern in einer Kleinstadt stattfinden. Der Saal war großartig hergerichtet, die Bühne inklusive rotem Vorhang war bereit für meinen großen Auftritt. Der Beginn war für 20 Uhr vorgesehen, Einlass war ab 19 Uhr. Schon kurz vor 18 Uhr drängte ein erster Zuhörer in den Saal. »Das kann ja heiter werden«, dachte ich, »Wenn die Stühle nicht reichen, bauen wir eben ein paar Reihen an mit Stehplätzen. Das tut der Stimmung keinen Abbruch.« Ich war euphorisiert, nervös, voller Adrenalin und aufgeregter Vorfreude. Ich kürze hier ab: Dieser eine Zuhörer sollte der einzige bleiben. Es kam tatsächlich niemand mehr. Ich zahlte ihm sein Geld zurück. Ein Misserfolg? Sagen wir es mal so: Es war nicht das erhoffte Ergebnis im Hinblick auf mein Vorhaben. Und ich war an diesem Abend definitiv nicht glücklich. Aber es war ein Ergebnis, aus dem ich vielfach gelernt habe.

Entfernen wir uns von diesem Einzelbeispiel. Die meisten Erfindungen beruhen auf nicht optimal verlaufenden Ergebnissen. So z. B. auch die berühmte Glühbirne, bei der Edison nach angeblich über 2.000 Fehlversuchen – oder sollen wir es Misserfolge nennen? – gesagt haben soll:

> *»Ein Misserfolg? Nein, das war es nicht. Denn wenigstens kennt man jetzt*
> *2.000 Arten, wie ein Kohlefaden nicht zum Leuchten gebracht werden kann.«*

Oder wie würden Sie die Leistung eines Kindes beurteilen, das eine Fünf in Mathematik nach Hause bringt? Natürlich können Sie das als Misserfolg titulieren. Fragt sich, wem es nützt. Um es deutlich zu machen: Man könnte dem Kind auch sagen, es sei ein Versager, der Mathematik nie, nie, nie auch nur annähernd verstehen werde. Merken Sie, worauf ich hinaus will? Die Frage ist nicht so sehr, was die Fünf in Mathematik objektiv bedeutet. Vielleicht gibt es hier auch gar kein »objektiv«. Die Frage ist vielmehr, wie wir es so formulieren, dass es unseren Zwecken dient. Wollen wir das Kind unterstützen, macht es Sinn, die Fünf als deutlichen Hinweis auf Wissens- oder Verständnislücken zu deuten, was natürlich mit anschließendem Lernen und Anstrengung verbunden ist.

Übertragen wir es auf das Berufsleben. Die heiß ersehnte Stelle nicht bekommen? Zum dritten Mal bei der Beförderung übergangen? Der wichtigste Kunde ist zum Mitbewerber übergelaufen? Sind das Misserfolge oder sind es nicht vielmehr Hinweise darauf, etwas (besser) machen zu können?

Winston Churchill soll gesagt haben:

> *»Erfolg ist die Fähigkeit, von einem Misserfolg zum anderen zu gehen,*
> *ohne seine Begeisterung zu verlieren.«*

Ersetzen wir Begeisterung durch Selbstmotivation – und lassen Sie uns daran arbeiten!

3.1.4.5 Was Probleme bedeuten können

Zu meinen Lieblingsbegriffen gehört das Wort »Probleme«. Probleme finden wir, wie sollte es anders sein, ebenfalls außerhalb unserer Wohlfühl-Oase. Doch wer will die schon haben? Wenn wir aber genau hinterfragen, was ein Problem tatsächlich ist, stellt sich schnell heraus, dass es sich meist um nichts anderes handelt als um eine Entscheidungssituation. Gehe ich nach links oder nach rechts? Überstunden oder privater Termin? Weiterbildung oder Freizeit? Die Stelle als Abteilungsleiterin annehmen oder die Familienplanung vorantreiben? Sie können dem »Problem« also durchaus gerechtfertigt einen anderen Namen verpassen – nennen Sie es zunächst neutral »Entscheidungssituation« oder »Aufgabe«. Möchten Sie der Sache einen positiveren Anstrich geben, etikettieren Sie es mit »Herausforderung«, »Chance« oder »Gelegenheit«. Testen Sie dann den Unterschied.

! **Übung: Die Umdeutungstechnik**

Stellen Sie sich eine »Entscheidungssituation« vor und sagen Sie laut zu sich: »Ich habe ein großes, großes Problem«. Lassen Sie das auf sich wirken. Ein paar Minuten später stellen Sie sich dieselbe Situation vor und sagen laut: »Ich habe eine große, große Herausforderung«. Lassen Sie auch das auf sich wirken. Sie spüren sicherlich sehr deutlich die unterschiedlichen Auswirkungen. Das Denken in Problemen zieht Energie ab; wir werden schwer, die Gedanken eher traurig. Denken wir in Chancen oder Herausforderungen, zieht es uns nach vorn, bekommen wir Energie.

Diese Technik, die auch Uminterpretieren oder Umdeuten genannt wird, funktioniert natürlich auch, wenn es um andere Begriffe geht.

Ein Beispiel »aus dem wirklichen Leben« verdeutlicht, was Probleme auch sein können:

! **Beispiel: Wie erboste Kunden zu zufriedenen Stammkunden werden**

Bei der Kundenhotline eines Buchversenders meldet sich erbost ein älterer Herr: »So ein Saftladen! Da bestelle ich bei Ihnen ein Buch, das ich übermorgen meinem Freund zum Geburtstag schenken will, und was passiert? Heute kommt es an, das Paket ist aufgerissen und eine Buchecke ist beschädigt. Das war das letzte Mal, dass ich bei Ihnen bestellt habe!« Angenommen, die Dame am anderen Ende der Leitung wäre ausgezeichnet geschult. Weiter angenommen, sie würde den Herrn emotional auffangen, ihm also beipflichten, dass das nicht vorkommen sollte. Und dann käme sie auf die Idee: »... Wissen Sie was? Ich mache Ihnen einen Vorschlag: Ich schicke Ihnen per Express auf unsere Kosten das Buch nochmals raus. Es müsste dann bis übermorgen bei Ihnen sein. Das schenken Sie dann Ihrem Freund. Und das kaputte Exemplar können Sie behalten. Ich sehe ja im Rechner, dass Sie schon öfter bei uns bestellt haben, und wir würden mit dem beschädigten Exemplar eh nichts mehr anfangen können. Darf ich das so notieren und wir probieren, ob es klappt?« Der Kunde stimmt zu, und es funktioniert tatsächlich so.

Und nun? Vor der Reklamation hatten der Kunde und das Unternehmen eine 08/15-Beziehung. Der Kunde war eine Nummer und das Unternehmen aus Sicht des Kunden irgendein Versender. Dann kam die Reklamation, die Beziehung verschlechterte sich drastisch und stand kurz vor dem Ende. Nun die Gretchenfrage: Wie stellt sich die Situation jetzt, nach erfolgreicher Reklamationsbearbeitung, zwischen den beiden Parteien dar? Wie zu Beginn? Schlechter oder besser? Natürlich besser!

An diesem Beispiel wird schnell klar: Wer es schafft, Probleme radikal (radix = die Wurzel; also: von der Wurzel her) anzugehen und zu lösen, hat danach einen besseren Zustand erreicht als davor. Das ist der tiefere Grund, warum Probleme immer auch Chancen sind.

Vielleicht fragen Sie sich, warum dieses Kapitel das Wort »Problem« so intensiv behandelt? Ganz einfach, weil es ohne diese Drumherum-Berichterstattung nicht funktionieren würde. Vielleicht kennen Sie das aus eigener Erfahrung: Sagen Sie zu jemandem, der mitten im Schlamassel steckt, seine Probleme seien in Wirklichkeit Chancen oder Herausforderungen, hält er Sie bestenfalls für einen Spinner. Vielleicht wird er schnippisch lächelnd antworten: »Das versucht mir mein Chef auch immer weiszumachen«. Annehmen kann er in dieser Situation derartige Plattitüden kaum. Kommt ein neuer Kunde zum ersten Coaching, frage ich immer neutral: »Was führt Sie zu mir?« Fast immer lautet die Antwort: »Gut, dass Sie fragen – mein Problem ist …«. Wenn ich ihm antworten würde, dass er gar keine Probleme habe, sondern nur Herausforderungen – wäre er schnell wieder verschwunden.

Probleme kannten schon die alten Griechen. Ihr Begriff próblema steht für »das, was [zur Lösung] vorgelegt wurde«. Ein Problem ist also etwas, das mir zur Lösung vorgelegt wird. Wenn das kein lösungsorientierter Filter ist! Ein chinesisches Sprichwort geht sogar noch weiter:

»Probleme zeigen Dir, ob du etwas wirklich willst.«

Hinter diesen acht Wörtern steckt wahre Weisheit: Ich möchte etwas erreichen, und dann stellt sich mir ein Problem in den Weg, also eine Schwierigkeit, ein vielleicht unüberwindbar scheinendes Hindernis. Gebe ich jetzt auf? Versuche ich es nochmals? Versuche ich es auf eine andere Art und Weise? Gebe ich auf, zeige ich damit, dass es mir nicht so wichtig war, um eine zusätzliche Anstrengung in Kauf zu nehmen. Dann kommt meist ein anderer, der diese Hürde nimmt und das gewünschte Ergebnis erzielt.

3.1.4.6 Warum Umdeutung nichts mit Schönreden zu tun hat

Wohl die meisten Menschen verwenden ein Vokabular, das sie eher demotiviert. Es gibt aber auch diejenigen, die genau gegenteilig verfahren. Diese andere Spezies Mensch sind die Schönredner. Vielleicht ist Ihnen auch schon einmal einer begegnet? Der Schönredner stellt auch die ärgsten und selbst verschuldeten Vorfälle so dar, als wären sie nur halb so schlimm. Neues Auto zu Schrott gefahren und die Versicherung zahlt keinen Cent? Halb so schlimm – das Gefährt war eh nicht so der Hit. Frau und Kinder ausgezogen und nach Kanada ausgewandert? Halb so schlimm – er wollte ohnehin gerade ein neues Leben anfangen.

Und wo ist da der Unterschied zur Umdeutung von Problemen und Misserfolgen, fragen Sie? Er liegt nicht in der Formulierung, sondern in dem, was hilfreich für den einzelnen ist und was nicht. Unser Schönredner wird kurzfristig seinen Ärger oder Schmerz unterdrücken können. Aber hilft ihm das bei längerfristigen

Verbesserungen im Hinblick auf seine Ziele? Wie wird es ihm mit seinem nächsten Auto ergehen, seiner nächsten Lebenspartnerin? Das sind die entscheidenden Fragen.

> **!** **Beispiel: Der Azubi und die Standpauke**
>
> Ein Vorfall in einem kleinen Handwerksbetrieb: Ich warte bei der Dame im Vorzimmer des Geschäftsführers. Die Tür zu dessen Büro scheint wenig schallgedämpft – ich höre jedes Wort, das dort gesprochen wird. Es kann auch daran liegen, dass der Geschäftsführer recht erregt ist und laut spricht. Ein Auszubildender hat sich scheinbar eine ernste Sache zuschulden kommen lassen. Sein Chef benutzt Formulierungen wie »geht gar nicht« und »letzte Chance«. Die Lage scheint ernst. Ich erwarte, dass ein völlig geknickter Azubi durch die Tür herauskriechen wird. Doch was geschieht? Die Tür öffnet sich, heraus stolziert – ja, das kann man hier so sagen – ein aufrechter junger Mann. Kopf hoch, Brust raus, ein charmantes Lächeln auf den Lippen. Er schließt die Tür hinter sich, zwinkert der Assistentin vertrauensvoll zu und flüstert: »Ist mal wieder gar nicht gut drauf, unser Chef!«

Der erste Eindruck sagt uns: ein Schönredner. Es fragt sich, was der Azubi aus der Standpauke lernen wird. Vermutlich: wenig bis nichts, denn Schönrednerei verstellt den Blick auf die Realität. Die langfristigen Folgen für den jungen Mann werden voraussichtlich unangenehmer Natur sein, wenn er sich nicht ändert – oder würden Sie ihn am Ende seiner Ausbildung in ein Angestelltenverhältnis übernehmen? Daher sollte man sauber trennen zwischen dem Schönreden, das ein Heftpflaster auf die tiefe Wunde klebt, und dem engagierten Denken, das quasi zur Heilung der Wunde beiträgt. In der Psychologie unterscheidet man hier zwischen naivem und fundiertem Optimismus:

- Naiver Optimismus wäre es, wenn ich denke, Augen zu und durch, das klappt schon, auch wenn zig Risiken auf mich lauern.
- Fundierter Optimismus wäre es, wenn ich die Risiken sehr wohl wahrnehme, mich darauf vorbereite und dann als machbar einschätze.

Die Reaktion des Azubis aus dem Beispiel ist naiver Optimismus in vollendeter Form. Das alles hört sich vielleicht für ihn selbst und andere cool an, bringt ihn aber nicht weiter.

Formulieren Sie erstens selbstehrlich und zweitens so, dass es Sie unterstützt – im Denken, im Handeln, im Ändern, im Optimieren. Das vielleicht schönste Beispiel für eine Umdeutung lieferte vor einigen Jahren Axel Schuller, Vertriebsmann, Vollblutverkäufer, bei einem Workshop. Es ging um die langfristige Motivation, nachdem ein Kunde »Nein« gesagt hat. Dieses Nein ist im Vertrieb und in der Neukundenakquisition für viele demotivierend. Für Axel Schuller war es kein Motivationskiller, sondern das Gegenteil. Er hatte das Wort Nein umgedeutet.

»Für mich«, meinte er, »bedeutet jeder Buchstabe von NEIN ein Wort. Und zwar heißt es dann ausgeschrieben für mich

N och

E in

I mpuls

N otwendig.«

Solch eine Formulierung kann man anderen natürlich nicht aufzwängen, aber anbieten.

3.1.4.7 Was Niederlagen bedeuten

Wir haben über die sog. Probleme und Misserfolge gesprochen. Darf ich noch eine Schippe drauflegen? Wie gehen Sie mit Niederlagen um bzw., wie bewerten Sie sie?

Beispiel !

Torben Meiss wollte nebenberuflich Messedienstleistungen anbieten. Er war von seiner Idee überzeugt, ging zeitliche und finanzielle Herausforderungen ein und meinte: »Ich gehe so viel und so weit aus meiner Wohlfühl-Oase – dann muss das auch klappen!« Meiss bekam keinen einzigen Auftrag.

Dinge wie diese kommen vor. Aber sind solche Ergebnisse Niederlagen? Nein. Meiss war »nur« einer irrationalen Muss-Annahme erlegen, der Annahme, wenn X passiert, dann muss auch Y passieren. Manche denken: Wenn ich zum Kunden/Chef/Mitarbeiter freundlich bin, muss der auch zu mir freundlich sein. Oder: Wenn ich mich anstrenge, wird es sich lohnen. Oder: Wenn ich hart und viel arbeite, werde ich viel Geld verdienen. Das alles kann, muss aber nicht sein. Es gibt keine Garantie, was man sich vorgenommen hat, auch tatsächlich zu erreichen. Es *muss* eben nicht sein, dass der andere freundlich reagiert oder dass Leistung letztendlich honoriert wird. Vielleicht fragen Sie sich jetzt, warum man sich dann überhaupt wie ein Verrückter ins Zeug legen soll? Ganz einfach, weil es die Wahrscheinlichkeit erhöht, dass das Gewünschte eintritt. Ein Cellist, der viel übt, landet eben mit höherer Wahrscheinlichkeit im Orchester als ein Musiker, der zu faul zum Üben ist. Wollen wir unsere Ziele erreichen, bleibt uns keine andere Wahl, als uns immer wieder anzustrengen – eben mit der Möglichkeit, dass wir das Ziel auch *nicht* erreichen könnten. Trotz Anstrengung. Trotz meilenweitem Ausmarsch aus der Wohlfühl-Oase. Es gibt einfach keine Garantie. Deshalb sollten Sie zu Ihren Zielen immer die Frage im Hinterkopf behalten: »Lohnt sich mein Einsatz, auch wenn ich mein Ziel nicht erreiche?«

! Beispiel: Der PokerCoach

Erinnern Sie sich an Michael Lohmeyer, den PokerCoach, den ich Ihnen im Kapitel »Warum der Glaube manchmal tatsächlich Berge versetzt« vorgestellt habe? Der Prozess, sich mit seinem beruflichen Lebenstraum selbstständig zu machen, zog sich über etliche Jahre hin, Frustphasen inbegriffen. Einmal erreichte mich folgende Botschaft: »Lieber Reinhold, es war alles vergebens. Ich habe in den letzten Monaten wirklich alles gegeben. Jeden Tag habe ich trainiert, mich bei den Besten weitergebildet. Ich war in den USA und habe dort die Gegebenheiten studiert. Mit meinen Podcasts habe ich mir eine treue Hörerschaft gebildet. Und trotz dieser enormen Belastungen und tagtäglichen Anstrengungen habe ich es geschafft, dass ich meiner Frau ein guter Partner und meinen Kindern ein guter Vater war. Und jetzt das: Für das erste Anfängerturnier habe ich null Anmeldungen bekommen. Null. Keine. Nichts. Reinhold – es war alles umsonst. Es hat sich alles nicht gelohnt.«

Bei einer solchen Nachricht leidet man unweigerlich mit.

Puh, alles war vergebens! Natürlich kennt jede(r) so etwas – man gibt alles und erleidet trotzdem Schiffbruch. Vielleicht schmeckt die Niederlage deshalb so bitter, weil wir uns so unsäglich angestrengt haben? Hätte ich nicht alles gegeben, gäbe es ja immer noch eine Rechtfertigung für mich selbst. So im Stil: Wenn ich mein Bestes gegeben hätte, hätte es geklappt! Aber so? So muss ich mir ja eingestehen, dass es nicht gereicht hat. Ich resigniere. Für viele Menschen ist es im ersten Augenblick so, als habe jemand den Stecker gezogen und alle Energie sei dahin.

Aber war wirklich alles umsonst, vergebens? Hat sich wirklich aller Einsatz nicht gelohnt?

Was wir von Golfern lernen können

Gehen wir emotional etwas auf Abstand und betrachten die Sache aus einer anderen Perspektive mit einem anderen Beispiel. Wenn ein Paar 30 Jahre lang glücklich verheiratet war, in dieser Zeit wunderbare Kinder gemeinsam großgezogen hat, und einer von beiden sich dann nach all diesen Jahren scheiden lässt – würden Sie ihm zustimmen, wenn er sagt: »Es hat sich alles nicht gelohnt«? Würden Sie ihm dann nicht eher sagen: »Mann, du hast doch 30 glückliche Jahre gehabt! Das hat sich volle Kanne gelohnt. Ich beneide dich darum.« Übertragen wir das auf unseren PokerCoach: Der hatte bis dahin ungefähr 18 Monate Gas gegeben. Was er wohl in dieser Zeit alles gelernt hat? Wie hat er sich in diesen Monaten energetisch gefühlt? Wie sehr ist er in seinem Umfeld in der Achtung gestiegen? In welchen Bereichen hat er sich weiterentwickelt?

Betrachtungen wie diese lenken den Fokus zuerst auf den Prozess und nicht auf das Ergebnis. Es gibt genügend Beispiele von erfolgreichen Menschen, die zahllose Niederlagen erlitten haben – die sie oft genug zum Anlass nahmen, etwas zu ändern. Sie hielten beharrlich an ihrem Ziel fest, lernten aber durch dieses Zwischenergebnis, die Vorgehensweise zu ändern.

Nehmen wir dazu eine Anleihe aus dem Golfsport. Beim Golfen wird so ziemlich alles und jedes notiert, aufgeschrieben und quantifiziert. Noch nicht so populär ist dabei die sog. Bounce-Back-Statistik (Rückschlag-Statistik). Die zeigt auf, wie rasch ein Spieler nach einem verhauenen Schlag wieder mindestens durchschnittlich gut spielt. Das ist zwar sehr vereinfacht ausgedrückt, stimmt aber so. Letztes Jahr war ich zu Gast in einem Münchener Golfclub. Dort haben mir alle versichert: Golfen ist vor allem eine Kopfsache. Für jeden Spieler sei es elementar wichtig, sich nach einem miesen Schlag mental wiederaufzurichten. Wenn er sich über seinen Schlag ärgere und der vergebenen Chance nachtraure, werde aller Wahrscheinlichkeit nach auch der nächste Schlag nicht besonders glücklich ausgehen. Und der übernächste. Und die ganze Runde. Folglich muss sich unser Golfer darauf fokussieren, möglichst schnell wieder in gute Stimmung zu kommen. Die erreicht er unter anderem, indem er sich an seinem Ziel orientiert.

Ist das nicht eine großartige Lebens-Metapher? Auch im wahren Leben haben wir Rückschläge zu verkraften. Das geht mal schnell, mal weniger schnell. Es gibt Menschen, die trauern einer verpatzten Chance ein Leben lang nach. Und es gibt Menschen, die gehen gestärkt aus solchen Rückschlägen hervor. Genau dies ist der Bounce-Back-Effekt: Wie schnell schaffe ich es, nach einem Rückschlag wieder gut drauf zu sein?

Übertragen Sie es einfach auf sich. Führen Sie Ihre persönliche BB-Statistik. Es genügen drei Spalten: In der ersten Spalte notieren Sie kurz das Ereignis, das sie geärgert hat; in die zweite Spalte kommt der Ärger-Grad (also das Maß, wie sehr Sie sich geärgert haben, beispielsweise auf einer Skala von 1 bis 10); und in die dritte Spalte tragen Sie ein, wie lange es gedauert hat, bis Ihre Moral wieder gefestigt war. Und dann richten Sie sich darauf aus, möglichst schnell wieder Ihr ursprüngliches Ziel zu verfolgen. Brechen Sie Ihren eigenen Rekord – nehmen Sie es sportlich!

Meine persönliche Bounce-Back-Statistik		
Ereignis	Ärger-Grad (1 = wenig geärgert; 10 = sehr geärgert)	Bounce-Back-Zeit

Übrigens haben mir die Münchener Nobelgolfer einen Spruch mitgegeben, der maßgeschneidert in dieses Kapitel passt:

»Golf wäre ohne Hindernisse stinklangweilig. Das Leben auch.«

Da wir schon beim Sport sind. Was meinen Sie, von welchem Basketballer stammt der folgende Satz? »Ich habe in meiner Karriere mehr als 9.000 Mal daneben geworfen. Ich habe fast 300 Spiele verloren. 26 Mal durfte ich den spielentscheidenden Wurf abgeben und habe ihn verhauen. Ich bin in meinem Leben ein ums andere Mal gescheitert. Genau das ist es, was mich erfolgreich gemacht hat.« Er stammt von Michael Jordan, dem bislang besten Basketballspieler aller Zeiten.

Was wir aus kriegerischen Zeiten lernen können

Niederlagen sind etwas anders gelagert als die oben geschilderten Probleme. Letztere hatte ich als Entscheidungssituationen interpretiert. Links oder rechts? Wesentlich war, dass diese Interpretation dem Erreichen von Zielen nützt. Eine Niederlage dagegen, so schlage ich vor, sollte man auch als Niederlage anerkennen. Natürlich nicht als endgültige. Auch Resignieren ist bei einer Niederlage völlig okay. Resignieren kommt vom lateinischen *resignare*. Es setzt sich zusammen aus *re-* = zurück und *signare* = mit einem Zeichen versehen. Es stammt tatsächlich noch aus kriegerischen Zeiten, als der Sieger eine Vereinbarung aufsetzte, sie unterschrieb und der Verlierer sie quasi gegenzeichnen, also unterzeichnen, resignieren, musste. Er musste damit seine Niederlage mit allem Drum und Dran anerkennen. Solch eine Anerkennung der eigenen Niederlage täte uns manchmal durchaus gut. Nicht ewig mit einer Niederlage hadern und sie wegreden, sondern sie anerkennen, ist nämlich eine Chance. Eine Chance, daraus zu lernen und es wieder zu probieren, das nächste Mal aber auf eine verbesserte Art und Weise.

Wobei ich jetzt nicht jede Niederlage als bloße Lernerfahrung darstellen oder gar behaupten möchte, dass Sie sich womöglich sogar über jede Niederlage freuen sollen. Sie dürfen sich schon so richtig, richtig ärgern. Sie dürfen traurig sein. Resignieren. Was ich Ihnen aber mitgeben möchte: Plagen Sie sich nicht so lange damit herum. Bauen Sie neu auf. Dazu ein Zitat, das mehreren Generälen zugeschrieben wird, die sich quasi von Berufs wegen mit Niederlagen auskennen:

»Wir haben eine Schlacht verloren, aber nicht den Krieg.«

Was wir aus dem Direktmarketing lernen können

Auch das Direktmarketing hält zu unserem Thema eine empfehlenswerte Philosophie parat. In dieser Branche, in der ich über Jahre als Manager tätig war, geht es um konkrete Werbemaßnahmen, die allesamt quantifiziert werden können. Das Ergebnis jeder einzelnen Aktion lässt sich so bis auf den letzten Cent messen. Nun gibt es im Direktmarketing kein Scheitern, keine Flops, keine Niederlagen. Warum nicht? Weil hier gilt: »Direktmarketing ist Testmarketing«. Geht eine Maßnahme mal, salopp formuliert, in die Hose, sagt der ausgebuffte Marketing-Mensch nie, sie sei gescheitert, sondern vielmehr: »Jetzt wissen wir, dass diese Maßnahme nicht funktioniert«. Natürlich tun jedem Unternehmen die im Rückblick unnötigen Ausgaben dafür weh. Aber man kann daraus lernen und es beim nächsten Anlauf besser machen.

Wie schaut es unter diesen Gesichtspunkten bei unserem PokerCoach aus? Wie schätzen Sie seine »Niederlage« ein? Was denken sie über die Fünf, die das Kind in Mathematik schreibt? Worauf könnte die gescheiterte Beförderung ein Hinweis sein? Würde ich beim nächsten Mal genauso vorgehen? Hat mir der Vorgesetzte nicht ein paar dezente Hinweise dazu gegeben, die ich vor lauter überbordendem Engagement übersehen habe? Kann ich mit einer kompetenten Person die letzten zwölf Monate analysieren? Kann ich herausfinden, ob ich im Unternehmen jemals eine Chance auf diese Position haben werde? Es gibt noch zig weitere hilfreiche Fragen. Entscheidend ist, wie Sie das Ergebnis werten und wie Sie weiter damit umgehen.

3.1.4.8 Was eine Krise bedeutet

Manchmal zwingen uns andere Menschen, die Wohlfühl-Oase zu verlassen. Manchmal ist es das Schicksal, das uns aus dieser Zone katapultiert: der Tod eines Angehörigen, Jobverlust, ein Unfall oder eine Krankheit. Wir sprechen dann von Krisen. Niemand will sie; sie lassen sich aber nicht vermeiden. Und ganz sicher erlebt jeder während seines Lebens die eine oder andere Krise. Vermeiden lassen sie sich jedenfalls (meist) nicht. Die Frage lautet dann: Wie gehen wir damit um? Was geschieht dann mit unserer Selbstmotivation?

> **!** **Beispiel**
>
> Ein Mann hat vier Söhne. Drei davon sterben. Er durchlebt eine tiefe Krise. Versinkt er in tiefer Trauer? Ja. Lässt er sich gehen? Ja, auch. Aber er steht wieder auf. Er lenkt seine Trauer und Schwermut um, hin zu politischen Aufgaben, die seine ganze Kraft erfordern. Der Name des Mannes? Abraham Lincoln, Präsident der US-amerikanischen Nordstaaten von 1861 bis 1865.
>
> Ein aktuelleres Beispiel: Eine junge Lehrerin ist verheiratet, lebt in Portugal. Die Ehe geht in die Brüche; der Schmerz ist groß. Die junge Frau kehrt als alleinerziehende Mutter zurück nach England. Sie sagt selbst über die Zeit damals: »Es war eine Krisenzeit für mich. Ich war so arm, wie man nur sein kann im heutigen England, ohne auf der Straße zu leben.« In ihrer Not schreibt sie und schreibt und schreibt. Anschließend bietet sie ihr Manuskript an. Doch ein Verlag nach dem anderen lehnt ab. 1997 wird ihr Erstlingswerk »Harry Potter und der Stein der Weisen« mit einer Startauflage von nur 500 Exemplaren veröffentlicht. Joanne K. Rowling ist heute Milliardärin.

Die Beispiele zeigen es ziemlich deutlich: In einer Krise kann ich zeigen, was in mir steckt. Hier kann ich zeigen, ob ich ein Schönwetter-Selbstmotivator bin oder ob ich auch noch was auf dem Kasten habe, wenn der Wind etwas rauer um die Nase pfeift oder der Karren im Dreck steckt.

Und so bezeichnet auch das Lexikon eine »Krise« als eine mit einem Wendepunkt verknüpfte Entscheidungssituation. Lassen wir uns das auf der Zunge zergehen: Krise = Wendepunkt! Krise = Entscheidung! In einer Krise zeigt sich, was Sie draufhaben! Nun kommt eine richtige Krise nicht oft.

Dies bedeutet wiederum, dass Sie nicht oft im Leben beweisen können, aus welchem Holz Sie geschnitzt sind. Das Leben bietet Ihnen diese Chance nur selten. Denn auch eine Krise ist eine Chance, eine einmalige Bewährungs-Chance. Rennen Sie nicht davon. Zeigen Sie, wer Sie wirklich sind.

Krisen lassen sich kaum voraussehen, der Umgang mit ihnen lässt sich nicht planen. Aber man kann sich auch hier mit aller Intensität vornehmen, stark zu bleiben und sein Bestes zu geben. Auch, wenn es manchmal sehr schwerfällt.

Antoine de Saint-Exupéry formulierte es einst so:

> *»Bewahre mich vor dem naiven Glauben, es müsste im Leben alles gelingen.*
> *Schenke mir die nüchterne Erkenntnis, dass Schwierigkeiten, Niederlagen,*
> *Misserfolge, Rückschläge eine selbstverständliche Zugabe zum Leben sind,*
> *durch die wir wachsen und reifen.«*

Schöne Worte vom Autor des weltberühmten Buches »Der kleine Prinz«; nur reicht der fromme Wunsch, diese Erkenntnis würde einem irgendwie zufallen, kaum aus. Wir müssen uns diese Sichtweise, Stichwort: Filter, aneignen und immer und immer wieder trainieren. Nur dann können wir sie automatisch auch in den schwierigsten Situationen abrufen. Im Idealfall schaffen wir es dann sogar, besagte Probleme, Niederlagen, Krisen nicht nur irgendwie zu überstehen, sondern sogar gestärkt daraus hervorzugehen. Jedes Mal, wenn wir in eine schwierige Situation kommen, ist das ein Training dafür. Im Prinzip ist die Fähigkeit, nach Krisen wieder aufzustehen und an ihnen zu wachsen, sogar *die* menschliche Kernfähigkeit schlechthin. Sie wissen ja, wie sich die Menschheit entwickelt hat und dass das unter dem Gesichtspunkt des »Survival of the Fittest« vonstattenging. Es haben jeweils diejenigen unserer Vorfahren überlebt, die sich am besten an neue Situationen anpassen konnten.

Krisen sind also die Chance, sich weiterzuentwickeln. Und so sehen wir die Dinge nach Jahren auch in einem anderen positiveren Licht. Rückblickend sagen viele, nachdem sie eine schwere Phase im Leben gemeistert haben: »Gut, dass mir das damals widerfahren ist«.

3.1.4.9 Mitten in der Wohlfühl-Oase liegt das Mittelmaß

In den vorherigen Abschnitten haben wir festgestellt, dass die negativen Bedeutungen, die wir mit allen Geschehnissen außerhalb der Wohlfühl-Oase verbinden, nur hineininterpretiert sind, und dass wir sie in hilfreiche Assoziationen umdeuten können.

Das reicht freilich noch nicht (ganz). Wir müssen uns auch überwinden. Denn draußen wird es unbequem – meist nur für einen selbst, oft genug aber auch für Mitmenschen, die wir mögen. Alle Eltern können ein Lied davon singen. Wer Kinder konsequent zu etwas bringen möchte, beispielsweise zum Lernen oder Klavier spielen, muss ganz schön unbequem sein. Für die Kinder. Im Endeffekt aber vor allem zu sich selbst. Der bequemere Weg ist eben selten der bessere. Mitarbeiter, die etwas von ihrem Vorgesetzten wollen und sicher sind, dass dieser es nur ungern zulässt, müssen ihm so oft auf die Füße treten, bis dieser nachgibt. Sie wissen doch: Ein Hindernis zeigt, ob Sie etwas wirklich wollen. Und in diesem Fall ist eben der Vorgesetzte das Hindernis. Bequem ist das weder für den Chef noch für Sie selbst. Wer Mitarbeiter im Arbeitsschutz zu sicherem Handeln anleiten will, weiß, wie oft man unbequem sein muss. Auch hier wäre es der leichtere Weg, einfach wegzuschauen.

Allerdings lohnt es sich absolut, die eigene Wohlfühl-Oase immer und immer wieder zu verlassen. Untersuchungen haben ergeben, dass Menschen langfristig gesünder und glücklicher sind, wenn sie sich immer wieder neuen Herausforderungen stellen müssen, anstatt ihren gewohnten Alltag durchzuziehen.

Ein weiterer Gesichtspunkt tritt hinzu, einer, den man ungern hört und der schon so manchem zu denken gegeben hat. Wenn nur außerhalb der Wohlfühl-Oase die Anforderungen zu finden sind, an denen wir wachsen können, wenn also da draußen das Außergewöhnliche liegt – wie nennen wir dann das, was drin ist? Vielleicht ahnen Sie es schon: Mitten in der Wohlfühl-Oase liegt das Normale, Gewöhnliche, die Mittelmäßigkeit, der Durchschnitt. Und wer möchte schon ein mittelmäßiges Leben führen? Nein, keine Sorge: Ich plädiere definitiv nicht für ein absolut außergewöhnliches, immer aufreibendes Leben am Limit. Aber es kann definitiv nicht der Sinn sein, ein Leben zu führen, in dem die eigenen Potenziale verkümmern.

> **!** **Beispiel: Die besten Freunde (frei nach Les Brown)**
>
> Ein alter Mann liegt allein in einem abgedunkelten Zimmer im Bett. Er wird bald sterben. In einer Nacht wacht er plötzlich auf und erblickt seltsame Gestalten im Zimmer. Sie sitzen, stehen und schauen ihn an. Ihre Gesichter sind freundlich, voller Liebe.
>
> Der alte Mann flüstert: »Ihr müsst die Freunde meiner Kindheit sein, die gekommen sind, um sich von mir zu verabschieden. Ihr wollt mich sicher trösten. Ich bin Euch so dankbar, dass Ihr gekommen seid.« Da tritt die größte Gestalt an sein Bett, schaut ihn an und sagt leise: »Ja, wir sind deine besten und langjährigsten Freunde. Aber du hast uns schon vor langer Zeit aufgegeben. Wir sind die nicht wahrgenommenen Chancen deiner Jugend. Wir sind deine nicht realisierten Hoffnungen, Träume und Pläne, die du einst tief in deinem Herzen gefühlt hast, die du aber niemals verfolgt hast. Wir sind deine einzigartigen Talente, die du niemals in dir großgezogen hast, deine besonderen Begabungen, die du niemals entdeckt hast.
>
> Alter Freund – wir sind nicht gekommen, um dich zu trösten. Wir sind gekommen, um mit dir zu sterben.«

Das könnte das Ergebnis für Menschen sein, die lebenslang ihren Ablenkungen in der Wohlfühl-Oase verfallen.

3.1.4.10 Wir sind doch nicht Garfield!

Das menschliche Potenzial erschließt sich nicht in der Mittelmäßigkeit. Zur Entfaltung unseres Potenzials müssen wir Neues angehen, ausprobieren, andere Wege gehen, unbequeme Ansichten vertreten. Der amerikanische Dichter Robert Frost brachte es auf den Punkt:

> *»Zwei Wege trennten sich im Wald. Und ich nahm den, der kaum begangen war.*
> *Das machte den ganzen Unterschied.«*

Der ausgetretene Weg ist bequemer, führt aber meist in die Mittelmäßigkeit. Oder, um ein freches isländischen Sprichwort zu bemühen: »Mittelmäßigkeit steigt auf Maulwurfshügel, ohne zu schwitzen«. Wir spüren das oft. Keine Anstrengung bedeutet zwar kein Schweiß – aber auch eben nur Maulwurfshügel und keine Erfolgserlebnisse. Das ist der Grund, weshalb vordergründige Zufriedenheit auf Dauer unzufrieden macht. So verlockend es auch zu sein scheint: Ein Leben ohne Schweiß, ohne echte Anforderungen und Anstrengungen ist unbefriedigend. Überspitzt könnte man fragen: »Was passiert, wenn ich gar nicht mehr rausgehe?« Sie ahnen es: die Wohlfühl-Oase wird dann zur Wohlfühl-Falle. Wir sind ja schließlich nicht Garfield. Von diesem Cartoon-Kater gibt es einen Comicstrip in drei Bildern. Auf dem ersten liegt Garfield schläfrig wie immer auf dem Sofa und murmelt im Halbschlaf: »Essen und schlafen … essen und schlafen … Auf dem zweiten lässt sich Garfield vom Sofa direkt vor den gefüllten Napf fallen, frisst und sagt: »…essen und schlafen … es muss etwas anderes geben im Leben einer Katze …« Im dritten Bild schließlich müht der Kater sich wieder aufs Sofa und seine letzten Gedanken vor dem Einschlafen sind: »Hoffentlich nicht!«

Menschen sind keine Garfields. Meist jedenfalls. Meist wissen sie, dass das Leben mehr zu bieten hat als »essen und schlafen«, und dass es klug ist, ab und zu die Oase zu verlassen. Denn je länger jemand in seiner Wohlfühl-Oase verharrt, desto schwieriger wird für ihn der Gang nach draußen. Die heute noch kleinen Schritte aus der Bequemlichkeit sind morgen schon große und nächste Woche schier unmöglich scheinende Riesenschritte. Deshalb tun sich Menschen nach Jahren der gleichen Tätigkeit mit Veränderungen auch so schwer. Es geht bei dieser Denk- und Handlungsweise definitiv nicht darum, ständig draußen zu sein. Im Gegenteil, wir brauchen unsere Wohlfühl-Oase, um Kraft für unsere Expeditionen zu sammeln, um wieder Frische zu tanken, um wieder Lust auf Neues zu bekommen. Lust auf Neues! Ja, das haben wir von Kindheit an. Schon Babys sind gierig nach Neuem, sind neu-gierig. Erhalten Sie sich diese Neu-gier, zumindest ein klein wenig, bis ins hohe Alter. Das Leben ist ungleich spannender, wenn wir offenbleiben für neue Erfahrungen.

3.1.4.11 Was tun Sie für Ihre wichtigen Lebensbereiche?

Manches Mal in einem Workshop höre ich: »Ich bin die ganze Zeit draußen. Bei mir geht es eher darum, reinzukommen in meine Wohlfühl-Oase«. So etwas gibt es: beruflich geht alles drunter und drüber, zuhause die frisch geborenen Drillinge, der fällige Kredit, von dem man nicht weiß, wie man ihn zurückzahlen soll. Vielleicht zieht sich diese Rushour des Lebens auch jahrelang hin. Das alles gibt es, und man sollte es nicht kleinreden. Burnout, das Ausgebranntsein, ist beispielsweise das Ergebnis von »zu viel und zu lange draußen« ohne wahre Erholung. Doch in den meisten Fällen sind wir nicht zu oft draußen, sondern viel zu selten.

Sicher macht es keinen Sinn, ständig seiner Wohlfühl-Oase zu entfliehen. Es geht um das Wesentliche, wofür man sie verlässt. In manchen Seminaren stelle ich gleich zu Beginn die Frage: »Was ist Ihnen *wirklich, wirklich, wirklich* wichtig?« Mit dieser dreifachen Wiederholung verdeutliche ich, dass es nicht um die nächste größere Anschaffung oder die nächste Urlaubsreise, sondern um Dinge geht, die im Leben wirklich etwas bedeuten. Die Antworten sind bundesweit und branchenunabhängig meist ziemlich identisch: Gesundheit, Familie und Beziehung, Arbeitsplatz, persönliche Weiterentwicklung.

Im Verlauf des Seminars frage ich dann: »Was tun Sie konkret für Ihre vorher genannten wichtigen Lebensbereiche?« Hier wird es meist sehr still im Raum. Unisono wird dann konstatiert: Wir tun dafür viel zu wenig. Geht es dann um die Frage, warum dem so ist, kommen Antworten, die den inneren Schweinehund zitieren, die eigene Bequemlichkeit und viele Begriffe mehr, mit denen wir uns in diesem Kapitel beschäftigen. Allen ist klar, dass es langfristig richtig wäre, sich anzustrengen, unbequem zu sein und die Herausforderungen außerhalb des Wohlfühl-Bereichs anzunehmen – dass aber kurzfristig andere Bedürfnisse stärker scheinen. Garfield lässt grüßen.

3.1.4.12 Die Botschaft des Pendels

Wie schaffen wir es, sowohl kurzfristig als auch dauerhaft, die unangenehmen Begleiterscheinungen in Kauf zu nehmen, um das, was uns wirklich wichtig ist, anzugehen? Sie ahnen es schon: Sie benötigen dazu ein gutes Maß an Motivation. Wir nehmen die Anstrengungen da draußen schließlich nicht für irgendetwas in Kauf, sondern nur für lohnende Dinge. Schauen wir uns das Wort etwas genauer an: »Motivation« kommt vom lateinischen Begriff *motivum* und bedeutet so viel wie Beweggrund. Dieses gute alte deutsche Wort bringt es auf den Punkt: Ich brauche einen Grund, der so stark ist, dass er mich aus meiner Wohlfühl-Oase bewegt. Und dieser Grund muss so stark sein, dass er mich auch bei Schwierigkeiten draußen verharren lässt.

Und genau hier kommt das sog. Kugelstoßpendel, Newton's Cradle, ins Spiel, mit dem ich in Trainings oft arbeite. Wahrscheinlich kennen Sie es.

So funktioniert das Kugelstoßpendel

!

Typischerweise sind fünf identische Kugeln in einer Reihe hintereinander angeordnet und auf gleicher Höhe so aufgehängt, dass sie sich gerade berühren. Hebt man eine der beiden äußeren Kugeln hoch und lässt sie gegen die verbliebenen Kugeln fallen, geschieht etwas Ungewöhnliches (vgl. z. B. youtu.be/zBLQtMXdp-M?t=33). Erwarten würde man, dass diese Kugel wie gegen eine Mauer prallt und die vier anderen Kugeln nur ein bisschen anbollert. Das ist nicht der Fall. Es geschieht etwas anderes: Die Kugel, die auf der anderen Seite ganz außen liegt, wird abgestoßen, und die fallende Kugel bleibt wie magnetisch angezogen stehen. Die mittleren drei Kugeln bleiben ebenfalls in ihrer Ruheposition. Fällt die abgestoßene, äußere Kugel nun ihrerseits wieder zurück, bringt sie wieder die äußerste Kugel der anderen Seite in Bewegung – alle anderen bleiben nach wie vor stehen. Dieser Vorgang wiederholt sich, bis das ganze System zur Ruhe gekommen ist.

Noch faszinierender wird es, wenn man auf der einen Seite zwei Kugeln gleichzeitig anhebt und fallen lässt – dann werden auf der anderen Seite auch zwei Kugeln abgestoßen. Bei drei Kugeln sind es auf der gegenüberliegenden Seite auch drei Kugeln und bei vier Kugeln – na, Sie wissen schon …

Kugelstoßpendel (© Texelart/Fotolia.com)

Mit dem Pendel demonstrierte der Physiker Isaac Newton seinen berühmten Impulserhaltungssatz.

Noch viel mehr symbolisiert dieses Versuchsmodell jedoch ein Lebenssinnbild. Sagen wir fünf Kugeln sind 100 %. Dann entspricht eine Kugel 20 %. Jetzt können Sie entscheiden, wie viele Kugeln Sie einsetzen wollen. Falls Sie beispielsweise die nächste Stufe der Karriereleiter erklimmen möchten: Wie viele Kugeln setzen Sie ein: zwei, eine? Dann ist klar, dass Sie Ihr Ziel nicht erreichen. Fünf Kugeln? In Ordnung – das sind 100 %!

Um es mit der Kugel-Parabel zu formulieren: Wie schaffen wir es, für die uns wichtigen Themen fünf Kugeln einzusetzen? Wie schaffen wir es, rauszugehen, die Unbequemlichkeiten anzunehmen – und draußen zu bleiben, auch wenn es schwierig wird?

3.1.5 Das Wunder der Konsistenz, oder: So kommen Sie raus aus der Wohlfühl-Oase

Im zweiten Kapitel haben wir uns mit der Selbstverpflichtung beschäftigt. Es ging um ein Commitment, das Sie eingehen sollten. Verbinden wir dies mit der Notwendigkeit, unsere Wohlfühl-Oase verlassen zu müssen, können wir mit Theodor Fontane sagen:

> »Mit Halbheiten wird nichts Ganzes gewonnen,
> der höchste Preis darf den höchsten Einsatz fordern.«

Oder, wenn wir es sachbezogener formulieren: Versprechen Sie sich etwas – und dann tun Sie alles dafür, es zu halten. Agieren Sie so, wird nicht nur Ihr Filter entsprechend ausgerichtet, sondern Sie werden auch das »Wunder der Konsistenz« erleben. »Konsistenz« bedeutet nichts anderes als logische Widerspruchsfreiheit. Und genau dazu tendieren alle Menschen. Sie möchten im Einklang leben mit ihrem Denken, Sagen und Tun. Das ist dann logisch und widerspruchsfrei. Hat der Mensch einmal eine Entscheidung getroffen, will er sich auch entsprechend verhalten. Hat er sich einer vegetarischen Lebensweise verschrieben, wird er aller Voraussicht nach lange Zeit oder sogar sein ganzes Leben dabeibleiben. Halten Sie sich für umweltbewusst? Gläubig? Kinderfreundlich? Im Prinzip gilt das Konsistenz-Prinzip für alles, wofür Sie sich irgendwann einmal entschlossen haben, bewusst oder unbewusst. Nutzen Sie es weidlich für sich aus. Treffen Sie eine Entscheidung, gehen Sie eine Selbstverpflichtung ein und seien Sie überrascht, wie das »Wunder der Konsistenz« auch bei Ihnen wirkt und Sie Ihre Vorhaben erreichen lässt. Je mehr Sie tun im Sinne Ihrer Selbstverpflichtung, desto stärker wird sie. Das hat zur Folge, dass Sie wiederum mehr tun für Ihr Ziel, was wiederum die Selbstverpflichtung verstärkt – wir erkennen auch hier, wie beim Filter, einen sich selbst verstärkenden Regelkreis.

Gehen Sie nach diesem Muster vor, geraten Sie fast zwangsläufig zur Five-to-one-Philosophie. Damit meine ich: »Fünf für Eins – fünf Kugeln für ein Ziel.« Mit dieser Vorgehensweise gewöhnen Sie sich an, bei den wichtigen Themen fünf Kugeln einzusetzen. Sie geben 100 Prozent, und der Erfolg stellt sich fast von selbst ein.

Kennen Sie den Satz: »Wenn du liebst, was du tust, brauchst du nie mehr zu arbeiten«? Viele Menschen halten ihn für einen der unsinnigsten Sprüche überhaupt. Da ist einer, der seit Jahrzehnten seinen Job runterschrubbt und sich nach dem verdienten Ruhestand sehnt – und dann erzählt jemand so einen Blödsinn. Kann ich gut verstehen. Wie passt denn das zusammen: etwas zu lieben, das ich bestenfalls routinemäßig erledige?

3.1.5.1 Wie Sie Gewohnheiten installieren: der 90-Tage-Test

Es braucht Zeit, Denk- und Verhaltensänderungen fest zu verankern. Untersuchungen haben ergeben, dass größere Angelegenheiten, etwa die Umstellung der Ernährungsgewohnheiten, bis zu zwölf Monate in Anspruch nehmen können. Erst dann hat sich das neue Verhalten zur Routine entwickelt. Auf dem Weg dahin lauern eine Menge Unwägbarkeiten, viele kommen vom Weg ab, geben auf, verfallen wieder in alte Muster.

Der 90-Tage-Test !

Eine gute Chance, die ersten Wochen heil zu überstehen und eine positive Gewohnheit zu installieren, bietet der 90-Tage-Test. Der Name ist Programm: Nehmen Sie sich eine einzige wichtige Sache vor und gehen Sie eine Selbstverpflichtung für die nächsten 90 Tage ein. Danach beurteilen Sie, ob Sie weitermachen wollen oder ob Sie lieber einstellen.
Mehr ist es nicht. In den allermeisten Fällen werden Sie nach den 90 Tagen weitermachen. Das funktioniert so oft so gut, dass Sie sich fragen werden, warum Sie es nicht schon viel, viel früher probiert haben. 90 Tage lassen sich gut überschauen; meist traut man sich zu, die Verpflichtung über diesen Zeitrahmen einzuhalten.

> **! Beispiel**
>
> Helena Freiersing glaubte nicht an den Erfolg des 90-Tage-Tests. Im Workshop wehrte sie sich engagiert dagegen, dass es so einfach funktionieren könne. Die Gruppe war anderer Meinung und brachte sie dazu, es mit einer Kleinigkeit selbst auszuprobieren. Und so fasste sie den Plan, beim allabendlichen Fernsehen keine süßen oder salzigen Sachen mehr zu sich nehmen. Das hatte sie sich zwar schon zig-fach vorgenommen, aber nie länger als eine Woche durchgehalten. Sie wettete mit der Gruppe um einen Theaterbesuch, dass sie es *nicht* schaffen werde, 90 Tage durchzuhalten. Doch dann passierte etwas Ungewöhnliches. Lassen wir sie dazu selbst zu Wort kommen: »Am ersten Abend war für mich eigentlich schon alles klar. Ich stellte mir meine Chips auf den Beistelltisch, schaltete den Fernseher an und stand eben im Begriff, herzhaft zuzugreifen und meine gewonnene Wette mit einem Glas Rotwein zu feiern. Im Augenblick, in dem sich meine Hand in Richtung Chipstüte bewegte, dachte ich: »Ach komm, zögere es noch ein wenig hinaus.« Das tat ich. Irgendwann wollte ich eine ganze Stunde durchhalten. Dann bis zum Ende meines Fernsehabends. Letztendlich stellte ich die Chips unberührt in die Küche zurück. Am nächsten Abend das gleiche Spielchen. Nach fünf Tagen ließ ich die Chips in der Küche. Nach zwei Wochen schmiss ich die Tüte mit allen anderen in den Müll. Mir war irgendwie klargeworden, dass es für mich viel entscheidender war, keine Chips zu essen, als die Wette zu gewinnen.«
>
> Frau Freiersing erzählte das sieben Monate nach Wettbeginn. Bis zu diesem Tag hatte sie weder Süßes noch Salziges zu ihren Fernsehabenden konsumiert. Ich könnte wetten, das tut sie bis heute nicht.

Nehmen Sie sich etwas vor. Zur Übung ist es fast egal, was Sie auswählen. Es wird funktionieren. Und aller Wahrscheinlichkeit nach werden Sie so angetan davon sein, dass weitere Tests folgen werden. Probieren Sie es aus! Schreiben Sie sich jetzt gleich ein Thema auf. Formulieren Sie eine einfache Selbstverpflichtung und kreuzen Sie im Kalender das Datum an, an dem die 90 Tage vorüber sind. Viel Erfolg!

Blickt man noch etwas tiefer, wird es noch erstaunlicher. Deutlich wird das an folgendem Beispiel.

Herr Läuftnichtgern möchte wieder mit dem Joggen beginnen. Er formuliert eine Selbstverpflichtung und macht den 90-Tage-Test. Jeden Morgen läuft er rund 30 Minuten im aeroben Bereich, ganz locker und ohne sich zu verausgaben. Dann duscht er und beginnt seinen Tag. Was denken Sie: Wie ginge es ihm nach den 90 Tagen, wenn ihm jemand das Laufen verbieten würde? Genau: Es würde ihm schlecht gehen. Es würde ihm etwas fehlen. Denn das neue Verhalten, diese bislang ungeliebte Bewegung, ist innerhalb der 90 Tage in seiner Wohlfühl-Oase angelangt und hat diese erweitert. Genau das ist der Clou bei der Sache: Lassen Sie sich auf das 90-Tage-Programm ein, wird sich Ihre Wohlfühl-Oase ständig erweitern.

3.1.5.2 Seien Sie ein »Verrückter«

Speziell für das Berufsleben gibt es eine Methode, mit der Sie üben und zugleich einen verblüffend positiven Eindruck bei anderen hinterlassen können: Reißen Sie sich um eine unangenehme Arbeit. Ja, Sie haben richtig gehört! In jedem Unternehmen und in jedem Bereich gibt es Tätigkeiten, die niemand gern macht, die aber dennoch notwendig sind. Wer kann, drückt sich davor, schiebt sie Kollegen zu oder lässt sie so lange liegen, bis sie sich vielleicht von selbst erledigt haben oder bis sie unausweichlich abzuarbeiten sind. Jetzt stellen Sie sich einmal vor, da käme ein »Verrückter«, der förmlich nach diesen ungeliebten Arbeiten schreit. Er erledigt sie gewissenhaft, schnell, ausgefeilt bis ins Detail, mit Leidenschaft und Herzblut, als handle es sich um seine Lieblingstätigkeit. Das macht er nicht nur ein einziges Mal. Er kümmert sich ständig um Aufgaben, vor denen alle anderen sich drücken.

Soll ich den Gedanken weiter ausführen? Das ist sicherlich nicht nötig, denn Sie wissen ganz genau, wie es im Laufe der nächsten Monate und Jahre mit diesem »Verrückten« im Unternehmen weitergehen wird. Seien Sie ein »Verrückter«. Reißen Sie sich um mindestens eine unangenehme Arbeit. Erledigen Sie diese so, als wäre es das Projekt Ihres Lebens. Und dann gieren Sie nach der nächsten Aufgabe, die niemand haben will. Man wird Sie nicht aufhalten können.

> **Tipp**   **!**
>
> Alle Vorgehensweisen, die ich Ihnen in diesem Buch ans Herz lege, z. B. Bounce-Back, 90-Tage-Test und sich um Unangenehmes reißen, sind erprobt und sie funktionieren. Allerdings empfehle ich Ihnen, sie nicht für alles und jedes anzuwenden, sondern nur für Dinge, die Ihnen wirklich wichtig sind oder nach Ihrer Überzeugung wichtig werden können. Würden Sie ständig und für alles fünf Kugeln investieren, also dauernd Vollgas geben, vergessen Sie möglicherweise zu tanken und bleiben irgendwo auf halber Strecke liegen. Setzen Sie daher Ihre fünf Kugeln nur für das ein, was Ihnen *wirklich, wirklich, wirklich* wichtig ist.

3.1.5.3 15 Anregungen, sich selbst aus der Wohlfühl-Oase zu schubsen

Sie sehen nach all dem: Immer wieder aus der Wohlfühl-Oase herauszutreten, ist mehr eine Frage der inneren Einstellung, denn die Frage einer kurzfristig anwendbaren Technik oder Methode. Falls Sie dennoch mal einen kurzfristigen Impuls benötigen, habe ich Ihnen hier die Top-15-Anregungen dafür aufgelistet.

1. Nehmen Sie eine Woche lang jeden Tag einen anderen Weg zur Arbeit.
2. Machen Sie es sich zur Gewohnheit, völlig andere Meinungen zu hören oder zu lesen. Beschäftigen Sie sich regelmäßig ein paar Minuten am Tag mit ganz

anderen Themenfeldern. Das hält jung. Das hält neugierig. Das trainiert das Verlassen der Wohlfühl-Oase auch in bisher unbekannte Bereiche. Besuchen Sie doch einmal ein Museum, in dem Sie noch nie waren und dessen Exponate Sie bisher noch nie interessiert haben. Schauen Sie mal, was für Messen und Ausstellungen es in Ihrer Nähe gibt. Lesen Sie täglich einen Kommentar aus der Tageszeitung, der Ihrer Meinung widerspricht. Bitten Sie Experten auf Ihrem Gebiet zu einem Gespräch, etwa zum Mittagessen oder auf eine Stunde in Ihr Büro. Stellen Sie Fragen, die Sie brennend interessieren. Oder gehen Sie zu einem Mitarbeiter, der zu einem Thema eine konträre Meinung hat. Fragen Sie ihn: »Wie denken Sie über die Angelegenheit? Lassen Sie mich verstehen, wie Sie zu dieser Ansicht gekommen sind.«

3. Walmart, der alteingesessene, konservative Lebensmittelkonzern, und Google, das immer noch junge und dynamische Internet-Unternehmen tauschen regelmäßig Mitarbeiter aus: Dann arbeiten ein paar Hundert Google-Angestellte ein paar Monate lang bei Walmart und umgekehrt. Das sorgt für eine ordentliche Dosis neuer Eindrücke und für ebenso viele neue Ideen. Für die Mitarbeiter ist das ein Schubs raus in eine völlig andere Berufswelt. Wie wäre es mit einem »Mini-Praktikum« für Sie? Heuern Sie doch einmal für ein paar Tage oder Stunden in einer komplett anderen Branche an ...

4. Machen Sie etwas »nur kurz«: Der Mensch neigt dazu, das weiterhin zu tun, was er aktuell tut. Dieses Prinzip können wir nutzen für das, was wir tun wollen. Haben Sie beispielsweise keine Lust, die Ablage zu machen, obwohl die eigentlich nötig ist, dann sagen Sie sich: »Jetzt mache ich fünf Minuten Ablage«. Die Wahrscheinlichkeit, dass Sie länger dranbleiben werden, ist hoch. Die 5-Minuten-Frischluft-Bewegung? Eine Minute Fitnesstraining zuhause? Die 30-Sekunden-Meditation? Probieren Sie es aus. Aber nur kurz!

5. Geben Sie ein anonymes Stellengesuch auf, in dem Sie Ihre Qualifikationen beschreiben. Tun Sie das völlig unabhängig davon, ob Sie auf Stellensuche sind oder nicht. Sie werden überrascht sein über die Resonanz.

6. Kontaktieren Sie die Kunden der Konkurrenz. Sagen Sie, dass Sie gerade eine Untersuchung machen und gerne wissen möchten, warum sie nicht bei Ihnen kaufen bzw., was passieren müsste, damit sich das ändert.

7. Versprechen Sie Ihr Ziel einer Person, die Ihnen wichtig ist: Haben Sie sich etwas vorgenommen, teilen Sie es jemandem mit, der Ihnen etwas bedeutet. Sagen Sie beispielsweise Ihren Kindern, dass Sie ab sofort aufhören zu rauchen. Teilen Sie Ihrem Lebenspartner mit, dass Sie in den nächsten zwei Jahren Ihren Karriere-Turbo starten, oder gehen Sie zu Ihrem Chef und versichern Sie ihm, ab sofort alles daranzusetzen, um sich für die nächste Stufe zu empfehlen.

8. Unterteilen Sie Ihr großes Vorhaben in kleine Einheiten: Große Projekte können mehr abschrecken als motivieren. Unterteilen Sie sie daher in möglichst kleine Einheiten. Zum Beispiel: »Als Erstes gehe ich die ungeliebte Strategie-

Präsentation für den Vorstand am Jahresende an. Ich werde schon jetzt eine Masterfolie erstellen und die monatlichen Zahlen sukzessive einfließen lassen. Dann hole ich mir zur technischen Beratung den Kollegen XY zur Seite. Um tatsächlich mein Bestes geben zu können, suche ich noch die beeindruckendsten Präsentationen aus dem Internet zum Vorbild für meine Arbeit zusammen ...« Merken Sie, wie plötzlich das Gehirn anfängt, ganz anders zu arbeiten? Aus dem klotzigen riesengroßen Block werden übersichtliche kleine Häppchen, die Sie nicht überfordern. Ihr Motto: »Bissen für Bissen, bis der Elefant verspeist ist.«

9. Führen Sie eine Löffelliste: Kennen Sie den Film »Das Beste kommt zum Schluss«? Darin geht es um zwei Krebskranke, die nur noch ein paar Monate zu leben haben. Sie schreiben auf, was sie in dieser Zeit noch alles erleben wollen. Sie nennen die Liste »Löffelliste«, weil es sich um Dinge handelt, die sie machen wollen, bevor sie den Löffel abgeben. Derart makaber brauchen Sie es nicht zu handhaben. Erstellen Sie aber eine Liste von allem, was Sie in Ihrem Leben noch machen, erreichen, sehen, schaffen wollen. Ich darf Ihnen jetzt schon verraten: die Liste wird umfangreich! Psychologisch drängt dieser Kniff die unwichtigen Themen in den Hintergrund: »Für so einen Quatsch habe ich jetzt wirklich keine Zeit. Ich habe noch so vieles auf meiner Liste, das wirklich wichtig ist.« Probieren Sie es aus.

10. Sagen Sie heute im Büro zu allen internen Anfragen einmal Nein. Ohne Begründung.

11. Gehen Sie einen Tag ohne Krawatte, alternativ: mit, wenn Sie keine tragen, ins Büro. Ohne Begründung.

12. Gönnen Sie sich eine Farb- und Stilberatung

13. Denken Sie nach: denken Sie vor! Beantworten Sie sich die folgenden zwei Fragen: Wo möchte ich beruflich in zehn Jahren stehen? Welche Fähigkeiten bzw. Fertigkeiten benötige ich dazu? Allein das Nachdenken über diese beiden Fragen wird Sie aus der Wohlfühl-Oase schubsen und ins Handeln bringen.

14. Arbeiten Sie einen Tag ohne Mobiltelefon und Internet. Ich weiß, Sie denken jetzt: »Das geht doch gar nicht«. Doch, das geht! Glauben Sie mir.

15. Halten Sie einen Vortrag zu Ihrem Thema, wo auch immer.

3.2 Die tiefe Kraft des wirklich Wichtigen

Ich beginne dieses Kapitel mit einem Satz, der Ihnen in diesem Buch schon mal begegnet ist: »Fünf Kugeln für das, was Ihnen wirklich wichtig ist«. So harmlos er klingen mag, so viele Zündfunken stecken in diesem Satz. Vielleicht enthält er sogar die Essenz der Selbstmotivation. Schaffe ich es, meine fünf Kugel einzusetzen, also 100 Prozent zu geben, für das, was ich will, dann führe ich doch ein wahrlich erfülltes Leben. Es erstaunt immer wieder, Menschen zu begegnen, die quasi nichts auf die Reihe kriegen. Und dann gibt es andere, die scheinbar mühelos all ihre Ziele erreichen.

3.2.1 Wichtiges schafft Orientierung und Vertrauen

Vor kurzem traf ich mich mit dem Personalleiter eines DAX-Unternehmens zu einem abendlichen Gespräch. Ich wusste, wie sehr er eingespannt ist, welche Verantwortung er trägt, was von allen Seiten auf ihn einstürmt. Daher erwartete ich ein etwas hektisches, zumindest aber extrem straff ablaufendes 10-Minuten-Gespräch. Umso erstaunter war ich, dass er sich ausgiebig Zeit nahm. Die anliegende Problemstellung durchdrang er tief, so, dass wir die Sachlage in 45 Minuten intensiv besprechen konnten. Zum Abschluss fragte ich: »Entschuldigen Sie bitte, wenn ich so direkt frage. Wie kommt es, dass Sie sich heute so viel Zeit genommen haben? Ich weiß ja, was Sie alles zu tun haben.« Seine Antwort bestand nur aus vier Worten: »Weil es wichtig ist.« Dann wurde ich elegant zur Tür hinaus begleitet.

»Weil es wichtig ist«. Nehmen Sie diese Worte in Ihr sprachliches Repertoire auf. Hängen Sie den Satz über das Bett, nehmen Sie ihn als Bildschirmschoner. *Weil es wichtig ist.* Schaffen Sie es, diese Botschaft zu verinnerlichen und sich daran zu orientieren, werden Sie sehr rasch ein ganz anderes Lebensgefühl bekommen. Warum? Weil Wichtiges selten eilt und es fast immer langfristig angelegt ist, läuft es Gefahr, im Sturm des Lebens unterzugehen. Aber es bietet auch die Chance, wie ein Kompass zu fungieren, so dass wir immer wissen, in welche Richtung wir uns bewegen müssen. Das schafft Orientierung und ein tiefes Gefühl von Vertrauen.

3.2.2 You can get no satisfaction, oder: Lassen Sie sich nicht vom Alltag schlucken

Das Problem an der Sache: Wir sind uns oft nicht im Klaren darüber, was in unserem Leben wirklich wichtig ist. Geschweige denn wissen wir, wie wir es umsetzen können. Im Alltag verlieren wir es aus den Augen. Und oft wird uns erst in einer Krise bewusst, was wahrhaft wichtig ist. Dann erst fassen wir gute Vorsätze und verändern tatsächlich so Einiges. Doch kaum ist die Krise überwunden, kaum holt uns der Alltag ein, unterwandern uns die üblichen Verhaltensweisen. Wir verlieren uns wie zuvor in unserer schnelllebigen und kurzsichtigen Welt.

Beispiel !

Mark Schulze hat sich für diesen Montag drei wichtige Sachen vorgenommen. Doch bereits, als er morgens losfährt und sein Wagen nicht anspringt, ahnt er, dass nicht alles nach Plan laufen wird. Er schafft es mit der U-Bahn auf den letzten Drücker zur angesetzten Mitarbeiterversammlung. Dort verkündet der Vorstand, dass ab sofort drastische Einsparungen vonnöten seien und jede Führungskraft entsprechende Vorschläge einreichen solle. Zurück am Schreibtisch tut Schulze das gleich, beruhigt nebenbei noch einen unzufriedenen Lieferanten, löst das Qualitätsproblem in der Fertigung und schafft es sogar, den überfälligen Urlaubsplan seiner Abteilung zu prüfen. Als er abends das Büro verlässt, ist er völlig geschafft und fühlt sich wie gerädert. Dabei hat er alles bravourös erledigt – bis auf die drei Sachen, er sich eigentlich vorgenommen hatte.

Und genau das hinterlässt ein schales, unbefriedigendes Gefühl. Im Schwäbischen sagt man dazu: »Den ganzen Tag geackert, aber nichts geschafft!« Die Rolling Stones haben es sogar gesungen: »You can get no satisfaction« – du kriegst keine Befriedigung. Zumindest nicht, wenn Wichtiges regelmäßig hintangestellt wird. Tief im Inneren spüren wir, dass etwas fehlt.

3.2.3 Geben Sie Gas, ohne in den Rückspiegel zu schauen

Die meisten kennen solche Situationen, wie im letzten Abschnitt beschrieben. Woher sie kommen und wie man sie vermeidet, erfahren Sie weiter unten. Zuvor möchte ich Ihnen fernab von allen Methoden und Modellen einen einfachen Ansatz an die Hand geben, mit dem Sie es schaffen, sofort in die richtige Richtung durchstarten zu können. Dieser Ansatz funktioniert nur, wenn Sie sich vorbehaltlos auf ihn einlassen. Aber wenn Sie das tun, kann er schnell eine starke Wirkung erzielen.

Der Gas-geben-Ansatz: Wo will ich hin? !

Blenden Sie für eine kurze Zeitspanne ganz bewusst aus, was hinter Ihnen liegt. Ob Scheidung, Jobverlust, Krankheit, was auch immer. Und dann fragen Sie sich:

Wo will ich hin?	Was kann ich dafür tun?
Beruflich?	
Persönlich?	
Mit meiner Beziehung?	
Finanziell?	

Lassen Sie sich voll und ganz auf den Gedanken ein. Schreiben Sie die Antworten auf. Halten Sie nur klare Vorstellungen von dem fest, was im Idealfall sein könnte, und keine rosaroten Wunschträume. Dann notieren Sie zu jedem Punkt ein paar Stichworte unter der Rubrik: »Was kann ich dafür tun?«. Machen Sie es sich zur Gewohnheit, diese Notizen täglich, am besten morgens und abends, anzuschauen und zu ergänzen.

Nehmen Sie sich diesen Ansatz für einen Monat vor. Sie können ja nichts dabei verlieren. Wenn es Ihnen nichts bringen sollte, lassen Sie es wieder. Wahrscheinlicher aber ist, dass es als Turbo für Ihr Leben wirkt, wobei natürlich auch klar ist, dass Schwierigkeiten auftreten können. Oft kommen Fragen hoch wie: »Aber es ist doch wichtig, was ich bisher geschafft habe und was nicht. Das spielt doch eine Rolle für meine Zukunft. Das kann ich doch nicht außer Acht lassen, oder?«

Doch, kann man. Steve de Shazer, Psychotherapeut und Begründer der sog. lösungsorientierten Kurzzeit-Therapie, meinte:

>»Die Welt des Problems hat nichts mit der Welt der Lösung zu tun.«*

De Shazer hat seine Klienten absolut nichts aus ihrer Vergangenheit erzählen lassen. Kam einer zu ihm und meinte: »Sie, mein Problem ist …«, unterbrach de Shazer ihn und fragte: »Wo wollen Sie hin?« »Aber, ich wollte doch gerade erzählen, was so schwierig …« »Wo wollen Sie hin?« »Aber …« »Wo wollen Sie hin?« Steve de Shazer zwang seine Patienten förmlich dazu, zukunfts- und lösungsorientiert zu denken. Im alltäglichen Coaching lässt es sich so nicht arbeiten. Nach aller Erfahrung wollen Menschen ihre bisherigen Probleme gewürdigt sehen. Das ist verständlich. Nur mal angenommen es käme jemand, der seit 30 Jahren Schwierigkeiten im Umgang mit Kollegen und Führungskräften hat – verständlich angesichts seiner schwierigen Kindheit und diverser Schicksalsschläge. Selbsthilfegruppe, Psychotherapie und etliche Unternehmenswechsel brachten keinen Erfolg. Wer als Coach eine solche Vergangenheit nicht beachtet, verliert seinen Klienten sehr schnell. Und der Betroffene kann sich für neue Methoden kaum öffnen.

Aber Sie – Sie können sich öffnen mit diesem Ansatz. Diese Methode kann so ganz nebenbei unseren Filter neu justieren. Probieren Sie es aus. Wagen Sie es, ohne Rückspiegel eine begrenzte Zeitdauer nach vorn zu schauen und Gas zu geben. Sie können Ihr Leben ja später wieder rückblickend betrachten.

Probieren Sie es. Schriftlich.

3.2.4 Dringendes ist nicht wichtig – meistens jedenfalls

Und nun gehen wir noch etwas mehr in die Tiefe. Lassen Sie uns dazu mit drei Beispielen aus dem Alltag starten.

> **Beispiele aus dem Alltag** !
>
> - Sie unterhalten sich mit einem Verkäufer. Dessen Mobiltelefon klingelt. Er geht ran, verzieht entsetzt das Gesicht, schaut Sie an und sagt: »Bitte entschuldigen Sie. Das ist wichtig!« Zehn Minuten später kommt er wieder, entschuldigt sich nochmals und steigt dann wieder in Ihre Unterhaltung ein.
> - Der internationale Manager für Arbeitssicherheit schaut vor dem Schlafengehen wie üblich auf sein Mobiltelefon und seine E-Post: zwei Anfragen zu den neuen Betriebsanleitungen aus den USA, ein drastischer Anstieg der Beinahe-Unfälle in Thailand. Das kann man nicht so stehen lassen. Das hat Auswirkungen. Das ist wichtig. Schnell noch ein paar Zeilen per Mail verschickt, damit morgen früh die Antwort da ist.
> - Der Vorgesetzte eilt in Ihr Büro, legt etwas auf den Schreibtisch und sagt: »Bitte ganz schnell erledigen – es ist wirklich wichtig!«

Die Quizfrage lautet: Was haben alle drei Beispiele gemeinsam? Ja, natürlich: Da sagt jemand, es sei wichtig. Was noch? Diese weitere Frage ist nicht ganz so einfach zu beantworten. Lesen Sie nochmals kurz die Beispiele und fragen Sie sich: War das jeweils wirklich wichtig? Oder war es nicht eher dringend?

Im Alltag werden wir häufig mit Themen konfrontiert, die als wichtig hingestellt werden. In Wahrheit sind sie, zumindest für uns, nicht wichtig – höchstens dringend. Es lohnt sich, diese beiden Begriffe fein säuberlich zu trennen. Sehen wir uns deren Bedeutung etwas näher an.

Dringend	Kommt vom Wortstamm »drängen« und ist verwandt mit »bedrängen«. Die meisten Menschen, so haben Untersuchungen ergeben, verbinden mit »dringend« etwa Eile, Druck, Hektik, Stress. Diese Begriffe sind im üblichen Sprachgebrauch negativ besetzt. Zudem hat »dringend« nur einen kurzfristigen Horizont.
Wichtig	Kommt von »ge-wichtig« = hat Gewicht, Bedeutung. Damit verbinden die meisten Langfristigkeit, Genugtuung, Befriedigung, Stolz. Das sind positiv besetzte Begriffe mit langfristiger Perspektive.

Bitte halten Sie gedanklich fest: Die für Sie persönlich wichtigen Themen sind meist langfristig von Bedeutung. Das kann alles betreffen. Vielleicht haben Sie ein berufliches Ziel vor Augen? Oder Sie möchten eine Sportart bzw. ein Instrument meisterhaft beherrschen? Einige Themenbereiche sind fast allen Menschen wichtig: Gesundheit, Beziehungen, persönliche Weiterentwicklung, finanzielle Vorsorge. Diese Themen nennen auch die meisten Teilnehmer auf meine Frage, was ihnen wirklich, wirklich, wirklich wichtig sei.

Zur besseren Einordnung, ob eine Angelegenheit dringend oder wichtig ist, dient die folgende Abbildung. Ein paar warnende Worte vorab: Diese Matrix ist möglicherweise aus dem Zeitmanagement bekannt. Dort wird sie die Eisenhower-Matrix genannt und wird zur besseren Organisation des Arbeitsalltags genutzt. Falls Sie damit schon einmal in Berührung gekommen sein sollten, werfen Sie jetzt bitte alles, was Sie darüber wissen, über Bord. Wir unterhalten uns hier nicht über Zeitmanagement. Es geht auch definitiv nicht darum, leichte Themen zu delegieren oder Lieferengpässe zu vermeiden. Hier geht es um Ihre Selbstmotivation für wichtige Themen. Um nicht mehr, aber auch um nicht weniger. Sie lernen dazu drei Prinzipien kennen, mit denen Sie ein Leben führen können, in dem Sie immer in der gewünschten Richtung unterwegs sein werden. Das verschafft ein großartiges Gefühl.

Zuvor ist jedoch ein bisschen Arbeit angesagt. Wir haben bereits »wichtig« und »dringend« unterschieden. Beim Betrachten der Matrix erkennen wir, dass Wichtiges sowohl dringend sein kann als auch nicht dringend.

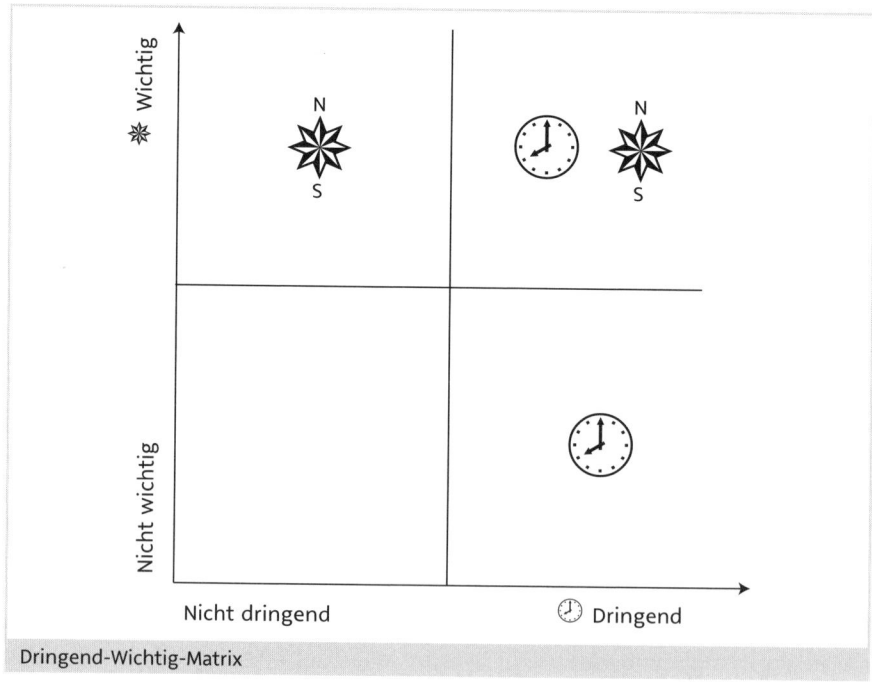

Dringend-Wichtig-Matrix

»Dringendes« und »Wichtiges« werden durch Uhr und Kompass symbolisiert.

- Die Uhr steht für die Zeit. Sie zeigt an, wann etwas beginnt und endet, sie lässt sich nicht aufhalten, mahnt zur Einhaltung von Terminen, zur Pünktlichkeit. Sie sagt: »Schnell, schnell. Es eilt. Die Zeit drängt. Es ist dringend.«
- Der Kompass dagegen steht für Orientierung. Wo willst du hin? Verlaufen? Kein Problem. Der Kompass sagt: »Ich zeige dir immer den richtigen Kurs an. Es kommt nicht auf die Geschwindigkeit an, sondern auf die Richtung, die du einschlägst.«

3.2.5 Es kommt nicht auf die Geschwindigkeit an, sondern auf die Richtung

Ein paar Ideen zu den Themen, die (fast) allen wichtig sind:

Wichtig und gleichzeitig dringend:
- Arbeitsplatz: mein Bereich oder meine Stelle sind in Gefahr; ich trete eine neue Position an; der wichtigste Kunde droht abzuspringen; in der Produktion gibt es Qualitätsprobleme;
- Gesundheit: es tut weh; ich bin krank; ich bin nicht leistungsfähig;
- Beziehung: es kriselt; mein Partner will mich verlassen; mein Lebenspartner hat Suchtprobleme;
- Finanzielle Vorsorge: meine bisherige Vorsorge weist Lücken auf; ein Aktien-Crash hat einen Teil meines Kapitals vernichtet; ich habe mich bisher noch gar nicht um finanzielle Vorsorge gekümmert.

Wichtig und *nicht* dringend:
- Arbeitsplatz: fachliche und persönliche Weiterbildung; geistige und körperliche Beweglichkeit; Beziehungspflege; Wissen und Fertigkeiten;
- Gesundheit: ich bin gesund; fühle mich wohl; kann alles mit leichter Hand erledigen; geistig bin ich fit wie ein Turnschuh;
- Beziehung: momentan ist alles gut; zuhören im Alltag; Aufmerksamkeit;
- Finanzielle Vorsorge: alles läuft nach Plan; regelmäßige Überprüfung.

Sie sehen: Alles, was uns wichtig ist, kann zugleich dringend sein. Es kann aber auch in einem Bereich liegen, in dem es nicht bzw. *noch* nicht dringend ist. Allein diese Differenzierung macht deutlich, wohin die Reise gehen sollte. Wo fühlen Sie sich gedanklich wohler? Im wichtigen Bereich, der dringend ist? Oder in dem Bereich, in dem Sie noch alle Zeit der Welt haben? Ganz eindeutig – in Letzterem fühlen wir uns wohler, entspannter, klarer.

Gesundheit, Beruf, Beziehung und Finanzen – diese Bereiche, die Ihnen oben schon begegnet sind, sind fast allen Menschen wichtig. Jeder Mensch hat zudem seine individuellen Themen, die er voranbringen möchte. Deshalb kann außer Ihnen selbst niemand definieren, was wirklich wichtig sein soll. Es gibt keine allgemeingültig wichtigen Sachen.

> **! Beispiel**
>
> Als ich noch als Angestellter gearbeitet habe, führte ich eine kleine Abteilung mit gerade mal fünf Mitarbeitern. Alle waren wir aufeinander angewiesen. Wir vertraten uns gegenseitig. Als eine Mitarbeiterin ihre kranke Schwester pflegen musste, hatten alle Verständnis für die vielen Fehlzeiten. Dann kam eine Fußball-Weltmeisterschaft. Ein Mitarbeiter war begeisterter Fan und wollte etliche Spiele live am Fernseher erleben. Er fragte mich, ob er dafür unbezahlte Auszeiten nehmen könne, ohne seinen Urlaub antasten zu müssen. Ich stimmte zu. Daraufhin wurde ich vehement von den anderen Mitarbeitern bestürmt, wie ich denn dieser Lappalie einen solchen Vorrang einräumen könne. Schließlich bräuchten wir gerade jeden Mann und jede Frau.
> Jetzt treibe ich das noch ein wenig auf die Spitze: Wäre der Mitarbeiter damit gekommen, zuhause einen kranken Goldfisch pflegen zu müssen, hätte ich ihm den Freiraum ebenso genehmigt.

Das hört sich nur auf den ersten Moment ziemlich abgehoben an. Dahinter steckt, dass jeder für sich individuell definiert, was ihm wichtig ist und was nicht. Von äußerer Warte aus können wir manchmal nur den Kopf schütteln und eine andere Meinung haben. Aber, wenn jemand seinen Goldfisch über alles liebt, dann ist ihm dessen Pflege eben sehr wichtig. Offensichtlich wird das Prinzip dahinter vor allem dann, wenn wir die Frage umkehren: Sollen wir die Abteilung darüber abstimmen lassen, welche Belange dem einzelnen Mitarbeiter wichtig sind und welche nicht? Auch ich muss zugeben, meine Macken zu pflegen bei Dingen, die mir etwas bedeuten. Und sicherlich geht es jedem von uns so.

3.2.6 Die Unterscheidung zwischen Dringendem und Wichtigem betrifft unser gesamtes Leben

Dem Selbstständigen fällt es verhältnismäßig leicht, beruflich zwischen Dringendem und Wichtigem zu unterscheiden. Doch natürlich kommt auch er oft von einem Thema zum nächsten. Manchmal scheint alles gleichzeitig und gleichrangig wichtig, Dringendes prasselt auf einen ein. Da ist es gut, einen Kompass zu haben. Und der taucht auf, wenn man sich die entsprechenden Fragen stellt. Auch sie sind weder sehr spezifisch noch allgemeingültig. Bewährt haben sich jedoch unter anderem:

- Was kann ich in dieser Woche dafür tun, mein Unternehmen langfristig nach vorn zu bringen?
- Wo steht für mein Unternehmen das meiste Geld auf dem Spiel?
- Welche Mitarbeiter, Kunden, Lieferanten sind am wichtigsten für mein Unternehmen? Was kann ich für ausgezeichnete Beziehungen tun?

Sind Sie in einem Angestelltenverhältnis, tun sich ähnliche Fragestellungen mit einer anderen Stoßrichtung auf, abhängig davon, was Sie langfristig erreichen möchten. Hier könnten es Fragen sein wie:
- Welches sind die Erfolgskriterien, an denen meine Leistung festgemacht wird?
- Worin kann ich in meinem Fachgebiet noch besser werden? Was ist dazu notwendig?
- Zu welchen Personen im Unternehmen brauche ich eine gute Beziehung? Was kann ich dafür tun?

Ob Unternehmer oder Angestellter: Ich lege Ihnen ans Herz, am besten wöchentlich Ihre Antworten zu prüfen. Rückblickend auf eine Woche können Sie sich fragen: »Was war wirklich wichtig von all dem, was ich letzte Woche getan habe?«

3.2.7 Härter und schneller zu arbeiten, macht nicht glücklicher

Natürlich sollten wir unseren Fokus nicht ausschließlich auf den Beruf legen. Wie heißt es so treffend: »Wer bedauert schon auf dem Sterbebett, nicht mehr Zeit im Büro verbracht zu haben?« Wahrscheinlich niemand. Die Unterscheidung zwischen Dringendem und Wichtigem betrifft also nicht nur den Beruf, sondern unser gesamtes Leben. Es lohnt also, Betrachtungen für alle Lebensbereiche anzustellen und sich in allen Bereichen die relevanten Fragen zu stellen.

Zeit frisst das kaum. Schaffen Sie es, jeden Tag lediglich wenige Minuten innezuhalten, den Geräuschpegel der Außenwelt auf null zu dimmen und sich die Fragen oben zu beantworten, werden Sie sich schnell vom Dringlichkeits-Fetischisten zum Kompass-Orientierer mausern. Bei Wichtigem geht es nie bzw. nur selten um Schnelligkeit: Eine Beziehung lässt sich nicht auf die Schnelle vertrauensvoll aufbauen oder gar reparieren. Die Gesundheit verbessert sich bei zwei Wochen kluger Ernährungsweise und täglicher Bewegung nicht nachhaltig. Selbstverständlich ist das den meisten Menschen, zumindest unbewusst, sonnenklar. Wir wissen: Wir sollten Sachen tun, die unsere langfristig wichtigen Ziele unterstützen. Doch wir stürzen uns auf Dinge, die sich nach vorn drängen, die aktuell sind, die im Zeitplan stehen, die auf uns einprasseln. Das andere, Wichtigere, kommt zu kurz. Genau dies verursacht so vielen Menschen starkes Unwohlsein.

Manche spüren es sehr deutlich, anderen bleibt nur ein verschwommenes Unbehagen, ein diffuses Gefühl, dass man zwar viel, aber nichts Sinnvolles getan hat. Gerade intensiv im Berufsleben stehende Menschen stellen dabei sehr konkret fest: härter und schneller zu arbeiten, macht nicht glücklicher.

Wie können wir aber unser Tun so ausrichten, dass es zu unseren wichtigen Zielen beiträgt?

Sie ahnen es vielleicht: Der erste Schritt ist herauszufinden, was wichtig ist. Eigentlich unfassbar, aber viele können sofort sagen, was sie *nicht* wollen. Sie können es auch ausführlich begründen. Fragt man nach, was sie denn wollen, fallen die Antworten oft dünn aus. Also: Wie identifizieren wir, was für uns de facto von Bedeutung ist? Dazu kann ich leider keine schnelle 5-Minuten-Übung anbieten. Dazu brauchen Sie Muße und Abstand, wie man ihn vielleicht im Urlaub hat. Aus der Ferne lässt sich oft deutlicher erkennen, was man vernachlässigt hat und was einem am Herzen liegt. Das sind oft Freundschaften, die man mehr pflegen möchte, Zeit für sich selbst, ein Hobby, das guttut.

Haben Sie sich diese Zeit eingerichtet, im Urlaub oder an einem freien Wochenende, versetzen Sie sich in eine angenehme Stimmung. Gehen Sie an einen Ort, an dem Sie sich wohlfühlen und wo Sie ungestört sind. Richten Sie sich ähnlich wie bei der Übung mit dem 80. Geburtstag gedanklich darauf ein, jetzt einige Zeit für Fragen aufzuwenden, die Sie weiterbringen werden und mit denen Ihre Lebensqualität verbunden ist. Die folgende Checkliste hilft Ihnen dabei.

Wissen Sie in einem Bereich klar, wohin Sie wollen, strahlt dies auf alle anderen Themenfelder aus. Seien Sie ehrlich zu sich selbst, nicht zu schnell und vor allem nicht oberflächlich. Haben Sie eine Frage geklärt, können Sie sie in der rechten Spalte abhaken.

Checkliste: Was ist mir wichtig im Leben?

Beruf	
▪ Was schätze ich an meinem Beruf?	
▪ Was sind meine wichtigsten Aufgaben?	
▪ Wofür werde ich ganz konkret bezahlt?	
▪ Welchen Mehrwert schaffe ich dem Unternehmen?	
▪ Welche Ergebnisse werden von mir erwartet?	
▪ Trägt das, was ich gerade tue, dazu bei?	
▪ Wo möchte ich in zehn Jahren beruflich stehen?	

Persönliche Bereiche

▪ Was ist mir wirklich, wirklich, wirklich wichtig im Privaten und Persönlichen?	
▪ Bei welchem Tun vergesse ich die Zeit; wann bin ich glücklich?	
▪ Was würde ich niemals aufgeben?	
▪ Welcher Verlust würde mir am meisten wehtun?	
▪ Wofür bin ich aktuell dankbar?	
▪ Wofür würde ich bei Gefahr kämpfen?	
▪ Welche Themen möchte ich angehen?	
▪ In welchen Bereichen muss ich mich aus meiner Komfortzone begeben?	
▪ Welche Themen gibt es in meinem Leben, für die es sich lohnt, mich voll und ganz einzusetzen, auch wenn es schwierig wird?	
▪ Wer sind die wichtigsten Menschen in meinem Leben?	
▪ Zu welchen Menschen möchte ich eine bessere Beziehung?	
▪ In welchen Bereichen möchte ich mich weiterentwickeln?	

Diese tiefgehenden Schlüsselfragen lassen sich nicht auf die Schnelle und mal ganz nebenbei beantworten. Sie merken wahrscheinlich schon beim Durchlesen der Fragen, dass man sich vor der einen oder anderen Antwort auch gerne drücken möchte. Es könnten ja einige unangenehme Wahrheiten ans Tageslicht kommen. Doch es lohnt sich, die Fragen anzugehen. Sie stammen allesamt aus der Praxis und haben sich bewährt. Wichtig ist noch, dass Sie das schriftlich erledigen. Tragen Sie die Fragen und Antworten am besten in ein hochwertiges Notizbuch ein, das Sie immer wieder gern zur Hand nehmen und fortschreibend aktualisieren. Was man schreibt, das bleibt! Technikaffine Leser können selbstverständlich auch die digitale Variante wählen und eine entsprechende Datei anlegen. Die Mittel sind nicht so entscheidend. Hauptsache, Sie beschäftigen sich intensiv damit.

Manchmal ist diese Checkliste die erste Übung, die ich einem Coachee mitgebe, so vor allem Menschen, die Aussagen treffen wie: »Ich fühle mich wie ein Rädchen im Getriebe«, oder: »Ich strenge mich immer mehr an, habe aber das Gefühl, dass ich mich nur im Kreis drehe«. Hinter diesen Feststellungen steckt nicht nur eine gewisse Hilflosigkeit, sondern ein hohes Maß an Orientierungslosigkeit. Zum Wiedererlangen der Orientierung gibt es meines Wissens kein effektiveres Instrument als die Beantwortung dieser Fragen.

Roy Disney, Bruder von Walt Disney, hat das Ergebnis solcher Überlegungen einmal knackig auf den Punkt gebracht:

>>*Wenn die Prioritäten klar sind, dann ist es einfach,*
Entscheidungen zu treffen.<<

3.2.8 Effektiv oder effizient?

Im Zusammenhang mit wichtigen Vorhaben fällt oft das Wort effektiv – das sich im Übrigen in unserer heutigen Zeit neben dem Begriff »effizient« zum Modewort entwickelt hat: Alles muss in der heutigen Arbeitswelt effektiv und effizient sein. In Vorlesungen vor Wirtschaftsstudenten frage ich spaßeshalber oft, was der Unterschied ist zwischen effektiv und effizient. Die beiden Worte werden häufig benutzt und fast ebenso häufig verwechselt. Dabei lassen sie sich ganz einfach unterscheiden:

- Effektiv arbeiten bedeutet, so zu arbeiten, dass ein gewolltes Ergebnis erreicht wird. Effektivität misst den Grad der Zielerreichung, den Grad der Wirksamkeit einer Maßnahme. Etwas vereinfacht bedeutet Effektivität also »die richtigen Dinge tun«. Vielleicht fragen Sie sich am Lebensende, wie glücklich Sie oder wie gut Ihre wichtigen Beziehungen waren. Die Antwort darauf zeigt, wie effektiv Sie in Ihrem Leben waren.
- Effizient arbeiten bedeutet dagegen so zu arbeiten, dass die zur Verfügung stehenden Mittel optimal eingesetzt werden, um ein Ziel zu erreichen. Effizienz ist also ein Mittel zum Zweck und damit der Gradmesser für die Wirtschaftlichkeit einer Maßnahme. Vereinfacht ausgedrückt bedeutet Effizienz »die Dinge richtig tun«. Wenn Sie sich am Lebensende die Frage stellen, was Sie alles gemacht haben, dann hinterfragen Sie Ihre Effizienz. Das kann eine ganze Menge gewesen sein, ohne dass es zu Ihrem Glück beigetragen haben muss.

! **Beispiel**

Angenommen, Sie arbeiten selbstmotiviert, schnell und in hoher Qualität die Aufgabe A ab. Dann sind Sie sehr effizient. Sie könnten noch effizienter werden, wenn Sie ein schnelleres Computerprogramm hätten oder bessere Beziehungen zu wichtigen Leuten oder Mitarbeitern, die Sie unterstützten. Wenn Sie aber eigentlich Aufgabe B hätten erledigen sollen, waren Sie zwar äußerst effizient, aber nicht effektiv. Sie hätten dann auf das falsche Ziel hingearbeitet.

Abstrus? Leider nicht, im Gegenteil. That's life. Schauen Sie sich um: Wie viele Menschen hasten von einem Termin zum nächsten, kaufen Dinge, die sie nicht brauchen, verschwenden Zeit mit Belanglosigkeiten und mit Menschen, die ihnen nicht behagen. Wie viele Menschen arbeiten in ihrem Job und strengen sich mächtig an, obwohl sie lieber für etwas völlig anderes ihr Herzblut geben würden? Alles, was wir tun, wollen wir »gut« machen. Das ist Teil des menschlichen Wesens. Backt jemand einen Kuchen, will er ihn gut backen. Beginnt jemand eine Beziehung, will er sie gut führen. Und wenn jemand eine Arbeit anfängt, möchte er sie gut zu Ende bringen.

Wir versuchen also, alles was wir tun, so gut und damit effizient wie möglich zu erreichen. Allerdings nehmen wir uns viel zu selten die Zeit und vor allem die Auszeit, über unsere eigentlichen Ziele nachzudenken. Nur wenn wir sie klar vor Augen haben, können wir effektiv sein.

Wir arbeiten hart, bilden uns weiter, nehmen Rückschläge in Kauf, sind immer fürs Unternehmen verfügbar – um irgendwann festzustellen, dass wir dort angekommen sind, wo wir nie ankommen wollten.

Deshalb ist es von elementarer Bedeutung für Ihr Leben und Ihre persönliche Lebensqualität, sich mit den Fragen oben zu beschäftigen. Das schafft auch einen gewissen Lebens-Sinn – denn Sinn macht alles, was für uns von Bedeutung ist, was wichtig ist. Identifizieren Sie also zuallererst, was Ihnen wirklich wichtig ist. Lassen Sie sich genügend Zeit für diesen Schritt; er bestimmt die Richtung.

Vielleicht ermutigt Sie die Aussage von Marie Anne Marquise du Deffand, die einen literarischen Salon unterhielt:

> *»Die Entfernung ist unwichtig. Nur der erste Schritt ist schwierig.«*

»Wie wahr!«, möchte man ausrufen.

Die Beschäftigung mit diesen Fragen sollte keine einmalige Gelegenheit sein. Sie sollten sich immer wieder damit beschäftigen, denn Ziele können sich ändern und müssen hin und wieder angepasst werden. Planen Sie diese Zeiten bewusst. Sagen Sie sich nicht: »Das mache ich, wenn es mal passt«. Es passt nie. Planen Sie.

3.2.9 Die drei natürlichen Prinzipien

Den ersten und wichtigsten Schritt in Richtung Handeln haben Sie getan. Sie haben Ihre Tätigkeiten und Vorhaben unterschieden in dringende und wichtige Bereiche. Jetzt bekommen Sie eine Art Leitfaden an die Hand, der Sie auf Ihrem weiteren Weg unterstützt.

Um wichtige Themen tatsächlich nach vorn zu bringen und sie dauerhaft zu verfolgen, gibt es im Zusammenspiel mit dringenden und wichtigen Angelegenheiten drei ebenso bedeutende wie völlig natürliche Prinzipien. Hört sich etwas mickrig an: drei Prinzipien. Dabei handelt es sich um derart mächtige Grundregeln, dass deren Befolgung fast unweigerlich ein Leben in Einklang mit Ihren wichtigen Zielen bedeutet. Sie können dann gar nicht mehr anders, als sich selbstmotiviert auszurichten. Sie kommen dann in den berühmten Fluss, den »Flow«, in dem vieles wie von selbst, mühelos und so natürlich wie das Lächeln eines Kindes geschieht.

Hier die Prinzipien im Überblick.

Prinzip 1	Wichtiges wird dringend, wenn man nichts dafür tut.
Prinzip 2	Das doppelte Hebelprinzip: Je eher man handelt, desto geringer der Aufwand bei gleichzeitig besserem Ergebnis.
Prinzip 3	Für Wichtiges, das nicht dringend ist, muss ich mir selbst Druck machen.

Das hört sich nicht gerade spektakulär an. Aber, warten Sie es ab – die Prinzipien haben es in sich! Schauen wir sie uns einmal genauer an.

3.2.9.1 Natürliches Prinzip Nr. 1: Es wird dringend, wenn ich nichts tue

! **Beispiel: Die verflixte Steuererklärung**

Hannar Gunnarson ist selbstständiger Kleinunternehmer. Am 31. Mai muss er seine Steuererklärung für das Vorjahr abgegeben haben. Eine gute Regelung, meint Hannar, weil er sich dann nicht um die Jahreswende damit abmühen muss, sondern sie ganz entspannt in den ersten Monaten des Jahres erledigen kann. Dann hat er auch alle Belege dafür beisammen. Im Februar kommt ein größerer Auftrag herein. Hannar ist glücklich, arbeitet fast rund um die Uhr. Nur ganz selten beschleicht ihn das Gefühl, dass da noch etwas offen ist. Aber das hat ja noch Zeit. Im März geht er zwei Wochen Skifahren. Diesen Urlaub hat er sich absolut verdient. Er braucht ihn, um endlich mal abzuschalten. Den restlichen Monat arbeitet er auf, was in den beiden Wochen Urlaub liegengeblieben ist. Im April stehen die wichtigsten Messe- und Akquisitionstermine an. Nun ist es Ende Mai. Es sind nur noch wenige Tage bis zum Fristablauf. So langsam muss sich Hannar eingestehen, dass er schon viel früher hätte beginnen müssen. Er sucht nach Belegen, versucht mit Hilfe des Kalenders, seine Fahrten aufzulisten. Aber er hat sein Fahrtenbuch unsauber geführt, und es fehlen Rechnungen. Und wo, verdammt noch mal, ist eigentlich die Mappe mit den Kontoauszügen? Irgendwie macht das alles gerade keinen Sinn. Hannar sucht im Internet nach Wegen aus dem Dilemma. Da – die Lösung! Er schreibt einen netten Brief ans Finanzamt, und bekommt auch wirklich eine Fristverlängerung bis zum

30. September. Hannar ist erleichtert. Nur sieht es Ende September ähnlich aus. Er erhält kulanter Weise eine weitere Verlängerung. Dann ein Schreiben vom Finanzamt: »Wenn Ihre Unterlagen bis zum Datum XY nicht vorliegen, werden wir Ihre Einkünfte schätzen«. Das versteht unser Mann. Hannar handelt. Diesmal klappt es. Auf den letzten Drücker. Wieder mal.

Macht keiner so? Machen viele so! Manche treiben das sogar noch weiter auf die Spitze. Im letzten Seminar meinte ein Teilnehmer allen Ernstes, es wäre gar nicht so schlimm, sich vom Finanzamt schätzen zu lassen. Wenn deren Schätzung zu hoch liege, könne man den Betrag zurückfordern. Bei ihm sei das schon so gewesen. Verstehen Sie mich richtig: Das Finanzielle ist gar nicht der Punkt. Das Entscheidende ist: Wie hat sich Hannar Gunnarson während dieser Monate gefühlt? Die Antwort kennen Sie. Also gleich weiter gefragt: Was hätte er tun können? Wir sind versucht zu antworten: »Er hätte halt seine Steuererklärung früher fertigmachen müssen.« Machen wir es uns nicht ganz so einfach. Blasen wir die Frage etwas auf und verallgemeinern wir sie: »Wie schaffe ich es, meine wichtigen Themen rechtzeitig zu erledigen?«

Eine elementare Hilfe dafür ist besagter erster Schritt und die Sicherheit zu wissen, was uns wichtig ist. Damit ist das Ziel klar. Auf dem Weg dorthin unterstützen uns die drei natürlichen Prinzipien bzw., was daraus folgt.

Das erste Prinzip hat die Steuererklärungsgeschichte herausgearbeitet. Es lautet: »Alles Wichtige beginnt im nicht dringenden Bereich und wird dringend, wenn ich nichts dafür tue.« Bitte nehmen Sie diesen Satz nicht einfach so hin. Denken Sie darüber nach. Stimmt diese Aussage für Sie? Fällt Ihnen ein Gegenbeispiel ein? Vielleicht gibt es die eine oder andere Ausnahme. Aber im Großen und Ganzen passt diese Aussage auf alle Dinge, die Ihnen wichtig sind im Leben.

Beispiele   !

- Gesundheit: Die meisten Menschen kommen gesund auf die Welt. Wenn sie nichts für ihre Gesundheit tun, sich fett und süß ernähren, sich nicht mehr bewegen oder gar rauchen wie ein Schlot, wandert das Thema Gesundheit langsam aber sicher von »nicht dringend« über den Nullpunkt in den dringenden Bereich. Irgendwann ist es so dringend, dass man im Krankenhaus landet. Und manchmal geht das gar nicht so langsam, sondern viel zu schnell.
- Beziehung zum Lebenspartner: Beziehungen beginnen meist in einem positiven, oft gar euphorischen Zustand. Von Dringlichkeit keine Spur. Hier gilt ebenso die Aussage: Wenn ich nichts dafür tue, wird es dringend. Heißt: Wenn ich mich beispielsweise nicht mehr um meinen Lebenspartner kümmere, kümmert sich irgendwann ein anderer um ihn.

■ Persönliche Weiterentwicklung: Bilden Sie sich ein paar Jahrzehnte weder beruflich noch persönlich weiter, dann gute Nacht! Sie finden dann keine einzige Stellenanzeige mehr, deren Anforderungen Sie erfüllen können. Haben Sie einen scheinbar sicheren Posten und tun Sie deswegen seit langem nichts mehr für Ihre Weiterentwicklung, laufen Sie Gefahr, von einer der nächsten Veränderungswellen weggeschwemmt zu werden. Das ist Dringlichkeit in Reinform.

Wir müssen etwas tun! Im Beruflichen ist dieser Satz fast schon eine Binsenweisheit. Doch wir müssen ebenso in unseren Beziehungen aktiv sein, in unserem Streben nach Weiterentwicklung, für unsere Gesundheit.

Eine etwa 50-jährige Führungskraft sagte mir einmal: »Jetzt habe ich in diesem Konzern den sechsten massiven Change-Prozess hinter mir. Ich habe mich in meinem Leben so oft und so stark verändert, dass es langsam reicht. Ich möchte endlich Ruhe in mein Leben bringen und so bleiben, wie ich bin.« Meine Antwort: »Wenn Sie so bleiben wollen, wie Sie sind, müssen Sie sich ziemlich anstrengen«. Verwunderung. »Wenn Sie so bleiben wollen, wie Sie sind«, sagte ich, »müssen Sie sich verhalten wie ein Seehund, der auf der Nase einen Ball jongliert. Dann sind Sie ständig in Bewegung, gleichen aus, verlagern das Gewicht. Wenn der Seehund nichts mehr tut, fliegt der Ball runter.«

Das ist der Unterschied zwischen einem labilen und einem stabilen Gleichgewicht. Beim labilen bleibt der Ball oben, beim stabilen liegt er in einer Schüssel unten am tiefsten Punkt und kann sich nicht mehr bewegen. Es ist ganz ruhig. Fast wie auf dem Friedhof. Das labile Gleichgewicht dagegen ist dynamisch. Da geht was! Deshalb ist Stillstand in Wahrheit Rückschritt. Die Welt zieht an uns vorüber, wir bleiben zurück.

! **Tipp**

Seien Sie ein Seehund. Jonglieren Sie mit Ihren Themen, halten Sie diese und sich selbst in Bewegung.

3.2.9.2 Natürliches Prinzip Nr. 2: das doppelte Hebelprinzip

Das zweite natürliche Prinzip ist ebenso einleuchtend wie das erste, nur vielleicht ein klein wenig erklärungsbedürftiger.

!

Beispiel: Früher beginnen – weniger Aufwand

Sandra Wonder, 46 Jahre, schilderte mir, wie ihr Bereich im Unternehmen in einen anderen eingegliedert und ihre Stelle gestrichen wurde. Die Folge: arbeitslos. Wir dröselten die Historie detailliert auf. Es stellte sich heraus, dass es schon vor Jahren erste Hinweise darauf gegeben hatte, ihren Bereich aufzulösen, auszugliedern oder umzustrukturieren. Anfangs hatte sie darüber gelacht. Kam das Thema in Versammlungen zur Sprache, stimmte sie vehement gegen jegliche Änderung. In einer Präsentation vor den Geschäftsführern stellte sie eine bestechend nachvollziehbare Analyse dazu vor, die sie aufwendig erarbeitet hatte. Das brachte aber offensichtlich nichts. Die Gerüchte über die bevorstehenden Umbrüche ebbten nicht ab, sie verdichteten sich. Schlussendlich wurde Frau Wonder vor vollendete Tatsachen gestellt und musste, finanziell ordentlich abgefedert, das Unternehmen verlassen. Kurz und gut: Es hatte etliche Warnsignale gegeben. Sandra Wonder gestand sich das zähneknirschend ein.

Wir analysierten die weitere Entwicklung. Hätte es noch andere Möglichkeiten zum Agieren gegeben? Ja, klar! Frau Wonder sprudelte nur so über vor Ideen. Sie sprach von Stabsstelle, Doppelspitze, unternehmensinternen Ausschreibungen und, und, und. Sie hätte damals also noch Optionen gehabt. Zudem wäre der damalige Aufwand, eine gute Stelle zu bekommen oder zu behalten, um ein Vielfaches geringer gewesen als heute.

Das Beispiel beschreibt genau den Kern des zweiten Prinzips:

1. Wichtige Themen erfordern weniger Aufwand, solange sie noch nicht dringend sind. Gesundheit zu halten ist immer einfacher, als sie wiederzugewinnen. Das gilt auch für Beziehungen und alle anderen Bereiche. Merksatz: Je dringender, umso stressiger, umso unangenehmer.
2. Sie erzielen eine bessere Qualität. Die wichtigen Themen kommen im nichtdringlichen Bereich erst einmal recht klein daher. Je weiter sie sich in den dringenden Bereich schieben, desto größer werden sie. Wer mit leichten Zahnschmerzen gleich zum Zahnarzt geht, wird wahrscheinlich erleben, dass der Arzt den Zahn schnell versorgt. Wer wochenlang Schmerztabletten nimmt und den Mediziner erst aufsucht, wenn er es nicht mehr aushalten kann, braucht in der Regel eine zeitintensivere Behandlung. Dann geht es vielleicht an die Wurzel, der Zahn muss raus oder bleibt als abgestorbenes Mahnmal im Mund. Bleibe ich bei meiner persönlichen Weiterentwicklung laufend am Ball, veranstalte ich mal hier ein Seminar, dort eine Fortbildung oder schule mich am Wochenende weiter. Habe ich 20 Jahre lang nichts mehr dafür getan, liegt ein riesiger Berg vor mir, der sich kaum mehr überschauen lässt. Das ist bei allen anderen wichtigen Themen ebenso.

Das zweite Prinzip nennt sich daher auch das doppelte Hebelprinzip: Werde ich aktiv, bevor etwas dringend wird, habe ich erstens weniger Aufwand und zweitens ein besseres Ergebnis. Hier könnten Sie eigentlich einen Zwischenapplaus abgeben. Wo gibt es das schon: mehr für weniger? Mehr Qualität für weniger Aufwand. Genial!

Es lohnt kolossal, die wichtigen Themen anzugehen, bevor sie dringend werden. In einer Vorlesung mahnte ein Professor uns Studenten: »Töte das Monster, so lange es noch klein ist.« Agieren Sie also, *bevor* die wichtigen Dinge dringend werden, erzielen Sie bessere Ergebnisse. Sie schaffen damit mehr Qualität.

Heben wir es eine Stufe höher: Sie schaffen damit Lebens-Qualität. Plötzlich hat man nicht nur geackert, sondern wirklich wieder etwas geschafft. Plötzlich empfinden wir wieder Befriedigung. Und Sie werden bemerken, dass es nun kaum mehr auf die Schnelligkeit ankommt, mit der Sie die Themen erledigen. Allein die tiefe Gewissheit, in der richtigen Richtung unterwegs zu sein, wird Ihnen innerliche Befreiung verschaffen. Sie spüren eine tiefe Klarheit und vertrauen auf die stark verwurzelte Orientierung.

Einmal meinte eine Führungskraft, nachdem wir dieses Prinzip ausführlich behandelt hatten: »Ich bin der Meinung, dass es eine grundlegende Aufgabe von uns Führungskräften ist, genau so zu handeln. Es ist unsere Aufgabe, die Dinge so früh anzugehen, wie sie noch überschaubar und mit recht kleinem Aufwand zu bewältigen sind. Dann haben wir das Heft des Handelns in der Hand. Wenn wir die Dinge auf uns zukommen lassen, müssen wir anschließend auf sie reagieren. So agieren wir. Das ist doch genau das Wesen einer Führungskraft.« Da ist was dran, dachte ich.

3.2.9.3 Natürliches Prinzip Nr. 3: Für manches muss man selbst Druck machen

Bin ich während eines Workshops an diesem Punkt angekommen, stelle ich die Frage: »Waren die ersten beiden natürlichen Prinzipien einleuchtend? Das erste Prinzip besagt, dass Wichtiges dringend wird, wenn Sie nichts tun. Das zweite, dass Sie Lebensqualität schaffen durch den doppelten Hebel. Ist das so nachvollziehbar?« Ich ernte dann heftiges Nicken und stelle eine weitere Frage: »Wenn das so einleuchtend und nachvollziehbar ist, warum schaffen wir es dann nicht, rechtzeitig aktiv zu werden? Warum gehen wir unsere wichtigen Themen oft erst in letzter Sekunde an?« Die Antwort? Nachdenkliches Schweigen.

Fragen wir uns also alle einmal selbst: Wenn die ersten beiden Prinzipien doch so einleuchtend sind, warum schaffen wir es dann oft nicht, unsere wichtigen Themen anzugehen? Denken Sie an die Patienten mit dem metabolischen Syndrom aus dem Kapitel »Selbstmotivation als Entscheidung«: Selbst im Angesicht des

Todes bleiben die meisten passiv. Dies widerspricht doch vollkommen unserer Vorstellung vom rationalen Menschen! Wenn ich genau weiß, dass etwas immens Wichtiges irgendwann dringend wird und dass, je länger ich warte, der Aufwand größer und die Qualität des Ergebnisses schlechter wird – warum schaffe ich es nicht, jetzt aktiv zu werden? So gesehen müssten Sie jetzt aufspringen, das Buch in die Ecke werfen und Ihre wichtigen Themen angehen.

Natürlich gibt es Begründungen zuhauf: Ich muss aufräumen, weil Besuch kommt. Ich bin noch nicht in Stimmung. Ich fühle mich heute nicht gut. Die Firma hat es nicht verdient. Ach herrjemine, sind das wirklich Gründe? Sind es nicht eher Ausreden, Ausflüchte, um sich selbst eine nachvollziehbare Geschichte aufzutischen, nicht aktiv werden zu müssen? Sie wissen vielleicht noch: Damit überbrücken wir die Diskrepanz zwischen unserem Wissen um das, was richtig wäre, und dem Handeln, das dem leider oft widerspricht. Kognitive Dissonanz nennt man das (siehe dazu auch das Kapitel »Mentale Falle Nr. 1: unser Verstand«). Manches Mal wäre es weniger aufwendig zu handeln, als Ausflüchte zu suchen und diese standhaft vor sich selbst und anderen aufrechterhalten zu wollen.

3.2.10 Wir wissen, dass wir sollten – und tun dennoch nichts

Bei der Suche nach tieferen Gründen könnten wir auf unsere Wohlfühl-Oase stoßen oder auf die Gesellschaft. Schließlich lernen wir von klein auf, erst auf den letzten Drücker aktiv werden zu müssen. Bei Studenten etwa ist »Lern-Bulimie« ein stehender Begriff, der nichts anderes bedeutet, als kurz vor der Prüfung alles relevante Wissen in sich reinzustopfen, um in der Prüfung alles wieder auszuspucken. Es gibt durchaus Argumente, Wichtiges nicht anzugehen. Sie haben ein Stück weit ihre Berechtigung, beantworten die Frage aber nicht zufriedenstellend. Es gibt jedoch eine umfassend einleuchtende Antwort – die zutiefst beunruhigend ist.

> **Beispiel: Zwei unterschiedliche Verkäufertypen**   **!**
>
> Es war jedes Jahr das gleiche Spiel: Moritz Mattisen schaute zu, wie bei der Abteilungsfeier seine Kollegen nach vorn gebeten und gelobt wurden. Sie bekamen Applaus, einen warmen Händedruck vom Abteilungsleiter und einen Umschlag, dessen Inhalt, außer den entsprechenden Kollegen, niemand kannte. Moritz Mattisen war und ist Immobilienverkäufer wie seine Kollegen. Vom 1. Januar bis zum 31. Dezember verkauft sein Team ziemlich erfolgreich Immobilien. Das Gehalt stimmt, der Abteilungsleiter lässt jedem Verkäufer seine Freiräume, es geht nach vorn. Es gibt Jahrespläne, Quartalspläne, Umsatzziele. Diese soll das Team und, heruntergebrochen, jeder Verkäufer erreichen. Es klappt insgesamt ganz gut. Nur die

Vorgehensweisen, wie die Ziele erreicht werden, sind unterschiedlich. Mattisen und einige seiner Kollegen liefern ab Januar monatlich und quartalsmäßig konstant ihre erhofften Verkäufe ab. Der Abteilungsleiter kann sich darauf verlassen. Zuverlässig wie ein Schweizer Uhrwerk besuchen sie Kunden, schließen Vorverträge, halten Nachgespräche, machen Abschlüsse. Präsentiert der Abteilungsleiter die Zahlen dem Vorstand, stehen bei Mattisen alle Ampeln auf Grün. Es gibt allerdings auch Kollegen, deren Ampeln schon nach dem ersten Quartal auf Rot stehen. Dunkelrot. So früh im Jahr ist das unproblematisch. Der Abteilungsleiter kennt seine Pappenheimer, interpretiert das als Hellgelb, und dem Vorstand meldet er noch grünes Licht. Nach dem ersten Halbjahr sieht es weiterhin dunkelrot aus. Beim Bericht an den Vorstand äußert der Abteilungsleiter nun leichte Bedenken, ob diese Lücke im Geschäftsjahr noch geschlossen werden kann. Die Ampel steht auf Gelb.
Nach dem dritten Quartal schrillen die Alarmglocken. Der Abteilungsleiter kommt nicht mehr umhin, dem Vorstand rote Ampeln präsentieren zu müssen. Krisengipfel. Die entsprechenden Verkäufer werden ob der Brisanz zusammengetrommelt. Zweitägiger Workshop, externer Moderator, alle Kräfte werden nochmals gebündelt. Und siehe da! Die Verkäufe steigen spürbar an. Es kommt ein Großauftrag hinzu. Aus dunkelrot wird hellrot, dann gelb und dann, man glaubt es kaum, grün. *Grün!* Geschafft. Der Abteilungsleiter ist überglücklich, der Vorstand zufrieden. Es war auch wirklich unglaublich und nicht mehr zu erwarten, dass die Jungs, »meine Jungs!«, das noch hingekriegt haben. Welch ein Einsatz. Deshalb ist es nur recht und billig, dass diese genialen Verkäufer ausgezeichnet und gelobt werden. Nicht wahr?

Sollten Sie daran leise Zweifel hegen, sind diese angebracht. Es ist nicht recht, was dort geschieht, sondern nur billig. Doch nach genau diesem Muster verfahren unzählige Unternehmen mit ihren Mitarbeitern. Und nicht nur die – wir alle folgen diesem Muster, ohne es zu merken.

Fangen wir mit dem Mattisen-Beispiel an. Was ist passiert? Was soll daran ungerecht sein? Was hat das mit dringend und wichtig zu tun? Aus der Adlerperspektive ist Folgendes passiert: Verkäufer A schafft auf den letzten Drücker seine Umsatzzahlen. Verkäufer B schafft sie kontinuierlich. Beide erreichen das identische Ergebnis. Allerdings wird nur Verkäufer A gelobt. Ist es nicht eine himmelschreiende Ungerechtigkeit, dass gute, vorbereitende, planvolle Arbeit weniger Wertschätzung erfährt als die »Rettung in letzter Not«? Was hat das mit dringend und wichtig zu tun, fragen Sie? Alles.

3.2.10.1 Die Stillen Läufer

Das Beispiel ist nicht ausgedacht, der Fall ist real und ging danach noch weiter: Wir untersuchten das Muster in dem renommierten Immobilienunternehmen genauer. Es stellte sich heraus, dass beide Verkäufertypen nur auf den ersten Blick und oberflächlich betrachtet dasselbe Ergebnis erzielt hatten. Detailliert unter die Lupe genommen, hatte Moritz Mattisen deutlich haltbarere und zufriedenere Kundenbeziehungen und weniger Stornierungen als Verkäufertyp B. Er leistete also eine bessere Arbeit, bekam dafür aber weder Dank noch Belohnung. Um es deutlich zu machen: Er bekam keine Bestätigung von außen. Er musste im Gegenteil mit ansehen, wie seine Kollegen ausgezeichnet wurden. Der einzige Mensch, der in diesem Fall wusste, dass er richtig gut gearbeitet hat, ist Moritz Mattisen selbst.

Und genau das ist der tiefe Grund, warum so viele Menschen es nicht schaffen voranzubringen, was für sie selbst wichtig wäre: Es gibt keine Bestätigung von außen, keinen Applaus, kein Lob, nichts. Man kann es sich nur selber sagen; für die meisten Menschen ist das jedoch zu wenig.

In besagtem Immobilienunternehmen fand ein Umdenken statt. Die so wertvollen zuverlässigen Mitarbeiter werden dort intern mittlerweile als »Silent Runners«, als Stille Läufer, bezeichnet. Das sind die, die still und zuverlässig und vor allem frühzeitig das tun, was getan werden muss. Das Umdenken gestaltete sich als ziemlich aufwendiger Prozess – auch bei den Führungskräften. Klar: Wird eine Führungskraft zu einem Brandherd gerufen und kann sie diesen löschen, bekommt sie Beifall, Bestätigung. Sorgt sie schon im Vorfeld dafür, dass erst gar kein Brand entstehen kann, bekommt das niemand mit. Bessere Arbeit: kein Applaus, keine Bestätigung. Für manche ist das ein schmerzhafter Prozess. Übrigens nicht für Moritz Mattisen. Der ist mittlerweile Abteilungsleiter in seinem Unternehmen. Ein, wie ich finde, genialer Schachzug des Unternehmens und ein großartiges Signal an alle Mitarbeiter.

Das Thema ist so relevant, dass ich noch ein wenig dranbleiben möchte. Es gibt noch viel mehr »verkehrte Welt«, als man denkt.

Beispiel   **!**

Nehmen wir die Metapher der Brandbekämpfung einmal wörtlich. Nehmen wir an, wir sind auf einer Baustelle. Die Sicherheitsvorkehrungen dort sind gewohnt lasch. Die »muss« man lasch interpretieren, sonst käme man vor lauter Sicherheitsdenken nicht zum Arbeiten, meinen manche Sicherheitsbeauftragte. Zweimal gingen bereits Meldungen über Gefährdungen beim Abteilungsleiter ein. Zweimal schickte er jemanden zur Überprüfung: einmal, weil niemand anderes da war, den Azubi; einmal die zuständige Sicherheitsfachkraft. Es war am Freitagnachmittag, kurz vor Feierabend. Als der Brand ausbrach, setzte der Abteilungsleiter schnell, klar und absolut zielführend alle Hebel in Bewegung, so dass das Feuer rasch gelöscht werden konnte. Es entstand kaum Sachschaden und, viel wichtiger, niemand wurde verletzt. Ein Lob für die schnelle Reaktion des Abteilungsleiters.

Ein Lob? Natürlich nicht! Sie haben das Spiel jetzt längst durchschaut. Der Abteilungsleiter müsste im Grunde entlassen werden. Na gut, zumindest müsste man ihn an seine eigentliche Aufgabe erinnern. Etwas krasser ausgedrückt: Dass der Brand überhaupt entstehen konnte, war das Verschulden des Abteilungsleiters. Er hat diverse Vorschriften nicht beachtet, Warnsignale ignoriert, abgewartet und gehofft, dass nichts passieren würde. Meist passiert ja auch nichts, dann hat man Glück gehabt. Der eigentliche Hammer an der Geschichte ist aber, dass der Abteilungsleiter für die selbst verschuldete Krise und deren Bewältigung mehr Bestätigung erfahren hat, als wenn es diesen Brand nie gegeben hätte. Lassen vielleicht deshalb manche Manager Themen einfach laufen? Oft leuchten genügend Warnlampen auf, das Monster wächst. Getan wird nichts. Erst wenn ein ausgewachsener Drache daraus geworden ist, möglichst mit sieben Köpfen, gehen wir wie Siegfried ran und bekämpfen das Vieh. Viel Feind, viel Ehr.

Denken Sie um. Bei anderen Menschen können Sie dieses Muster kaum durchbrechen. Aber bei sich selbst funktioniert das. Es gilt stark zu sein und sich zu überlegen, wie sehr Sie die Bestätigung von außen benötigen. Wie sehr sind Sie vom Beifall anderer Menschen abhängig? Ich weiß, das ist eine komplexe Fragestellung, vielleicht auch zu vielschichtig für dieses Buch. Allerdings gleicht deren Beantwortung einem Katalysator in Bezug auf unsere Selbstmotivation. Wem gute Ergebnisse – und damit meine ich nachhaltig gute Ergebnisse, die frühzeitig angegangen werden – wichtiger sind als Bestätigung von außen, kann sich voll und ganz auf seine Ziele konzentrieren. Er ist dann nicht mehr abhängig vom Lob oder Tadel seines Umfelds.

3.2.10.2 Warum wir aktiv werden, wenn es dringend wird

Jetzt kennen wir den tieferen Grund, warum es viele nicht schaffen, Wichtiges rechtzeitig anzugehen. Doch es gibt noch eine Ungereimtheit dabei: »Warum schaffen wir es, aktiv zu werden, wenn es dringend ist?« Worin besteht der Unterschied zur Situation, wenn es noch nicht dringend ist?

! | **Beispiele**

Ich schaffe es tatsächlich jedes Jahr, ein Weihnachtsgeschenk für meine Frau aufzutreiben. Wenn Sie es nicht weitersagen: auf den letzten Drücker. Nicht selten wurde ich schon am 24. Dezember um die Mittagszeit in einer Parfümerie gesichtet. Und wissen Sie was? Dort treffe ich des Öfteren den ein oder anderen Bekannten an, dem es ebenso geht.

Es gibt noch viele weitere Beispiele: Zahnprophylaxe betreibt nicht jeder; bei starken Zahnschmerzen finden sich aber alle beim Zahnarzt ein. Beziehungspflege? Was ist das? Keine Zeit dafür. Hat es »knacks« gemacht, findet sich sogar die Zeit für vielstündige Sitzungen beim Paartherapeuten. Droht der Kunde mit Kündigung, schaffe ich es endlich, die geforderten Unterlagen zu schicken.

Worin liegt also der Unterschied zwischen dringenden und nicht dringenden Situationen? Ganz einfach: in den dringenden werden wir bedrängt, spüren Druck, und zwar von außen. Schmerzen, Termine, Verpflichtungen. Alles schreit: »Hier bin ich! Beachte mich! Erledige mich!« Telefon, Missgeschick, Baby, Werbung, Nachbar – wir kennen es aus dem ersten Kapitel. Dieses Drängen erzeugt Druck. Schmerz ist körperlicher Druck. Termine sind zeitlicher Druck.

All das fällt weg, wenn etwas nicht dringend ist. Wer empfindet schon Druck, wenn die Beziehung gut läuft, es im Job aufwärtsgeht und die Zähne kraftvoll zubeißen können? Erst der Druck bringt uns in Bewegung. Unglücklicherweise ist er nicht da, wenn noch Zeit genug ist, etwas gut vorzubereiten. Das ist auch der Grund, warum im beruflichen Umfeld oft das laut schreiende Alltagsgeschäft Vorrang genießt vor den leisen, zurückhaltenden strategischen Fragen. Steht die Produktion still, droht ein wichtiger Mitarbeiter mit Kündigung oder fällt die EDV aus, dann muss das sofort erledigt werden. Da kann man sich nicht um neue Produktlinien oder qualitätsfördernde Maßnahmen kümmern. Ist das Schiff am Sinken, beschäftigt sich der Kapitän ja auch nicht damit, wie er künftig bessere Matrosen bekommt. Es ist völlig normal und in Ordnung, sich um das Vorrangige zu kümmern, wenn es auch noch wichtig ist. Darum kommen wir nicht herum.

Umgekehrt sind die meisten Mitarbeiter tagein, tagaus damit beschäftigt, das Dringende aufzuarbeiten – und sie kommen kaum hinterher. Untersuchungen belegen, dass Führungskräfte in Deutschland aufzuarbeitenden Themen im Durchschnitt zwei bis drei Monate hinterherhinken. Hier stimmt das System nicht. Das Denk-System.

Warum wir auf klingelnde Telefone reagieren *müssen* !
Neurologisch gibt es eine schlüssige Begründung für dieses »Erst-in-letzter-Minute-loslegen«: Dringendes löst im Gehirn einen Alarmzustand aus. Daraufhin sorgt unser Limbisches System, ein auch für Lust- und Unlustgefühle zuständiger Gehirnteil, dafür, dass wir starke Unlust empfinden. Als Folge davon macht sich das unbändige Verlangen breit, diese innere Spannung abzubauen, beispielsweise, indem wir die Sache endlich erledigen. Deshalb stürzen wir uns auf Telefone, die klingeln, neue Mails, Meldungen im Ticker und so vieles andere, das sich mit sieben Ausrufezeichen und einem starken Hupton nach vorne bugsieren will.

Wer am lautesten schreit, findet die größte Beachtung. Vielleicht wäre es angebracht, wenigstens ab und zu nach der Devise von Notfall-Sanitätern zu verfahren, die da lautet: »Wer schreit, lebt.« Sind mehrere Notfälle zu versorgen, soll man sich nicht vom lautesten Geschrei leiten lassen. Eher umgekehrt. Übertragen Sie dieses Prinzip zumindest ansatzweise auf Ihren Alltag.

Es geht nun nicht darum, komplett alles, was Sie tun und was Ihnen wichtig ist, ab sofort möglichst frühzeitig zu beginnen. Ein Arbeitnehmer der freien Wirtschaft verbringt im Durchschnitt rund 60 % seiner Arbeitszeit mit dringenden Angelegenheiten. Bei sog. Highly Effective People stellte man fest, dass diese nur rund 25 % mit Dringendem verbringen. Diese Erfolgsmenschen sind also unter anderem deshalb so produktiv, weil sie 75 % ihrer Zeit Themen widmen, die wichtig, aber noch nicht dringend sind. Das ist fast das Doppelte von der Zeit, die ein »normaler« Mensch für Wichtiges aufwendet. Und genau dies macht den Unterschied aus. Dadurch bringen die Hocheffektiven strategisch wichtige, langfristig entscheidende Dinge voran. Eigentlich klar: Wer den ganzen Tag eilige Dinge abarbeitet, wird kaum Nachhaltiges bewirken können. Wer kann schon, gefangen im alltäglichen Kleinkram, fundierte Entscheidungen über seine Zukunft treffen? Doch es ist eben ein Reflex des Limbischen Systems, auf Dringendes zu reagieren.

Reflexe kann man unterdrücken. Es liegt an uns.

Wollen wir uns also um die wirklich bedeutsamen Dinge kümmern, müssen wir ohne externen Druck auskommen. Beziehungsweise: Sie müssen sich den Druck selbst machen. Ich weiß, ich weiß, das Wort »Druck« ist verpönt. Nennen wir es anders: Wollen Sie langfristig erreichen, was Ihnen wichtig ist, müssen Sie die Priorität so hoch setzen, dass Sie Ihre Sache aller Wahrscheinlichkeit nach verfolgen, auch ohne von äußeren Umständen oder Personen getrieben zu werden.

Wie das geht, erfahren Sie im nächsten Kapitel.

3.3 Die fast geheime Formel, die glücklich macht

In diesem Kapitel geht es darum, Ziele zu erreichen. Ihre Ziele. Dies klang auch schon in den Kapiteln zuvor an. Allerdings vermied ich die Formulierung »Ziele erreichen« so weit wie möglich, weil sie bei vielen etwas negativ eingefärbt ist. Jetzt lässt es sich nicht mehr vermeiden. Lassen Sie uns über Ziele sprechen. Über Ihre Ziele.

Vielleicht empfinden Sie das »Ziele erreichen« selbst gar nicht als besonders unangenehm oder negativ? Aber womöglich kennen Sie die negative Grundeinstellung dazu von anderen. Irgendwo habe ich einmal gelesen, dass Menschen, die ihre Ziele aktiv angehen und meist auch erreichen, diese Formulierung positiv fänden. Die Wahrheit sieht anders aus.

3.3.1 Wer keine Ziele hat, arbeitet für die Ziele anderer

Beispiel

Bis vor wenigen Jahren gab ich noch zweieinhalbtägige »Beziehungs-Power«-Seminare für Paare, die nach Jahren oder gar Jahrzehnten gemeinsamer Zeit etwas frischen Wind in ihre Beziehung bringen wollten. Es waren vor allem Frauen und Männer aus Top-Positionen, also Manager, Geschäftsführer, Vorstände. Bevor Sie sich fragen, warum gerade diese Zielgruppe die Seminare in Anspruch nahm und ob sie es besonders nötig hatte: Es lag an der Ausrichtung. Die Trainings waren in einem hochpreisigen Hotel angesiedelt, die Seminargebühr war entsprechend gestaltet. Ich erwähne diese Zielgruppe, weil sie einen selbstverständlichen Umgang mit Zielen pflegt. Sie arbeitet fast ausschließlich mit Zielen. Schriftliche, kurzfristige, mittelfristige, langfristige Ziele, im Team, auf den Mitarbeiter bezogen, auf Sparten, aufs Unternehmen. Wissen Sie, was passierte, als bei den »Beziehungs-Power«-Tagen dann die Sprache auf persönliche Ziele und auf gemeinsame Ziele in der Beziehung kam? Zuerst machte sich in der Regel Widerstand breit, im Stil von: »Ich will nicht alles verplanen. Wir wollen spontan bleiben, frei, unabhängig. Uns einfach mal treiben lassen. Ich habe im Beruf schon zu viele Ziele. Ich will mich nicht noch zusätzlich unter Druck setzen.« Wenige Stunden später fielen die Reaktionen so aus: »Unfassbar! Da arbeite ich fast mein Leben lang mit Zielen im Beruf, kam aber nicht auf die Idee, die Vorgehensweise auf unsere Beziehung zu übertragen. Geniale Sache! Persönliche Ziele machen einen nicht abhängig; im Gegenteil: sie befreien ungemein.«

Schauen wir uns an, was dahintersteckt, und ob Sie dem zustimmen können. Da Sie zu diesem Buch gegriffen und es bis zu dieser Seite gelesen haben, brauche ich Sie vermutlich nicht mehr vom Sinn persönlicher Zielsetzungen zu überzeugen. Dennoch möchte ich Ihnen einen Satz mitgeben, der Sie zum Nachdenken bringen kann: »Wer keine Ziele hat, arbeitet immer für die Ziele anderer.«

Wer nicht für die Ziele anderer arbeiten will, braucht eigene. Exakt dies ist die Grundausrichtung dieses Kapitels: Es geht um Ihre persönlichen Ziele und wie Sie sie erreichen. Wir sprechen hier also nicht über vorgegebene Unternehmens-, Bereichsziele oder gar Umsatzziele. Wobei Ihre selbstgesteckten Ziele selbstverständlich beruflich orientiert sein können. Möchten Sie Karriere machen? In einem Fachgebiet zum Experten werden? Möchten Sie Ihr Team zu herausragenden Leistungen bringen? Sind dies Ihre ureigensten Ziele, dann geht es jetzt genau darum.

Fragen wir anders herum: Warum macht es Sinn, sich eigene Ziele zu setzen? Lassen Sie sich von einigen zentralen Punkten im folgenden Kasten inspirieren.

! **Was selbst gesteckte Ziele bewirken**

- Ziele geben Orientierung und stellen damit das Gegenteil vom Sich-treiben-Lassen dar: Ziele sind wie ein Gipfelkreuz, das wir erreichen wollen. Manchmal sehen wir es klar und deutlich vor uns. Dann wissen wir, dass wir auf dem richtigen Weg sind. Manchmal sehen wir es stundenlang nicht, aber wir kennen dennoch die Richtung und wissen, dass wir uns ihm nähern.
- Ziele geben Halt: Sie sind wie ein Fels in der Brandung des Lebens. Die Welt um Sie herum ändert sich ständig – immer schneller. Haben Sie große Ziele, dienen diese gerade in Zeiten ständiger Veränderung als Fixstern.
- Ziele geben Klarheit: Sie wissen sofort, was richtig ist oder falsch, wann Sie nachgeben können oder konsequent sein wollen. Und Sie wissen, wann es sich lohnt zu kämpfen und wann Sie gelassen bleiben sollten.
- Ziele motivieren: Unabhängig davon, ob Sie das Ziel je erreichen – ohne Ziel wären Sie vermutlich gar nicht losgelaufen. Sie wissen ja: Motivation kommt von Bewegung.
- Ziele geben Ihnen Energie: Je größer das Ziel, desto mehr Kraft bekommen Sie, solange es aus Ihrer Sicht erreichbar bleibt.
- Ziele sind Einzahlungen: Erinnern Sie sich an das Selbstvertrauenskonto. Um es zu stärken, sind eingehaltene Versprechen entscheidend. Ein Ziel, das man sich setzt und mit aller Kraft angeht, ist nichts anderes als ein Versprechen, das man sich gibt. Daher lohnt es sich, zur Stärkung des eigenen Selbstwertgefühls sein Ziel ausdauernd zu verfolgen.

In Unternehmen werden Ziele meist komplett falsch vereinbart. Falsch in dem Sinne, dass sie die Betreffenden normalerweise nicht motivieren. Warum? Unternehmen geben Ziele oft vor; es werden Zielvereinbarungen getroffen. Oft sind diese scheinbaren Vereinbarungen nichts anderes als einseitige Zielvorgaben. So wird z. B. vorgegeben: »Wenn du dieses Ziel erreichst, bekommst du den Betrag X als Tantieme.« Sie werden auf den folgenden Seiten feststellen, dass dies nichts mit den persönlichen und motivierenden Zielsetzungen zu tun hat, die für Sie entscheidend sind.

3.3.2 Bauen Sie Ihren Turm nicht nur nach dem Lustprinzip

Ein Gradmesser für menschliche Reife ist die Fähigkeit, sich ein Ziel zu setzen und stetig daran zu arbeiten. Schauen Sie Kindern zu: Je jünger sie sind, umso mehr agieren sie nach dem Lustprinzip. Lust weg, Ziel weg, augenblicklich aufgehört. Irgendwann beginnt die Phase, in der sich Kinder etwas vornehmen und es zu Ende bringen, auch wenn zwischenzeitlich die Lust verflogen sein sollte. Die vierjährige Marlene etwa will einen Turm bauen. Das ist ihr Ziel. Der Turm fällt ständig zusammen. Die Lust ist schnell weg, aber das Ziel ist noch da. Baut Marlene ihren Turm fertig? Manche Kinder steigen aus, manche machen weiter. Je älter wir werden, desto eher sind wir in der Lage zu entscheiden, ob wir unseren Turm fertig bauen oder uns von Schwierigkeiten abhalten lassen. Wir fragen uns bewusst oder unbewusst: »Wie gehe ich damit um? Hör ich auf? Mach ich weiter?« Unterhalte ich mich mit Eltern über das Thema Erziehung, weise ich immer wieder auf die Bedeutung hin, Kinder zum selbstmotivierten Handeln zu erziehen. Den meisten Eltern ist es allerdings wichtiger, dass ihr Kind gut Türme bauen kann. Umgekehrt wird ein Schuh daraus: »Wenn Sie es schaffen, dass Ihr Kind nicht aufgibt, dass es die Sache wieder und wieder versucht – dann baut es eines Tages die wunderbarsten Türme.« Und schon haben wir das Thema Selbstmanagement und Selbstmotivation in Reinform. Was ist Ihr Turm? Es gibt doch immer irgendetwas, das noch nicht erreicht, noch nicht fertig gebaut wurde. Vielleicht haben wir es schon zig-fach versucht, es zum wiederholten Mal verschoben, es aufgegeben und glauben schon gar nicht mehr an einen Erfolg. Dann ist es jetzt, noch während Sie diese Zeilen lesen, Zeit für einen erneuten Versuch. Diesmal klappt es. Sie werden eine Methode kennenlernen, die so schlank und rund ist und so verblüffend zuverlässig funktioniert, dass man erst daran glaubt, wenn man es selbst ausprobiert hat.

Sie dürfen sich dabei ruhig etwas zutrauen. Wählen Sie ein Ziel. Eines, das Ihnen vielleicht schon lange vorschwebt, das Sie sich nicht anzugehen trauten, aus welchen Gründen auch immer. Oder eines, an dem Sie schon mehrfach gescheitert sind. Nehmen Sie sich bitte weder ein winzig kleines Zielchen noch das ultimativ-umwälzende Lebensziel vor. Es darf schon etwas mehr sein als die frei geräumte Garage (wobei ich weiß, was das Freiräumen einer Garage nach Jahren des Vollstapelns bedeutet!). Nehmen Sie sich am besten eine Sache vor, die Ihnen zumindest ein wenig Bauchkribbeln verursacht. Ideal wäre der Gedanke: »Ui, ob ich das schaffe? Aber, wenn – das wäre schon toll!« Das Warum erfahren Sie im Unterkapitel mit dem ersten großen »A« = Attraktivität.

3.3.3 Machen glücklich: Ziele

Ziele richten den Filter aus, fokussieren, machen bewusst, trennen Wichtiges von Unwichtigem und versorgen uns mit genügend Energie. Damit schaffen wir es aus der Wohlfühl-Oase und bleiben draußen, bis wir eben dieses Ziel erreicht haben. Ziele sind die ultimative Fokussierung. Wie ein Brennglas, das die Sonne auf einen Punkt bündelt, richten sie all unsere Energie und Fähigkeiten auf einen einzigen Punkt.

In Wirtschaftsbüchern lässt sich oft die folgende Definition von Zielen finden: »Ziele sind Beschreibungen zukünftiger Zustände, die man für erstrebenswert hält«. Das stimmt unweigerlich, aber, meine Güte, wie langweilig! Das haut doch niemanden vom Hocker, geschweige denn, dass es uns ins Handeln bringt. Mit Zielen haben Menschen die Mondlandung geschafft, ich habe meine Frau damit erobert, Gandhi hat Indien befreit und meine alleinerziehende Nachbarin hat ihr Glück mit einem kleinen Nähladen gefunden. Ziele machen uns glücklich. Ziele geben uns alle Energie der Welt. Wobei einschränkend betont sei, dass ich mit der Überschrift über diesem Abschnitt etwas zu dick aufgetragen habe: Ziele an sich machen natürlich nicht immer glücklich(er). Doch sie erhöhen die Wahrscheinlichkeit dafür deutlich.

3.3.4 Wichtiger als das Ergebnis: der Prozess

Ein kaum bekannter, aber entscheidender Fakt: Es geht nicht darum, Ziele zu erreichen, um glücklicher zu werden. Es geht darum, auf dem Weg zum Ziel glücklich zu sein. Der Prozess ist tatsächlich wichtiger als das Ergebnis. Lesen Sie den letzten Satz ruhig nochmals. Und nochmals. Denken Sie darüber nach. Wir sprechen hier schließlich von Zielen! Da wäre es doch nur normal, Zielsetzungen als »Königsklasse« zu definieren und alles andere darunter einzuordnen, nicht wahr? Dem ist definitiv nicht so.

> **! Beispiel: Ziel erreicht – Mannschaft verbrannt**
>
> Transferieren wir das Thema in eine kleine Abteilung. Deren Ziel wäre beispielsweise, im nächsten Jahr einen neuen Umsatzrekord zu erzielen. Im ersten Quartal lässt sich die Sache noch halbwegs ordentlich an. Dann murren die ersten Mitarbeiter. Der Vorgesetzte bringt sie wieder auf Linie. Ein wichtiger Mitarbeiter verlässt die Abteilung. Die anderen müssen es arbeitsmäßig kompensieren. Je näher das Jahresende rückt, umso angespannter wird die Lage. Das Arbeitsklima wird unangenehm; der Vorgesetzte muss immer wieder mahnen und antreiben. Die geplante Weihnachtsfeier entfällt. Auf den letzten Metern muss die Assistentin – gute Seele und Mädchen für alles! – ins Krankenhaus. Burnout hört man gerüchteweise. Die letzten notwendigen Umsätze für den Rekord werden tatsächlich noch zwischen Weihnachten und Neujahr getätigt. Geschafft!

Und nun? Nicht nur das Ergebnis, auch alle Beteiligten sind geschafft. Wie schilderte doch ein hochrangiger Vertreter eines Versicherungskonzerns sein Bereichsergebnis: »Wir hatten ein Rekordjahr. Das beste Ergebnis aller Zeiten in der Geschichte unseres Konzerns. Das hat es so noch nie gegeben. Wir haben das aufgrund einiger glücklicher Umstände erreicht und weil wir allesamt als Team an einem Strang gezogen und permanent unser Bestes gegeben haben. Doch wissen Sie, was das Schlimmste ist? Dass am 1. Januar alle Uhren wieder auf null gestellt werden. Die Latte wird höher gelegt und es geht wieder von Neuem los.«

Genau. So läuft das Spiel. Man sollte als Führungskraft wissen, dass das Spiel am 31.12. nicht zu Ende ist. Es ist nie zu Ende. Es wird lediglich eine neue Runde eingeläutet. Man kann das frustriert in sich hineinfressen oder als Spielregel zur Kenntnis nehmen und sich daran orientieren.

Zurück zu unserer Abteilung, die mit Hängen und Würgen ihren Umsatzrekord geschafft und damit ihr Ziel erreicht hat. Eine rhetorische Frage könnte lauten: »Und, hat das Ziel sie glücklicher gemacht?« Natürlich nicht! Da die Antwort so eindeutig ausfällt, greifen wir nochmals den Gedanken von oben auf: Der Prozess ist wichtiger als das Ergebnis. Das Spiel ist nicht am 31. Dezember zu Ende. Was nützt es dem Unternehmen oder dem Abteilungsleiter, dass das Jahresziel zwar erreicht, aber die Mannschaft verheizt wurde? Die Motivation ist am Boden, eine Mitarbeiterin ist im Krankenhaus, einer bei der Konkurrenz und das Vertrauen in die Führung zerstört.

> **Tipp**
> Achten Sie auf den Prozess, auf den Weg zum Ziel. Ist das Ziel ein bestimmtes wirtschaftliches Ergebnis, nehmen Sie immer als notwendige Bedingung mit auf, dabei nicht über Leichen gehen zu wollen. Beispielsweise: »Wir werden den Umsatz XY erzielen und dabei einen vertrauensvollen, wertschätzenden und positiven Umgang miteinander pflegen.«

3.3.5 Ebnet den Weg: Gamification

Auf Sie persönlich und Ihre eigenen Ziele bezogen, bedeutet das: Formulieren Sie Ihre Vorhaben so, dass Sie sich gern auf den Weg machen. Das heißt nicht, dass es auf dem Weg immer lustig hergeht, dass es immer nur Spaß und Tollerei geben wird. Wer Konzertpianist werden will, muss üben wie ein Wilder. Jeden Tag. Auch, wenn er lieber mal faulenzen würde. Beim Profisportler verhält es sich ebenso. Und bei uns? Wollen wir nicht auch Profis sein? Professionell in unserem Tun und Beruf? Oder reicht auch weniger Engagement? Damit sind wir wieder bei der Frage nach dem Einsatz der Kugeln: Wie viele Kugeln wollen Sie investieren? Ich weiß, Sie haben sich schon für alle fünf entschieden. Achten Sie deshalb darauf, nicht alles Ihrem Ziel unterzuordnen. Haben Sie Spaß dabei, Ihr Ziel zu erreichen. Das ist nicht einfach so daher gesagt. Dahinter steckt unter anderem die *Gamification*-Theorie (*Gamification* = spielerische Gestaltung von Prozessen). Sie besagt, dass man alles (alles!), was man erreichen möchte, so gestalten kann, dass man es richtig gern tut. Mit Freude. In die gleiche Kerbe schlägt die Fun-

Theorie. Sie geht davon aus, dass sich Menschen zu jedem Verhalten bringen lassen, sofern man die Umstände so gestaltet, dass sie Spaß daran finden. Dazu gibt es herrliche Exempel, unter anderem kleine Video-Clips auf YouTube. Beispielsweise wird dort die Frage gestellt, wie man Menschen dazu bringt, leere Flaschen nicht im Park zurückzulassen, sondern bereitwillig in einen Altglascontainer zu werfen. Die vorgestellte Lösung: Der Altglascontainer wird zum Glücksspielautomaten. Jede eingeworfene Flasche gibt unterschiedliche Punkte, was mit Leuchten und Gebimmel angezeigt wird. Das Ganze wurde heimlich gefilmt. Es ist köstlich mit anzusehen, welche Freude die Menschen an diesen kleinen Spielchen haben. In einem anderen Fall lautete die Aufgabe, Menschen dazu zu bringen, am Ausgang einer Unterführung die Fußtreppe statt der Rolltreppe zu benutzen. Die vorgestellte Lösung: Die Stufen der Fußtreppe wurden mit Tönen ausgestattet, die beim Betreten der Stufen erklangen – optisch und akustisch einem Klavier nachempfunden. Auch das wurde heimlich gefilmt. Hatten die Treppensteiger einen Spaß! Selbstredend waren die Erfolgsquoten enorm.

Es funktioniert – nicht immer, aber erstaunlich oft. Justieren Sie Ihren Filter in Richtung Spaß: Es geht nicht allein darum, etwas zu erreichen, sondern dabei auch Spaß zu haben. Bei jedem Menschen funktioniert das natürlich etwas anders. Das ist auch gut so, wie an dem folgenden Beispiel deutlich wird.

> **!** **Beispiel: Was im Kopf von Kindern vor sich geht**
>
> Schon kleine Kinder haben in Bezug auf Ziele einen unterschiedlichen Filter. Als Gastredner auf einer schulischen Veranstaltung erlebte ich, wie dies bei drei etwa zehnjährigen Mädchen zum Ausdruck kam. Es ging darum, welche Schule die Kinder nach der Grundschule besuchen sollten. Realschule oder Gymnasium? Mehrere Kinder standen auf dem Podium, darunter drei Mädchen. Allesamt wurden sie kindgerecht und einfühlsam befragt, auf welche Schule sie gehen wollten und warum. Bei den ersten beiden war die Tendenz klar: »Realschule«. Die Begründung war ebenso eindeutig: »Weil mein großer Bruder auf dem Gymnasium ist. Und da sehe ich, wie viel der lernen muss«. Danach wurde das dritte Mädchen befragt. Mir war die Antwort eigentlich klar, vor allem da ich wusste, dass auch sie einen großen Bruder hatte. Umso größer mein Erstaunen, als ich hörte: »Gymnasium«. Als Begründung kam: »Ich werde das viel besser machen als mein Bruder«.

Dieses Erlebnis soll verdeutlichen, aus welch unterschiedlichen Gründen Menschen sich Ziele vornehmen und dass dabei auch die Persönlichkeit eine Rolle spielt. Nichtsdestoweniger lohnt es sich, beim Thema »Ziele erreichen« seinen Filter so auszurichten, dass es zur routinemäßigen Prozedur wird. Darf ich es prosaisch ausdrücken: Ein Ziel anzugehen oder tatenlos abzuwarten, bis sich etwas von selbst verwirklicht, macht den Unterschied zwischen selbstbestimmtem Leben und Schicksal.

3.3.6 Die Glücksformel 3A + a

Kommen wir zur Vorgehensweise, zur Methode. Zum Verständnis für die Hintergründe hole ich etwas aus; die Methode selbst ist kurz und knackig. Wir haben festgestellt, wie wichtig es ist, ein Ziel ganz konkret zu formulieren. Jetzt beschreibe ich Ihnen, was mit »ganz konkret« gemeint ist, auch wenn Sie der Meinung sind, Sie wüssten es längst. Einig sind wir uns wahrscheinlich mit Heidi Grant Halverson, stellvertretende Direktorin am wissenschaftlichen Motivationsforschungs-Zentrum der New Yorker Columbia Universität, die ganz klar feststellt: »Die meisten Vorsätze scheitern, weil wir sie zu ungenau formulieren«. Oder gar nicht. Manch einer plant seinen nächsten Urlaub konkreter als sein Leben oder seine wichtigen Ziele in den entscheidenden Lebensbereichen.

3.3.6.1 Je konkreter, desto wahrscheinlicher

Bei solcher Fahrlässigkeit boykottiert uns das Unterbewusstsein viel zu oft. Dass lässt sich besonders gut bei kleineren wie größeren Kindern gut beobachten. Dürfen Kinder nach dem Zähneputzen und vor dem Schlafengehen noch »ein bisschen lesen«, entwickeln sie unendlich viel Fantasie, das Zähneputzen auf zehn Sekunden zu verkürzen oder das »bisschen Lesen« möglichst lang auszudehnen. Haargenau so funktioniert unser Unterbewusstsein. Es sucht ständig nach Möglichkeiten, drohenden Anstrengungen aus dem Weg gehen zu können. Wir lassen uns unbewusst Hintertürchen offen, auch, um uns ein eventuelles Scheitern nicht eingestehen zu müssen. Schon an der Zielformulierung können Sie recht sicher erkennen, ob jemand sein Ziel erreichen wird oder nicht: etwas mehr bewegen, weniger stressen lassen, mehr Zeit für mich selber haben, beruflich Gas geben. All dies wird nicht erreicht werden, weil es viel zu unkonkret ist. Wie viel Zeit wollen wir pro Woche oder Tag investieren? Wann genau? Was genau? Und so weiter. Sie merken, dass es nicht nur konkreter, sondern auch deutlicher und fassbarer wird, wenn wir diese Fragen beantworten. Das Gehirn ist so ausgelegt: Je genauer, desto besser die Vorstellung. Für viele ist das verwunderlich; auch ich brauchte lange, um es als Tatsache zu akzeptieren. Früher glaubte ich, das Gehirn arbeitete umso kreativer, je weniger konkret die Vorgaben wären. Das Gegenteil ist der Fall.

Je konkreter wir unsere Ziele formulieren, desto höher ist die Erfolgswahrscheinlichkeit. Heidi Grant Halverson glaubt sogar, es genau messen zu können: Die Wahrscheinlichkeit, sein Ziel zu erreichen, sei mit konkreten Zielen rund vier- bis fünfmal so hoch. Meine nicht genau messbare Behauptung: Mit schwammigen Zielen haben Sie nur geringe Chancen. Also, formulieren Sie jetzt Ihr Ziel, das Sie mit der folgenden Methodik umsetzen werden, so konkret wie möglich.

3.3.6.2 3A + a: Prinzipien der klugen Zielsetzung

Ihr Königsweg zum Ziel ist die Methode 3A + a. Für jedes der drei großen »A« steht eine kluge Nebenbedingung. Wenn wir es schaffen, unsere Vorhaben in dieser Formel auszudrücken, dann ist die Wahrscheinlichkeit extrem hoch, dass wir nicht mehr mühsam etwas versuchen zu erreichen, sondern dass uns das Ziel förmlich entgegenkommt. Auf den nächsten Seiten geht es um Techniken, Ihre Ziele so griffig zu formulieren, dass Sie sie erreichen werden. Und es geht um das, was letztlich hinter Ihrer Zielformulierung steckt. Die Voraussetzungen haben wir in den Kapiteln zuvor geschaffen.

Die Methode 3A + a nenne ich etwas plakativer auch »die Glücksformel«. In dieser Formulierung steckt die felsenfeste Überzeugung, dass Sie damit Ihre Ziele erreichen werden. Sie führt zu dem, was wir gemeinhin »Glück« nennen, sich aber treffender mit »ein erfülltes Leben führen« umschreiben lässt.

3.3.6.3 Das erste A = Attraktivität

Ein Ziel muss attraktiv sein. Nichts leichter als das, könnte man meinen. Weit gefehlt! Fast alle Zielvorgaben im Unternehmen sind damit schon mal außen vor, da sie nicht attraktiv für Sie sind. Geld ist nachweislich kein langfristiger Motivator, also auf Dauer nicht attraktiv genug für unsere Ziele. Ein Ziel darf auch nicht nur den Chef oder den Lebenspartner freudig nicken lassen – es muss für Sie persönlich bedeutsam sein. Die Frage muss lauten: Warum will *ich* dieses Ziel erreichen? »Es ist mir eben wichtig«, wäre als Antwort zu wenig. Es geht hier um das Erforschen Ihres Beweggrundes. Sie entsinnen sich? Das ist der Grund, der so stark sein muss, dass er Sie
1. in Bewegung setzt und aus Ihrer Wohlfühl-Oase zwingt,
2. draußen hält, wenn es mal schwierig wird.

> **!** **Beispiel: Ist Ihr Beweggrund stark genug?**
>
> Angenommen, Sie haben eine zweijährige Qualifikation im Visier, die drei Abende in der Woche plus jedes zweite Wochenende fordert. Zwei Jahre können eine lange Zeit sein. Insofern empfiehlt sich eine ausführlichere Beschäftigung mit der Frage: »Warum will ich das?«. Finden Sie keine befriedigende Antwort, ist die Wahrscheinlichkeit hoch, dass Sie nach einigen Monaten aussteigen und sich lieber wieder zu den Freunden in den Biergarten gesellen.

Nutzen Sie ein Booster-Ziel

Jetzt haben Sie das Warum zufriedenstellend geklärt. Es kribbelt dennoch nicht? Dann rate ich Ihnen bei der Zielformulierung zu etwas Größerem. Weiter oben sagte ich: Trauen Sie sich etwa zu! Warum ist das angebracht?

1. Sie schaffen sich mit dem Erreichen eines größeren Ziels ein Referenzerlebnis, wie es Psychologen bezeichnen. Sie werden dieses Referenzerlebnis Ihr Leben lang tief verankert mit sich tragen und wissen, dass diese Vorgehensweise funktioniert. Zudem werden Sie bewusst oder unbewusst denken: »Wenn es bei dieser großen Sache funktioniert hat, dann klappt es bei dieser verhältnismäßig kleinen auch.« Umgekehrt, von klein zu groß, trägt dieser Gedanke nicht.

2. Sie bekommen bei einem größeren Vorhaben mehr Energie als bei einem kleinen.

Was ein größeres Ziel ist, definiert jeder natürlich anders. In den sozialen Einrichtungen, für die ich regelmäßig Seminare gebe, ist für so manchen »eine feste Anstellung« ein großes Ziel. Eine Seminarteilnehmerin sah im »eigenen Kiosk« ihr großes Vorhaben. Die Frau, die direkt neben ihr saß, strebte dagegen »mich zwei Stunden am Tag konzentrieren können« als großes persönliches Ziel an. Jeder Mensch sollte das so für sich definieren, wie es für ihn passt und es ihm möglich ist. Wenn Sie Ihre Ziele so setzen, dass Sie sie auch mit halber Kraft erreichen können, befriedigt Sie das nicht. *No Satisfaction*.

Die Empfehlung, sich jährlich ein Meilenstein-Ziel zu setzen, entpuppte sich für viele schon als regelrechter »Booster« im Leben. Die Übersetzungsvarianten für diesen englischen Begriff reichen von »Verstärker« über »Druckerhöher« bis zu »Initialzündung«. Ich meine damit ein Ziel, das über die üblichen Vorhaben hinausgeht. Sicher ist es wichtig, etwas für die Gesundheit und die Familie und die anderen für Sie wichtigen Bereiche zu tun. Und es ist absolut sinnvoll, sich in jedem dieser Bereiche regelmäßig Ziele zu setzen. Setzen Sie sich zudem ein »Booster«-Ziel, bekommen Sie einen zusätzlichen Kick für das ganze Jahr. Es geht um ein Ziel, das Sie innerlich er- und aufregt, das Sie morgens aus dem Bett holt und an das Sie beim Schlafengehen denken. Auch hier gilt wieder: Nur Sie können beurteilen, was Ihr persönliches »Booster«-Ziel sein kann. Bei diesem Ziel spüren Sie genau, dass es eine wirkliche, eine echte Veränderung in Ihrem Leben bewirken wird, wenn Sie es erreichen. Es bringt Ihr Leben auf eine neue Ebene.

!

Beispiel

Notorische Raucher und Trinker werden ihr erstes »Booster«-Ziel schon klar vor Augen haben. Ein paar weitere Beispiele für solche Ziele von meinen Seminarteilnehmern und Coachees:

- ein lang gehegtes Filmprojekt verwirklichen,
- ein Buch schreiben,
- die lang ersehnte, mehrjährige Zusatzqualifikation machen – notfalls auf eigene Kosten,
- ein Sabbatical nehmen,
- den fachlich großartigen Mitarbeiter, der menschlich ein unsäglicher Stinkstiefel ist, endlich loswerden,
- von 130 auf 80 Kilo abnehmen – und das Gewicht dauerhaft halten,
- sich mit dem seit 20 Jahren zerstrittenen, ehemals besten Freund aufrichtig versöhnen,
- den Fernseher entsorgen.

Sie meinen, für solch elementare Vorhaben zu alt zu sein? Oder denken Sie, es wäre nicht der richtige Zeitpunkt dafür? Nehmen Sie sich ein Beispiel an der Amerikanerin Norma. Als sie 90 Jahre alt war, starb ihr Ehemann, mit dem sie fast 70 Jahre verheiratet war. Fast gleichzeitig erfuhr sie, dass sie an Gebärmutterkrebs erkrankt war. Viele hätten resigniert. Nicht Norma. Sie ging mit ihrem Sohn Tim »on the road«, auf Tour quer durch die USA: Grand Canyon, Mount Rushmore, Disney World, an Floridas palmengesäumte Küste, Pferde streicheln in Texas und in die Luft mit einem Heißluftballon. Wir sind nie zu alt. Höchstens zu tot.

Nutzen Sie die Erkenntnisse von Plamen Ignatow

Ein herausforderndes Ziel zu wählen, bestimmt also das Maß an Energie, das Sie erlangen. Es können spektakuläre Herausforderungen sein, etwa einen Triathlon zu meistern oder ein Buch über Selbstmotivation zu schreiben, oder aber ganz unscheinbare Themen, die andere möglicherweise belächeln. Der bulgarische Künstler Plamen Ignatow erstellte aus sage und schreibe rund sechs Millionen Streichhölzern die originalgetreue Miniaturnachbildung eines Klosters. Wie lange, schätzen Sie, hat er dazu gebraucht? 16 Jahre. Natürlich wurde Ignatow bewundert. Und belächelt. Denn wer denkt dabei nicht: »Was hätte der Mann in dieser Zeit an wirklich Sinnvollem (für sich) schaffen können?« Fragen Sie sich anders herum: Glauben Sie, Ignatow war in dieser Zeit glücklich? Ja? Ja, denn der bulgarische Streichholz-Virtuose hatte ein Ziel gefunden, das für ihn genau die richtige Größe aufwies. Dies kennzeichnet alle Menschen, die große Ausdauer an den Tag legen.

Ein Psychologe mit dem unaussprechlichen Namen Mihály Csíkszentmihályi beschäftigte sich fast sein Leben lang mit einem einzigen Thema: Wie herausfordernd soll ein Ziel sein, damit es den Menschen in einen »Flow« versetzt? Mit »Flow« ist ein Zustand gemeint, in dem wir Vieles um uns herum vergessen und uns ganz unserer Aufgabe widmen – alles scheint scheinbar mühelos von der Hand zu gehen, regelrecht zu fließen. Der Unaussprechliche fand mit seiner Arbeit über die Jahrzehnte Folgendes heraus: Eine Ignatow-mäßige Selbstmotivation bringt auf, wer die Aufgabe als starke Herausforderung empfindet und sich gleichzeitig sicher ist, sie bewältigen zu können. Und genau diese Faktoren sind es auch, die zum Flow-Zustand führen, der voller natürlicher Selbstmotivation steckt und in dem wir alles geben können.

Fast sind wir schon wieder am kritischen Punkt aus dem ersten Kapitel angelangt: Möchten Sie das? Wollen Sie sich wirklich eine Aufgabe aufbürden, die Sie bis an Ihre Grenzen bringt? Bei der Sie alles geben müssen, ohne Reservepuffer, ohne Ausflüchte? Ja? Dann haben Sie gewonnen. Der Unaussprechliche hat nämlich noch etwas postuliert: Ausschließlich eine ebenso wichtige wie große Herausforderung lässt den Menschen dauerhaft selbstmotiviert bleiben auf dem Weg zur Zielerreichung. Als Regel ergibt sich daraus: Ihre Selbstmotivation steigt mit dem Grad der Herausforderung immer weiter an. Sie endet an dem Punkt, an dem Sie sich nicht mehr sicher sind, es zu schaffen. Überdenken Sie also nochmals, welches Ziel Sie sich für die Methode 3A + a vornehmen möchten.

Jetzt haben Sie Ihren Beweggrund erforscht und das Ziel in der richtigen Größenordnung definiert. Haben Sie vielleicht immer noch das unbestimmte Gefühl, Sie könnten unterwegs die Motivation verlieren? Möglicherweise werde ich es nicht schaffen, denken Sie? Holen Sie sich Unterstützung bei drei einfachen Verstärkern.

Nutzen Sie Dopamin

Dopamin ist ein Hormon, das gerne auch als Glückshormon bezeichnet wird. Biologisch fungiert es als Botenstoff, den das menschliche Nervensystem ausschüttet und der Gedanken verursacht wie: »Wenn ich das habe, werde ich mich super fühlen!« Das kann sich auf ein Auto beziehen, auf einen beruflichen Erfolg oder auf die neuen Designer-Schuhe. Verliebte kennen die Wirkung von Dopamin ebenfalls – sie wollen keine Sekunde ohne den anderen sein. Dopamin wirkt in unserem Unterbewusstsein: Wir entdecken etwas, was wir unbedingt haben wollen. Daraufhin schüttet das Gehirn das Hormon aus, das uns das Erwünschte noch verlockender vorkommen lässt, woraufhin das Gehirn noch mehr Glücksversprecher-Hormone ausschüttet, woraufhin wir noch mehr … usw. Kommt Ihnen bekannt vor? Hat etwas von Suchtverhalten. *Ist* Suchtverhalten! Das Streben nach mehr und immer noch mehr Dopamin kann durch scheinbar klitzekleine Anreize ausgelöst werden oder durch ganz gewaltige. Es kann das Schild

»Schlussverkauf – alles zu 80 % reduziert« sein, die Probefahrt im neuen 911er oder ein intensiver Blickkontakt mit dem vermeintlichen Traumpartner. Dopamin sorgt dafür, dass Sie sich genügend anstrengen, um zu erreichen, was Sie zu brauchen glauben.

Das System ist komplex. Wir merken gar nicht, wie wir für Themen oder Sachen dopaminisiert werden, die wir gar nicht brauchen, die lediglich leere Glücks-versprechen sind. Aber das System funktioniert zuverlässig. Und wir können es elegant auf uns und unsere eigenen Ziele übertragen.

Dazu braucht man lediglich die richtigen Gedanken zu denken. Dopaminisie-rende Gedanken lassen sich daran erkennen, dass sie ein unwiderstehliches Ver-langen nach diesen Zielen auslösen. Womit sich der Kreis schließt und ergänzt: Beweggrund und Grad der Herausforderung müssen stimmen. Reicht das noch nicht, belohnen Sie sich angemessen. Stellen Sie sich eine verlockende Beloh-nung nach Erreichen des Ziels in Aussicht. Das fördert die Bildung von Dopamin. Was Dopamin bewirkt, wissen Sie ja. Die Betonung liegt auf »angemessen«. Wer sich für einen Tag Fernsehverzicht mit einer Wellness-Woche im 5-Sterne-Hotel beschenkt, schießt weit über das Ziel hinaus. Es spricht aber nichts dagegen, sich diese Wellness-Woche als Belohnung für die gesamte Zielerreichung in Aus-sicht zu stellen. Die Belohnung muss immer in Einklang mit der Anstrengung stehen.

Zurück zur Belohnung: Belohnungen dopaminisieren also Ihre Selbstmotivation. Sie befeuern sie ständig. Psychologen haben zwei Kriterien herausgearbeitet, die garantieren, dass das störungsfrei funktioniert:
1. Belohnen Sie sich für jeden Teilerfolg.
2. Belohnen Sie sich auch zwischendurch ganz spontan und unvorhersehbar.

Klingt das nicht verlockend? Vielleicht als Merksatz zur Dopaminisierung von Zielen: Nur emotional aufgeladene Ziele sind motivierende Ziele. Das klingt fast zu einfach. Trotzdem bin ich immer wieder erstaunt, wie zuverlässig es klappt. Vielleicht liegt die Erklärung im Sprichwort: »Unser Geist hat die Kraft eines Rie-sen und das Gemüt eines Kindes«. Unser Geist ist, wie bei Kindern, bestechlich. Deshalb lässt er sich mit Belohnungen lenken. Für unsere Zielformulierungen genügen diese Überlegungen. Wer mehr zu diesem spannenden Thema erfahren möchte, greife zum TaschenGuide »Willensstärke« aus dem Haufe Verlag.

Nutzen Sie Bestrafungen
Kommen wir nun zu einer weiteren Möglichkeit, die Attraktivität unseres Ziels zu verstärken: Bestrafungen. Ist es nicht verstörend, in einem Kapitel über die

Erhöhung von Attraktivität das Thema »Bestrafung« anzusiedeln? Dafür gibt es gute Gründe. Manche Menschen, und dazu rechne ich auch mich, reagieren nur mäßig auf in Aussicht gestellte Belohnungen. Auf sie wirken Strafen, die sie vermeiden wollen, besser. Nach meinen Erfahrungen fallen rund 15 % der Menschen in die Strafvermeider-Kategorie.

Prüfen Sie selbst, was Sie mehr motiviert: der Kurzurlaub im Wert von 1.000 Euro, falls Sie Ihr Ziel erreichen, oder bei Nichterreichen eine Strafe von 1.000 Euro, die Sie bezahlen müssen, z. B. als Spende – allerdings nicht an einen Verein, den Sie mögen, sondern an einen, den Sie im Normalfall niemals unterstützen würden.

Schließen Sie eine Wette ab. Verkünden Sie eine einseitige Leistung, die Ihnen wirklich weh tut, falls Sie Ihr Ziel nicht erreichen sollten. Dies kann zu einem Turbo für Ihr Ziel werden.

Beispiel: Wer verliert schon gern eine Wette?
Oliver Markbeiner hat auf diese Art und Weise mit dem Rauchen aufgehört: »Ich sprach mit meinem besten Kumpel darüber, dass ich aufhören würde zu rauchen. Er nahm das nicht richtig ernst, weil ich es schon oft versucht hatte. Ich habe es versucht, aber eben nie durchgezogen. Ich versprach, seinem Motorradclub 50 Euro zu spenden, wenn ich innerhalb eines Jahres wieder anfangen würde zu rauchen. Er meinte, 50 Euro wären zu wenig. Wir vereinbarten 500 Euro – und in meiner Siegesgewissheit nach ein paar Bieren schraubte ich die Summe auf 5.000 Euro hoch. Seitdem habe ich nie wieder geraucht.«

Oliver Markbeiner hat es sicher nicht absichtlich so bewusst formuliert, wie wir es hier tun, aber in Bezug auf Attraktivität durch Bestrafungsvermeidung packte er in seine Wette alles rein, was drin sein sollte. Selbstredend funktioniert die Methode nur bei Zielen im eigenen Verantwortungsbereich, die Sie also zu 100 % beeinflussen können.

Nutzen Sie Visualisierungen
Wir haben uns mit Visualisierungen schon beim Stimmungsmanagement und den Mentaltechniken ausführlicher beschäftigt. Und auch hier helfen sie uns weiter: Je intensiver Sie sich Ihr Ziel vorstellen, umso stärker werden Sie es verinnerlichen. Je konkreter und emotionaler die Vorstellung, umso tiefer senkt sie sich ins Unterbewusstsein, das Sie dann umso intensiver unterstützt.

! **Beispiel: Wie wir unser Gehirn auf Hochtouren bringen**

Eine kleine Demonstration aus der Ausbildung von Zeitschriftenredakteuren: Stellen Sie sich bitte bei den folgenden Sätzen die Szene so deutlich wie möglich vor. Lassen Sie, wenn möglich, Bilder vor Ihrem geistigen Auge ablaufen.

- Variante 1: Der Mann schenkte der Frau Blumen.
- Variante 2: Der gut gebaute, blonde Mann im schwarzen Nadelstreifenanzug mit Fliege schenkte der jungen, errötenden Frau im fliederblauen Sommerkleid einen Strauß langstieliger roter Rosen.

Lassen Sie die zwei Varianten einmal kurz auf sich wirken und halten Sie fest, welche Bilder in welcher Intensität Sie sich vorstellen.

Der Unterschied ist überdeutlich. In Variante 2 laufen klarere und intensivere Bilder in uns ab. Wir können uns die Szene viel eindringlicher vorstellen. Der Grund liegt einfach in der genaueren Beschreibung: lediglich ein paar Eigenschaftswörter und Halbsätze mehr. Man könnte es mit mehr Details und Emotionen weiter ausschmücken. Lassen Sie die Frau in Tränen der Rührung ausbrechen, den Mann am Krückstock gehen oder die Rosen herrlich duften. Je mehr Einzelheiten Sie in den Film einbringen, desto besser kann ihn das Gehirn im Kopfkino verarbeiten.

Mentale Techniken wie diese werden intensiv im Leistungssport eingesetzt. Fast alle Spitzensportler visualisieren, stellen sich also im Geist den Weg zum Ziel und das Erreichen des Ziels vor. Dies funktioniert nicht nur im Sport, sondern lässt sich auch prima auf den Alltag übertragen. Das folgende Beispiel verdeutlicht die Macht der Visualisierung, die man mit Gefühlsvorstellungen noch verstärken kann.

! **Beispiel: Mein erstes Buch**

Das erste Buch schrieb ich im Jahr 2001. Es handelte sich um eine Firmenchronik anlässlich des 100-jährigen Bestehens eines Textilunternehmens. Es sollte ein richtig opulentes Werk werden. Inhalt sollten die Geschichte des Unternehmens, Interviews, Historisches sein, also ein enormer Aufwand. Für das komplette Buch hatte ich genau ein Jahr Zeit. Da ich aber noch einem normalen Beruf nachging, merkte ich schon nach wenigen Wochen, dass es knapp werden könnte. Mir war klar: Das Werk würde sich nur termingerecht vollenden lassen, wenn ich mich richtig dahinterklemmte: morgens eine Stunde früher aufstehen – am Buch schreiben. Abends nach der Arbeit: am Buch schreiben. Wochenende: am Buch schreiben. Urlaub? Nichts da – am Buch schreiben. Nun arbeitete ich mit diversen Techniken, mein Ziel zu erreichen. Vor allem aber nutzte ich dafür die Visualisierungstechnik: Ich stellte mir in den tollsten Bildern vor, wie es denn wäre, wenn mein Buch fertig sei. Vor dem geistigen Auge bastelte ich einen regelrechten Film zusammen. Hier ein paar Szenen daraus: Das Jubiläumsfest steigt. Da steht ein Festzelt, schön geschmückt. Blütenblätter auf weißen Tischdecken, eine Kapelle spielt vor 400 geladenen Gästen flotte Weisen, Festredner wechseln sich ab. Irgendwann wird es ganz ruhig. Gespannte Stille: Der Unternehmenseigentümer, ein Multimilliardär, betritt die Bühne. Gewohnt kurz und knackig sagt er, wie stolz er auf dieses Jubiläum und auf die Menschen ist, die Jahr für Jahr ihr Bestes für das Unternehmen geben. Und dann nimmt er dieses Buch zur Hand. Mein Buch, das ich erstellt habe. Und der in Ehren ergraute Herr sagt: »Und dokumentiert ist all das in diesem großartigen Werk, das uns der Herr Stritzelberger geschrieben hat ... Herr Stritzelberger, kommen Sie doch bitte auf die Bühne, damit ich mich bei Ihnen bedanken kann ... einen großen Applaus für Herrn Stritzelberger!« Bei diesen Worten erhebe ich mich aus einer der hintersten Reihen, gehe gemessenen Schrittes nach vorne, genieße den Applaus, steige behände auf die Bühne und erhalte von diesem Multimilliardär nicht nur einen warmen Händedruck und lobende Worte, sondern auch einen Scheck, der einen weit höheren Betrag ausweist als vereinbart.

Dieses kleine Filmchen ließ ich damals täglich in mir ablaufen: beim morgendlichen Duschen, beim Joggen, beim Zähneputzen. Ich brauche es gar nicht weiter auszubauen. Sie ahnen, dass das Buch pünktlich fertig gestellt wurde.

Die Realität sah dann freilich etwas nüchterner aus: Es gab kein zusätzliches Honorar, ich wurde nicht auf die Bühne gebeten, der Inhaber erwähnte das Buch mit keiner Silbe. Dennoch bin ich bis heute stolz darauf, und ich erinnere mich gern an die so anstrengenden Monate seines Entstehens.

Arrangieren Sie in Ihrem Kopfkino einen Film, den Sie immer und immer wieder anschauen. Der Film sollte so attraktiv sein, dass er Ihnen gute Gefühle vermittelt und ein breites Lächeln ins Gesicht zaubert. Wenn Sie ihn nur anzappen und dabei innerlich in Hochstimmung kommen, liegen Sie goldrichtig.

3.3.6.4 Das zweite A = Aufwand

Ach, wie schön wäre es, wenn mit den Aspekten oben schon alles gesagt wäre, und wir unser Ziel damit schon so gut wie in der Tasche hätten. Aber leider lässt sich so ein Ziel nicht ohne Mühen erreichen. Dahinter steckt manchmal ein enormer Aufwand. Und vor diesem Aufwand steht zusätzlich noch die »Mühsal«, sich alles zu notieren, was sicher, wahrscheinlich und vielleicht auf Sie zukommen wird. Tun Sie sich den Gefallen. Seien Sie in diesem Fall Ihr eigener Buchhalter. Notieren Sie alles akribisch. Die Gretchenfrage dabei lautet: Wie hoch ist der Aufwand, den ich betreiben muss, um mein Ziel aller Wahrscheinlichkeit nach zu erreichen? Sie werden so manches Mal erstaunt sein, was da alles zusammenkommt. Die Technik ist einfach und schnell. Hat man etwas vergessen, kann man es nachtragen.

! **Beispiel**

Nehmen Sie sich eine mehrjährige Fortbildung vor, macht es Sinn, die Präsenztage aufzulisten, ebenso die Zeiten fürs Lernen. Hinzu kommen Dinge, auf die Sie verzichten müssen, so z. B. auf die abendlichen Biergartenbesuche oder den Urlaub. Vielleicht wird sich auch der Lebenspartner beschweren, weil Sie weniger Zeit für ihn haben, oder die Beziehung zu Freunden lässt nach. Das alles sollten Sie aufschreiben. Das sind die ziemlich sicheren Aufwendungen.

Kennen Sie die Hürden?

Als Nächstes kommt das chinesische Sprichwort ins Spiel: »Hindernisse zeigen, ob du etwas wirklich willst.« Nehmen Sie sich eine neue Seite zur Hand und notieren Sie die Frage: »Welche Schwierigkeiten/Hindernisse werden sicher oder möglicherweise auf dem Weg zum Ziel auf mich zukommen?« Notieren Sie auch hier alles, was Ihnen so einfällt.

! **Wichtig**

Wahrscheinlich kam bei Ihnen gerade ein leiser Unwille hoch, als ich Sie bat, die möglichen Hindernisse bzw. Schwierigkeiten zu notieren. Das ist mehr als verständlich. Sie stehen in den Startlöchern, wollen loslegen. Wir alle setzen den Fokus und den Großteil unserer Energie auf das Ziel, auf die Umsetzung. Deshalb kommt folgender Ratschlag in dieser Phase der Zielformulierung selten gelegen – er ist aber notwendig: Widmen Sie den Hürden auf dem Weg zur Zielerreichung ebenso viel Zeit wie Ihren Zielen. Viele Menschen scheitern auf dem Weg zum Ziel, weil sie nicht auf Hindernisse vorbereitet waren. Nur wer sich intensiv auf mögliche Schwierigkeiten vorbereitet und Maßnahmen zur ihrer Überwindung parat hat, kommt ins Ziel.

Bei allen Vorhaben werden glasklar vorhersehbare Hindernisse auf Sie zukommen. Es irritiert mich immer wieder, dass Menschen, die sich ernsthaft ein Ziel vornehmen, diesen Umstand vollkommen ignorieren.

! **Beispiel**

Wenn ich mir regelmäßiges Joggen vornehme, ist absehbar, dass es manchmal dazu zu heiß sein wird, zu kalt oder zu nass. Natürlich kommen bei der geplanten Zusatzqualifikation Prüfungen auf mich zu, auf die ich mich vorbereiten muss. Natürlich wird es Durststrecken geben; vielleicht verstehe ich so manchen Lernstoff nicht; vielleicht werde ich Prüfungen vermasseln.

Wer solch vorhersehbaren Hindernissen schon vorab auf dem Papier begegnet, hat es später unendlich leichter als die Blauäugigen, die sich von Minusgraden im Januar überraschen lassen und dann in Zweifel geraten, ob sie sich bei diesem

Wetter überhaupt hinauswagen sollen. Identifizieren Sie mögliche Hindernisse auf dem Weg zu Ihrem Ziel, lautet eine der wertvollsten Erkenntnisse der modernen Motivations-Psychologie.

Nochmals sei betont: Es werden vorhersehbare Schwierigkeiten auf Sie zukommen. Es werden Hürden auftauchen, die Sie schon heute gut einschätzen können: Sie könnten krank werden; es könnte Ärger mit dem Lebenspartner geben; Freunde könnten sich von Ihnen abwenden. Das sind Schwierigkeiten aus der Kategorie »Kann sein, muss aber nicht sein.« Dann gibt es noch Hindernisse, die unfehlbar eintreten werden, die Sie aber in keiner Weise vorhersehen können.

Werden Sie den Preis bezahlen?

Jetzt haben Sie alles identifiziert und aufgeschrieben: den Aufwand und die Schwierigkeiten, die Ihnen begegnen können. Alles, was in Ihren Notizen steht – plus das Unvorhersehbare – ist der Preis, den Sie für Ihre Zielerreichung bezahlen müssen. *Sind Sie dazu bereit?*

Jetzt ist der Augenblick gekommen, die Schwelle zu überschreiten. Oder auch nicht. Sagen Sie jetzt »Ja!«, haben Sie es so gut wie geschafft. Überlegen Sie gut.

Beispiel

Linda Apfelkorn wollte auf eigene Kosten eine Zusatzqualifikation erwerben, die sie beruflich weit nach vorn gebracht hätte. Dauer: drei Jahre. Sie notierte alles, was ihr dazu an Aufwand einfiel: von der Anzahl der Lernstunden über die Doppelbelastung im Unternehmen, die fehlende Zeit für ihre Hobbys bis hin zur kranken Mutter, die sie nicht mehr so intensiv würde pflegen können. Ihre Antwort auf die Frage »Lohnt sich das?«, fiel klar und sicher aus: »Nein. Der Preis ist mir zu hoch.« Manchmal lohnt der Aufwand tatsächlich nicht. Dennoch hat die Auflistung damit ihren Sinn nicht verloren. Sie haben eine klare Entscheidung getroffen und sind innerlich ausgerichtet. Vielleicht legen Sie ja die Akte auf Wiedervorlage wie Linda Apfelkorn: Zwei Jahre später war die Zeit reif und sie nahm das Vorhaben in Angriff.

Man kann es gar nicht oft genug sagen: Ein Ziel erreichen wir nie zum Nulltarif. »Something for Nothing«, wie es die US-Amerikaner sagen, also »etwas ohne Aufwand«, gibt es nicht. Ganz sicher gibt es das nicht bei Zielen, die Sie erreichen möchten. Vielleicht müssen Sie etwas aufgeben. Vielleicht müssen Sie wertvolle Erholungszeiten reduzieren, umziehen, unbequeme Entscheidungen treffen, sich intensiv mit Ihrem Lebenspartner auseinandersetzen oder Ihre eigene Bequemlichkeit überwinden. Machen Sie sich ehrlich klar, was auf Sie zukommen wird. Listen Sie es auf. Stellen Sie sich die entscheidende Frage. Und dann gibt es nur noch ein Vorwärts oder ein Zurück.

Hat es sich gelohnt, auch wenn es nicht klappt?

In die Kategorie des Hindernisse-Erkennens gehört auch die Frage: »Lohnt sich mein Einsatz, selbst wenn ich mein Ziel nicht erreiche?« Sehen Sie diese Frage sportlich. Im Fußball kann nicht jeder Verein Meister werden. Viele Mannschaften steigen sogar ab. Dennoch trainieren alle Spieler, oder fast alle, intensiv, leben ihren Beruf, geben alles, spielen täglich mit fünf Kugeln. Bei Wind und Wetter, trotz schlechter Laune, unter einem neuen und ungeliebten Trainer, selbst wenn der nicht mehr auf den Spieler setzt. Fragen Sie die Spieler am Ende der Saison: »Wenn Sie gewusst hätten, dass Sie absteigen, hätten Sie dann auch so intensiv trainiert? Immer alles gegeben? Hat es sich denn überhaupt gelohnt?« Wir kennen die Antwort. Jeder Spieler wird, so er das Interview nicht gleich kopfschüttelnd abbricht, antworten: »Natürlich hat es sich gelohnt!« Denken Sie auch an das Beispiel unseres PokerCoachs. So sollte es auch bei Ihnen sein: Definieren Sie ein Ziel und fragen Sie sich, ob es den hundertprozentigen Einsatz lohnt, auch wenn Sie es möglicherweise nicht erreichen sollten. Lohnt es sich nicht, ist Ihnen das Ziel nicht wichtig genug. Dann lassen Sie es sein oder verschieben Sie es auf einen späteren Zeitpunkt. Wenn es sich aber lohnt, starten Sie und spielen Sie mit fünf Kugeln. Jetzt heißt es: »Feuer frei!« Jetzt können Sie loslegen.

Exception kills? Nicht immer!

Fast jeder hat es schon einmal erlebt: Da nimmt man sich etwas vor, zieht es ein paar Wochen lang durch – bis, ja, bis man sich Ausnahmen erlaubt. Erst eine, dann, etwas später, eine weitere. Irgendwann wird die Ausnahme zur Regel. »Exception kills«, heißt es im Englischen: eine einzige Ausnahme macht das ganze Vorhaben zunichte. Abhilfe schafft eine überaus elegante und hilfreiche Strategie, die »Joker-Strategie«.

Sie brauchen lediglich im Vorfeld zu Ihrem Vorhaben zu definieren, wie viele Ausnahmen Sie zulassen möchten. Besuchen Sie beispielsweise eine Fortbildung mit Präsenzpflicht an zwei Abenden der Woche, investieren Sie auf zwei oder drei Jahre gesehen eine ganze Menge Zeit, etwa zehn Anwesenheitstage jeden Monat. Wie viele Ausnahmen davon möchten Sie sich erlauben? Keine? Eine im Monat? Das wäre in etwa meine Wahl. Ja, einmal im Monat würde ich mir die Freiheit nehmen wollen, zu schwänzen, vielleicht mit Freunden ins Kino zu gehen oder meine Frau auszuführen. Dann kann ich an diesem Abend einen Joker ziehen und ohne die Spur eines schlechten Gewissens den Termin ausfallen lassen. Das Unterbewusstsein vermerkt dies nicht als Ausnahme, sondern als zuvor einkalkulierte Freiheit – unser großes Ziel gerät also dadurch nicht in Gefahr. Überlegen Sie, wie viele Joker Sie sich gönnen möchten. Erfahrungsgemäß werden Sie viele Joker gar nicht ziehen, aber insgeheim froh sein, die Freiheit dazu zu haben.

Mit Jokern, sprich Freiheiten, braucht man im Übrigen keineswegs sparsam umzugehen. Um das zu verdeutlichen, »oute« ich mich ein bisschen: Ich trinke Alkohol, sogar hin und wieder sehr gern. Zwar sehe ich mich weit entfernt von einer Sucht, möchte das aber lieber nicht mit einem Arzt diskutieren. Im Klartext: Ich könnte jeden Tag ein, zwei oder maximal drei Bier trinken. Dass sich dies gesundheitlich nicht empfiehlt, ist mir ebenso klar wie der Umstand, dass dadurch mein Leistungsvermögen sinken würde.

Was also habe ich unternommen? Nun, anfangs schrieb ich mir vor, beispielsweise nur am Wochenende Alkohol zu konsumieren. Meist klappte das ganz ordentlich. Wenn sich an einem schönen Sommertag unter der Woche die netten Nachbarn mit einem Fünf-Liter-Fässchen gut gekühlten Bieres auf unserer Terrasse einstellten, nippte ich anfangs noch an Wasser oder trank alkoholfreies Bier ... was aber irgendwie unangenehm und irgendwie auch nicht durchzuhalten war ... Regelmäßig scheiterte ich mit meinem Vorhaben und griff zum Gerstensaft, was mich am nächsten Morgen immer wieder ordentlich ärgerte. Vor allem mich als Trainer für Selbstmotivation und Willensstärke. Sie kennen das; es gibt viele ähnliche Situationen. Doch mittlerweile halte ich mein Vorhaben dank einer simplen Finte lockerlässig durch. Ich definiere für das gesamte Jahr, an wie vielen Tagen ich Alkohol trinken möchte bzw. an wie vielen Tagen ich keinen trinken werde. Nehmen wir mal an, 100 Tage mit Alkohol wären in Ordnung. Dann bleiben 265 Tage ohne. Jetzt lege ich eine Excel-Liste an – eine handschriftliche Strichliste täte es auch – und notiere jeweils die Tage mit Alkoholkonsum. So habe ich gefühlt alle Freiheiten, könnte theoretisch zwei Wochen am Stück mit meinen Nachbarn feiern und käme dennoch an mein Ziel. Vielleicht haben Sie es gemerkt: Im Prinzip ist das die erweiterte Joker-Strategie, die aufs Jahr bezogen maximale Handlungsfreiheit lässt. Die einzige Voraussetzung, dass es funktioniert, ist die Selbstverpflichtung. Probieren Sie es aus. Es klappt.

Und das ist auch schon alles. Fast jedenfalls. Noch eine Kleinigkeit, die – bei genauerem Hinsehen – gar keine Kleinigkeit ist.

3.3.6.5 Das dritte A = Aktion

Sie brauchen jetzt noch zwei Fixpunkte plus die wichtigsten Zwischenschritte.

Niemals zurück: Überschreiten Sie den »Point of No Return«
Setzen Sie das genaue Startdatum fest und definieren Sie Ihren ersten Schritt. Hört sich harmlos an, und wahrscheinlich sind Sie geneigt, sofort etwas aufzu-

schreiben. Oder Sie möchten das am liebsten überspringen. Ich bitte noch um etwas Geduld, um es erläutern zu können.

Was bewirkt das konkrete Startdatum? Worin liegt der Unterschied, wenn ich sage: »Ich fange Mitte August an«, oder aber: »Ich starte am 15. August um 12:00 Uhr«? Sie erkennen, dass Letzteres viel konkreter, viel fassbarer ist. Es hört sich auch viel zugkräftiger an. Das lässt sich ganz gut am Beispiel typischer Raucher erklären. So gut wie jeder Raucher möchte aufhören mit seinem Laster. Fragt man jedoch: »Wann genau hörst du denn auf?«, kommen nur schwammige Antworten. Selbst »Mitte August« wäre hier noch viel zu konkret, zumindest wenn die Jahreszahl feststünde. Meist kommen Antworten wie »Mal sehen«, »Wenn es passt« oder gar »Ich bin noch nicht so weit«. Sollten Sie jemals einem Raucher begegnen, der sagt: »Am 15. August um 12.00 Uhr höre ich auf«, können Sie darauf wetten, dass er es tatsächlich tun wird. Das ist der Sinn eines konkreten Startdatums.

Zu Ihrem Startdatum notieren Sie den ersten Schritt, den Sie tun werden. Die passende Frage dazu lautet: Womit legen Sie ganz konkret los? Beantworten Sie sie schriftlich und tun Sie dann, was Sie aufgeschrieben haben. Scheint ganz leicht. Ist es auch. Rufen Sie einen wichtigen Menschen an und versprechen Sie ihm, dass Sie etwas tun. Bestellen Sie etwas, was Sie für Ihr Zielvorhaben benötigen und bezahlen Sie es – im Übrigen eine besonders gut funktionierende Methode. Eine Anzahlung, die nicht zurückerstattet wird, ist quasi ein »Point of No Return«. Wie auch immer: Tun Sie Ihren ersten Schritt. Treten Sie in Aktion. Nur Aktionen, die Sie tatsächlich angehen, können erfolgreich sein.

Machen Sie nicht nur den ersten Schritt, sondern machen Sie ihn, so schnell es geht! Raffen Sie sich auf, legen Sie das Buch zur Seite und legen Sie los, falls Sie sich schon etwas vorgenommen haben sollten.

Lassen Sie das Ende niemals offen
Sind Sie wieder da? Jedenfalls hoffe ich, dass Sie kurz weg waren und Ihr Vorhaben gestartet haben. Nun geht es darum, sich über den Endpunkt dafür Gedanken zu machen. Insgeheim haben Sie natürlich schon lange überlegt, wann Sie damit fertig sein wollen. Bei manchen Plänen ist der Endpunkt ganz natürlich vorgegeben, etwa bei der Zusatzqualifikation, die genau drei Jahre dauert. Manchmal kann man den Endpunkt selbst festlegen, etwa beim Abnehmen mit einem Zielgewicht. Entscheidend ist, dass Sie sich überhaupt das Enddatum notieren. Schreiben Sie nie: Ende offen. Freilich gibt es Ausnahmen, wie das Raucher-Beispiel zeigt: Wenn Sie es geschafft haben, wollen Sie Ihr Leben lang Nichtraucher bleiben. Dann ist das Ende offen. Nur motiviert Sie diese Aussage nicht, im Gegenteil: auf das Unterbewusstsein wirkt sie demotivierend. Deutli-

cher wird es noch, wenn wir uns beispielsweise vornehmen, jede Woche zweimal zu joggen. »Ende offen« bedeutet dann nichts anderes als »ein Leben lang«. Puh, was für ein Riesenberg, der sich da auftürmt: ein Leben lang! Ich glaube, ich will überhaupt nichts ein Leben lang machen.

Der Weg aus diesem Dilemma ist ganz simpel: Nehmen Sie sich einen Jahreszeitraum vor. In einem Jahr möchten Sie immer noch Nichtraucher sein, am besten ein fröhlicher, gut gelaunter und nicht dicker gewordener Nichtraucher. Wenn Sie nach einem Jahr zwar Nichtraucher sind, aber einer mit 12 Kilos mehr auf den Hüften und ständig mieser Laune, sollten Sie die Ausrichtung ändern. Und das bringt uns schon zur nächsten Regel: Überprüfen Sie Ihre Ziele regelmäßig. Kontrollieren Sie nicht nur, ob Sie Ihren Zielen wunschgemäß näherkommen, sondern auch, ob die Rahmenbedingungen noch stimmen. Sind Sie noch gut drauf? Gibt es grundlegende Änderungen zu beachten? Möchten Sie etwas feinjustieren?

Niemals planlos: Legen Sie Meilensteine fest
Zu guter Letzt bestimmen Sie zwischen Startdatum und Enddatum einige Meilensteine als Teilergebnisse, für die Sie sich belohnen dürfen. Nehmen Sie überschaubare Meilensteine, immer ganz konkret mit Datum und erwartetem Zielerreichungsgrad. Manchmal gibt es ganz handfeste Daten wie den Jahreswechsel oder eine Prüfung. Meist empfiehlt sich die Goldene Mitte als ebenso natürlicher wie absolut passender Meilenstein. Manche Meilensteine lassen sich auch nach Gefühl festlegen. Definieren Sie im Zweifel lieber zu viel als zu wenige – schließlich warten jedes Mal eine Belohnung und ausreichend Nachschub an Dopamin auf Sie.

So, liebe LeserInnen – auf geht's! Falls Sie es noch nicht längst getan haben sollten, schreiben Sie *jetzt* Ihr Ziel in Ihrer Sonntagsschrift auf. Und dann legen Sie los. Starten Sie. Sie haben jetzt alles dazu, was Sie benötigen.

3.3.6.6 Das kleine »a«

Halt: Da ist ja noch das kleine »a«! Was bedeutet das nun wieder? Keine Sorge, es kommt nicht noch etwas Neues hinzu. Das kleine »a« steht für »aufschreiben«. Und das haben Sie hoffentlich schon getan. Ich widme ihm hier jedoch einen eigenen Abschnitt, da es immer – wirklich immer! – eine unendliche Erleichterung und Hilfe darstellt, Ziele aufzuschreiben.

Bemühen wir nochmals den armen Raucher: Sagen Sie ihm, dass er sein Vorhaben, das Rauchen aufzugeben, aufschreiben soll. In neun von zehn Fällen wird er sich vehement dagegen wehren bzw. wird er es nicht tun. Warum? Weil er genau spürt: Hoppla – jetzt wird es ernst. Jetzt geht es ans Eingemachte. Reichen Sie ihm Papier und Bleistift, signalisiert sein Gehirn sofort: »Tu das nicht! Das ist viel zu verbindlich. Wenn du das schreibst, musst du tatsächlich aufhören!« Das ist der so positive Effekt des Aufschreibens. Es wird verbindlich. Nutzen Sie ihn für Ihre Zielformulierungen. Schreiben Sie sie auf. Führen Sie (ein) Buch.

Noch ein zweiter Effekt tritt ein: Sie werden stets und ständig an Ihr Vorhaben erinnert. Aufschreiben verhindert auch Ausflüchte im Unterbewusstsein. Sie ahnen die Auswirkungen, wenn Sie täglich – ja, täglich! – ein Rendezvous mit Ihren Zielen haben, diese also täglich lesen.

> **! Beispiel: Der Spirit vom Professor**
>
> Hier darf ich ein bemerkenswertes Treffen wiedergeben, das ich mit meinem verstorbenen Freund und Mentor Professor Siegfried Vögele kurz vor seinem Tod hatte. Professor Vögele war der Direktmarketing-Papst und geistige Vater der sog. Dialogmethode. Dabei handelt es sich um eine ebenso schlanke wie funktionierende Technik, bei der jeder schriftliche Werbekontakt einem realen Kundengespräch nachempfunden wird. Ich wollte Siegfried Vögele zum Thema Ziele befragen. Er hatte sich gut vorbereitet. Noch bevor ich überhaupt dazu kam, ihm die erste Frage zu stellen, fragte er, ob ich mir denn auch Ziele vornehmen würde. Natürlich bejahte ich. Welche, wollte er wissen. Ich nannte ihm drei. Ob ich die aufschreiben würde, fragte er. Auch das bejahte ich, ebenso seine Frage, ob ich eine solche Niederschrift dabeihätte. Ich holte mein Zieltagebuch aus der Tasche und gab es ihm. Glauben Sie mir: Es gab und gibt nicht viele Menschen, denen ich Einblick gewähr(t)e in dieses »Allerheiligste«. Bei Siegfried Vögele wusste ich es in den allerbesten Händen. Als ich ihn fragte, was dies zu bedeuten hätte, meinte er: »Ich wollte einfach nur wissen, ob du selbst tust, was du lehrst«.
> Es wurde noch spannender. Nachdem wir über seine Ziele gesprochen hatten, wie er persönliche Ziele mit Beruflichen verbindet und wie er sie formuliert, gab er mir sein Zieltagebuch in die Hand. Ich traute mich kaum, es aufzuschlagen: ein hochwertiges DIN-A6-Ringbuch mit vielen Seiten. Auf der ersten Seite standen handschriftlich, fein nummeriert von 1 bis 10, seine Ziele. Einfache Worte. Nie mehr als zwei Zeilen pro Ziel. »Und weißt du, was ich mache?«, fragte er mit leiser Stimme. »Jeden Morgen, wirklich jeden Morgen, schaue ich mir diese zehn Ziele an. Dann nehme ich ein neues Blatt und schreibe sie neu auf. Dadurch brennen sich meine Vorhaben in mein Unterbewusstes ein. Und sie verändern sich immer ein kleines bisschen. Jeden Tag.«

Ich weiß, er schaut zu, während ich diese Zeilen schreibe. Ich wünsche Ihnen, dass der Geist von Professor Siegfried Vögele auf Sie einwirken möge. Schreiben auch Sie Ihre Ziele auf.

Sie sehen an dem Beispiel: Auch das kleine »a« steht für etwas Großes.

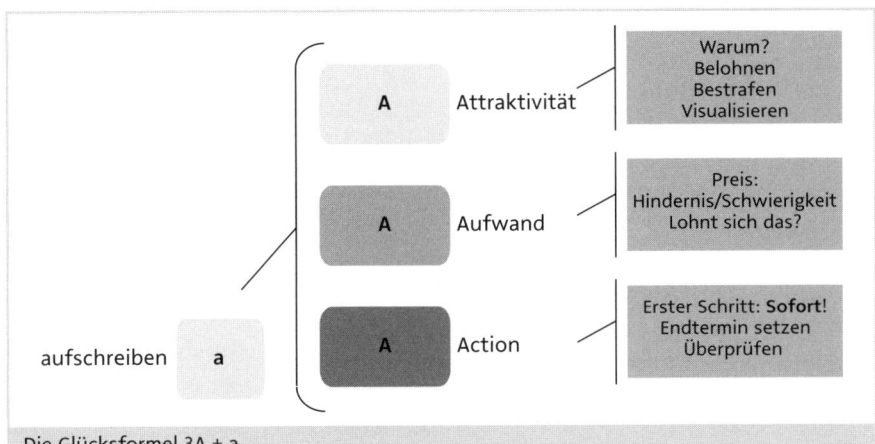

Die Glücksformel 3A + a

3.4 Das Einzige, was wirklich, wirklich, wirklich zählt

In dem nun folgenden Kapitel finden Sie ein wahres Feuerwerk an Impulsen, die Sie allesamt unterstützen, den ersten Schritt zu machen. Es ist nun mal der anstrengendste Schritt von allen. Liegt der hinten Ihnen, haben Sie schon einen Großteil geschafft.

3.4.1 Im Anfang war die Tat

Lassen Sie uns über Motivaction sprechen. Dieses Kunstwort setzt sich zusammen aus »Motivation« und »Action«. Motivaction verkörpert die Fähigkeit, unsere Motivation in Handlungen, sprich: in Aktionen, umzusetzen. Lediglich über unser Vorhaben zu reden, bringt uns nicht weiter. Es ist wie das Sitzen im Schaukelstuhl: Es bewegt sich zwar was, aber man kommt keinen Zentimeter voran. Und genauso ist es mit dem Zaudern und Zögern: Wenn wir etwas nur lange genug infrage stellen, beginnen wir, tatsächlich daran zu zweifeln. Und deswegen beschäftigen wir uns hier mit dem Gegenteil des Zauderns. Denn mittlerweile wissen wir es: Das einzige, was langfristig wirklich zählt – vor uns und vor anderen – ist nicht das Vorhaben. Es ist das Tun. Das Umsetzen. Und dazu müssen wir loslegen, ins Handeln kommen.

Es geht in diesem Kapitel tatsächlich ausschließlich um den Start und vor allem darum, *dass* wir starten. In den letzten Kapiteln war davon mal unterschwellig, mal direkt bereits die Rede. Dieses Kapitel verschafft der Motivaction endlich den angemessenen Raum.

In den mächtigen Worten Johann Wolfgang von Goethes klingt es so:

> Geschrieben steht: »Im Anfang war das Wort!«
> Hier stock' ich schon! Wer hilft mir weiter fort?
> Ich kann das Wort so hoch unmöglich schätzen,
> Ich muss es anders übersetzen,
> Wenn ich vom Geiste recht erleuchtet bin.
> Geschrieben steht: Im Anfang war der Sinn.
> Bedenke wohl die erste Zeile,
> Dass deine Feder sich nicht übereile!
> Ist es der Sinn, der alles wirkt und schafft?
> Es sollte steh'n: Im Anfang war die Kraft!
> Doch, auch indem ich dieses niederschreibe,
> Schon warnt mich was, dass ich dabei nicht bleibe.
> Mir hilft der Geist! Auf einmal seh' ich Rat
> Und schreib' getrost: Im Anfang war die Tat!
> Faust: Der Tragödie erster Teil

Im Anfang steht die Tat! Am liebsten würde ich Sie jetzt packen und schütteln, um Ihnen diese Botschaft förmlich einzutrichtern. Und, ja, ich wiederhole mich – aber bei diesem Thema kann es gar nicht genug Wiederholungen geben: Sie haben so gut wie gewonnen, wenn Sie starten. Loslegen. Wenn Sie Ihren ersten Schritt tun.

> **! Beispiel**
>
> Gandhi war ein Mensch, der nicht gewartet hat, bis das Schicksal seinen gewohnten Lauf nahm. Er hat etwas getan. Jeden Tag. Letztendlich wurde dadurch Indien befreit. Mahatma Gandhi sagte: »Du musst die Veränderung sein, die du in der Welt sehen willst.«

Ja, so ist es! Gandhi hatte recht. Martin Luther hatte recht. Mandela hatte recht. Sie alle haben gehandelt; sie haben nicht gewartet. Wenn Sie bislang nichts, vielleicht tatsächlich gar nichts aus diesem Buch umgesetzt haben sollten – um Himmels willen, tun Sie es jetzt. JETZT.

3.4.2 Strategien für den ersten Schritt

Das Ziel dieses Buches ist tatsächlich einzig und allein, Sie ins Handeln zu bringen. Ganz zu Anfang sagte ich, dass Selbstmotivation »Force to Act« sei – eine Kraft, die Sie hinträgt, wohin auch immer Sie wollen. Aber dazu müssen Sie erst einmal abheben, was, wie beim Start eines Flugzeugs, die meiste Energie kostet. Eine Seminarteilnehmerin, Mitglied eines weltweit bekannten Symphonieorchesters, äußerte in diesem Zusammenhang: »Auch die größten Symphonien beginnen mit einer einzigen Note«.

Auf den folgenden Seiten erwarten Sie bewährte Vorgehensweisen, Impulse und berührende Geschichten von Menschen, die es geschafft haben, die ihren ersten Schritt gewagt haben. Die den Duschhebel umgelegt haben. Lassen Sie sich inspirieren.

3.4.2.1 Welches Signal benötigen Sie?

Mein langjähriger Freund Edwin möchte schon seit vielen Jahren auf Weltreise gehen. Es soll keine gewöhnliche Weltreise werden, sondern eine mit weiten Strecken zu Fuß. Seit Jahren träumt er davon. Was ihn davon abhält, sind Befürchtungen: Räuber, Krankheiten, Schlangenbisse und, und, und. Edwin hat die Reise nie begonnen, und ich fürchte, er wird sie auch nie beginnen. Timo ist da anders. Er hat seine Weltreise längst hinter sich. Auch den größten Teil zu Fuß. Von einer Schlange gebissen wurde er nie, aber von einer giftigen Spinne. Er wurde überfallen und eine Krankheit bremste ihn irgendwo eine Zeitlang aus. Ich fragte ihn, wie er denn seine Bedenken zu Beginn des Abenteuers überwunden habe. Er antwortete: »Weißt du, da habe ich mir gar keinen großen Kopf gemacht. Mir ging es einzig und allein darum, von meiner Firma ein Jahr freigestellt zu werden. Wenn ich mir darüber Gedanken gemacht hätte, was alles so passieren kann, wäre ich wahrscheinlich nie aufgebrochen.«

Damit möchte ich nicht sagen, dass man bei allen Vorhaben nur ein einziges, vielleicht gar kleines, Zeichen beachten und dann blauäugig loslegen sollte. Beim Hausbau beispielsweise könnte das fatale Folgen haben. Umgekehrt gibt es viele Menschen, die überall Schwierigkeiten und Hindernisse sehen, die sich dann nicht realisieren. Diesen, eher vorsichtigen Menschen sei geraten, erst einmal einen Versuch zu wagen und nach Überwindung des ersten Hindernisses die ganze Strecke anzugehen.

Es ist wie bei einem ICE. Der Zug wartet im Bahnhof und fährt los, als das Signal auf Grün springt. Der Lokführer überlegt nicht, welche weiteren Signale noch kommen, welche wetterbedingten Widrigkeiten und welche Gefahren auch immer auf der langen Strecke drohen könnten. Der Lokführer wartet einzig auf das grüne Signal im Bahnhof. Dann fährt er ab.

Welches Signal benötigen Sie?

3.4.2.2 Wissen Sie, wo der Käse liegt?

Soreen Bandura klagte mir im Coaching ihr Leid. Sie war Kleinunternehmerin in der IT-Branche und konnte sich zehn Jahre lang über mehr als genügend Aufträge freuen. Ihr Erfolg war jedoch abhängig von einem einzigen Unternehmen, von dem sie den Großteil ihrer Aufträge bezog. Schon in dessen Anfangszeiten hatte sie es betreut, und als dieses Unternehmen wuchs und wuchs, stieg ihr Auftragsvolumen parallel dazu an. Dann suchte sich die Firma eine andere IT-Betreuung. Frau Baldura war aus dem Rennen. »Es ist ja nicht so, dass ich sonst keine Kunden mehr habe«, meinte sie, »aber es ist viel zu wenig, um davon zu leben. Jetzt sitze ich seit einem halben Jahr fast in Schockstarre da. Ich weiß, dass ich etwas tun müsste, akquirieren, Angebote versenden, alte Kunden von früher kontaktieren usw., aber ich kriege nichts auf die Reihe.«

Experimente mit Mäusen und dem klassischen Käse gibt es zuhauf. Viele Ergebnisse aus diesen Versuchen lassen sich auf den Menschen übertragen und so auch auf Frau Bandura. Ich schilderte ihr folgendes Experiment.

- Phase 1: Der Käse wird irgendwo in einem Labyrinth aus zahllosen Irrgängen versteckt. Die Maus hat fünf Eingänge zur Wahl. Sie beginnt mit dem ersten und läuft die gesamten dahinterliegenden Gänge ab. Nichts. Nächster Eingang. Alles abgelaufen. Nichts. Nächster Eingang – usw. Bis sie endlich ihren Leckerbissen gefunden hat. Die Forscher wiederholen das Experiment zwei Wochen lang und platzieren den Käse immer in unterschiedlichen Gängen. Die Maus sucht alles ab. Dann frisst sie ihre Belohnung.
- Phase 2: Am Tag 1 legen die Forscher den Käse in Gang 5. Irgendwann findet ihn die Maus. Am Tag 2 legen die Forscher den Käse abermals in Gang 5. Die Maus sucht wieder alles ab, findet den Käse, Belohnung. Am dritten Tag – wieder Gang 5. Die Maus, nicht doof, beginnt gleich mit der Suche in Gang 5 – Treffer! Belohnung. Tag 4, 5, 6, alle weiteren Tage in den nächsten zwei Wochen liegt also der Käse in Gang 5. Die Maus huscht immer schnurstracks in Gang 5 und futtert ihre Belohnung.
- Phase 3: Am ersten Tag nach Ablauf der zwei Wochen legen die Forscher den Käse in Gang 3. Und jetzt raten Sie, was passiert? Wenn Sie noch nie von diesem Versuch gehört haben, kommen Sie nicht darauf. Die Maus rennt in Gang 5, klar. Aber als sie alles abgelaufen hat, reckt sie ihr Näschen nach

oben, schnuppert und – bleibt einfach sitzen! Aus die Maus. Sie macht nichts mehr. Kein Zurücklaufen, kein neuer Gang. Kein Absuchen aller Gänge wie am Anfang. Sie bleibt einfach sitzen.

Im Coaching schilderte ich dieses Experiment noch deutlich ausführlicher. Soreen Baldura bekam immer größere Augen. Sie lächelte, nahm ihre Sachen und meinte: »Ich muss jetzt gehen. Ich weiß, was ich zu tun habe.« Ich habe sie nie wiedergesehen – sie hat aber den Rechnungsbetrag überwiesen. Ich bin mir sicher, dass sie längst wieder weiß, wo ihr Käse liegt.

3.4.2.3 Wunder gibt es immer wieder

Lassen Sie uns, aufbauend auf der »Such-den-Käse-ständig-woanders«-Strategie, den Coaching-Koffer noch ein wenig weiter öffnen.

Heute ist ja jeder Trainer gleichzeitig auch Coach. Wollen Sie einem auf den Zahn fühlen, brauchen Sie ihm nur die eine Frage zu stellen: »Wie, ganz konkret, messen Sie den Erfolg Ihrer Coachings?« Wenn Sie darauf nur eine schwammige, nichtssagende Antwort bekommen, sollten Sie das Weite suchen. Die höchste Prämisse meiner DIN-zertifizierten Coaching-Ausbildung war der Ansatz, Coaching sei eine Dienstleistung mit klaren, differenzier- und messbaren Qualitätskriterien. Bemerkenswertes Detail: Meine noch heute gültige Nummer der DIN-Zertifizierung lautet 007. Wenn das kein Omen ist!

Für jeden Coach gehört die sog. Wunderfrage zum Standard. Sie sei Ihnen hier etwas abgewandelt ans Herz gelegt. Hilfreich ist sie besonders dann, wenn Sie zwar motiviert genug sind und starten wollen, aber irgendetwas Diffuses hält Sie noch davon ab – etwas, das Sie vielleicht noch nicht richtig greifen können.

Albert Einstein wusste:

»Inmitten der Schwierigkeit liegt die Möglichkeit.«

Diese Möglichkeit entdecken Sie am ehesten, wenn Sie loslegen und sich von Anfang an auf mögliche Lösungen und nicht auf die Probleme konzentrieren. Das fällt vielen schwer. Es bedarf dann gewisser »Tricks« wie bei der weiter vorn geschilderten Lösungsorientierten Kurzzeittherapie, um sich in die Zukunft zu orientieren. Ein solcher Trick, oder besser: ein weiterer raffinierter Kunstgriff aus dem Coaching-Repertoire, einer der besten, ist eben die sog. Wunderfrage. Sie lautet: »Stellen Sie sich vor, es ist spät und Sie legen sich schlafen. Während Sie schlafen, geschieht ein Wunder und das Problem, das Sie schon seit längerer

Zeit belastet, ist gelöst. Da Sie geschlafen haben, wissen Sie nicht, dass dieses Wunder geschehen ist. Welches kleine Anzeichen wird Sie am nächsten Morgen wohl darauf hinweisen, dass sich etwas verändert hat?«

Vielleicht spüren Sie, wie sich gedanklich schon etwas bei Ihnen regt? Dass Ihr Filter anders, nämlich hilfreicher arbeitet? Dass er nach Ideen sucht, was sich geändert haben könnte? Bemerken Sie diese Anzeichen und möchten Sie aus Ihren Antworten noch mehr Kapital schlagen, können Sie folgende Fragen anschließen:

- Was ganz konkret wäre anders?
- Wie würde ich mich anders verhalten?
- Was konkret würde ich anders fühlen oder denken?
- Wer um mich herum würde zuerst bemerken, dass dieses Wunder geschehen ist? Und wer als Nächster?
- Wer als Letzter?
- Wann habe ich schon einmal Ansätze in diese Richtung erlebt?
- Was kann ich tun, um einen kleinen Teil dieses Wunders schon jetzt passieren zu lassen?

Mit den ersten Fragen schnallen Sie sich fest, lassen den Motor an und lösen die Handbremse. Die letzte Frage ist der finale Kick, mit dem Sie das Gaspedal durchtreten. Der psychologische Hintergrund: Sie werden fast nicht anders können, wenn Sie sich auf diese Fragen einlassen, wenn Sie Ideen haben, was Sie denn da erwarten könnte. Der Psychologe spricht von »positiven Zukunftsphantasien«. Dazu werden – bildlich ausgedrückt – lange verschüttete Bahnen im Gehirn benutzt. Wenn Sie diese Bahnen mehrfach nutzen, machen Sie sie frei für das Handeln. Sie denken, fühlen und handeln quasi »auf Probe«. Sie werden dazu angeregt sich vorzustellen, was Sie wie ändern können. Dies macht die Bahn frei für tatsächliche Veränderungen.

> **! Übung: Ihre Wunderfrage**
>
> Fokussieren Sie sich auf Ihr großes Ziel. Stellen Sie sich vor, es ist spät und Sie legen sich schlafen. Während Sie schlafen, geschieht ein Wunder und Sie haben mit Ihrem Vorhaben tatsächlich begonnen. Da Sie geschlafen haben, wissen Sie nicht, dass dieses Wunder geschehen ist. Welches kleine Anzeichen wird Sie am nächsten Morgen als Erstes darauf hinweisen, dass sich etwas verändert hat?

3.4.2.4 Stellen Sie es auf den Kopf!

Ähnlich wie die Wunderfrage ist auch die folgende Übung hilfreich, wenn Sie eigentlich starten wollen, aber aus irgendeinem Grund noch die Handbremse angezogen haben. Sie leitet einen Perspektivenwechsel ein. Das klingt kompliziert, ist es aber nicht. Alles, was Sie tun müssen: Stellen Sie die Dinge auf den Kopf. Drehen Sie das Thema gedanklich um. Fragen Sie nicht, wie Sie etwas ändern können. Fragen Sie sich stattdessen: »Wie kann ich es verstärken?«, und denken Sie sich ganz konkrete Maßnahmen aus, wie Sie das umsetzen können. Am besten tun Sie das schriftlich. Überschreiben Sie z. B. ein Blatt mit der Frage: »Wie kann ich mich noch stärker *de-motivieren*?« Notieren Sie alles, was Ihnen dazu einfällt. Nehmen Sie sich dafür genügend Zeit. Lassen Sie es sacken. Das Verblüffende an dieser Übung ist: Sie brauchen danach nicht einmal großartig darüber nachdenken, was Sie denn stattdessen tun sollen oder können. Es liegt auf der Hand, dass es das Gegenteil ist. Sie brauchen es auch nicht aufzuschreiben – Ihr Unterbewusstsein arbeitet schon ganz allein in die richtige Richtung.

> **Beispiele**
> - Beruflich stagnieren Sie seit einigen Jahren? Wie können Sie das verschärfen? Wie stellen Sie sich beruflich komplett aufs Abstellgleis?
> - In Ihrer Beziehung herrscht schon seit einiger Zeit »tote Hose«? Wie können Sie sie komplett auf null herunterfahren?
> - Wie kann ich meine Mitarbeiter am besten de-motivieren?
> - Wie zerstöre ich am besten das Vertrauensverhältnis zu meinen Kindern?
> - Wie werde ich meiner Nachbarschaft zum Feindbild Nr. 1?
> - Sie haben 15 Kilo Übergewicht? Wie schaffen Sie am schnellsten 30 Kilo?
> - Sie schaffen es nicht, die in diesem Buch geschilderten Ansätze umzusetzen? Notieren Sie, was Sie am schnellsten und effektivsten nach unten ziehen würde und sammeln Sie Stichworte zu möglichen Umsetzungen …

Psychologisch gesehen passiert folgendes bei dieser Übung: Unser Gehirn malt sich dabei aus, dass es ja schon Tendenzen in diese verstärkte Richtung gibt. Dann zieht es in Betracht, was eine Verschlimmerung bedeuten würde. Im nächsten Schritt »berechnet« es, welche »Kosten« drohen und dass es doch »zu teuer« wäre, in diese Richtung zu gehen. Daraufhin sucht der Filter schnurstracks nach Wegen, die eingeschlagene Richtung zu ändern.

3.4.2.5 Luís Figo und der Schweinskopf

Je größer eine Sache, je begeisterter Sie davon sind, umso mehr Gegner werden sich finden.

Hier ein Impuls in bester Motivaction-Manier, mit dem Sie nach Ihrer Überzeugung handeln, auch wenn Sie Gegenwind verspüren. Die folgende Geschichte lässt sich auf alle Lebensbereiche übertragen und ist auch für diejenigen interessant, die sich überhaupt nicht um Fußball scheren.

> **!** **Beispiel**
>
> Luís Figo gehörte um die Jahrtausendwende zu den besten Fußballspielern der Welt und er war auch bei einem der besten Clubs der Welt, dem FC Barcelona. Dort wurde er verehrt. Zumindest, bis er etwas tat, was vor ihm noch keiner gewagt hatte: Er wechselte zum verhassten Rivalen Real Madrid. Dann spielte er in der ersten Saison nach seinem Wechsel gegen Barcelona im Stadion Nou Camp vor rund 100.000 Zuschauern. Damals waren die Zuschauerränge so dicht ans Spielfeld gebaut, dass den Spielern kaum Platz für Einwürfe und Ecken blieb. Figo wurde in Barcelona natürlich gnadenlos ausgepfiffen. Dann gab es eine Ecke für den FC. Wer wohl schnappte sich den Ball? Genau: Luís Figo. Er trabte in die Ecke, konnte sie aber zunächst nicht ausführen, weil die Zuschauer massenweise Gegenstände nach ihm warfen: Bierbecher, Plastikflaschen, faules Obst und was sie sonst noch gerade zur Hand hatten. Sogar ein abgeschnittener Schweinskopf landete auf dem Rasen. Das ganze Theater zog sich, mit kurzer Spielunterbrechung, über zehn Minuten hin. Dann schoss Figo die Ecke. Und zwar zirkelte er den Ball derart, dass ihn der Torwart gerade noch übers Tor lenken konnte – zur nächsten Ecke auf der anderen Seite. Tja, und kaum zu glauben, aber wahr: Luís Figo schnappte sich auch diesen Ball und lief zur anderen Ecke, wo alles von Neuem begann.

Wenn es also ein ganzes Stadion mit 100.000 aufgebrachten Menschen es nicht schafft, einen Einzelnen von seinem Vorhaben abzubringen, wie soll das dann Ihr Chef bei Ihnen schaffen? Oder Ihr Lebenspartner? Ihre Vereinsmitglieder? Oder wer auch immer?

Nur Sie allein können sich von Ihrem Ziel abbringen – niemand anderes. Es ist absolut klar, dass man sich bei der Verfolgung eines grandiosen Zieles miserabel fühlt, wenn der beste Freund unmissverständlich zu verstehen gibt, dies sei der größte Unfug aller Zeiten. Haben Sie aber alle Bedenken geprüft und sind Sie dennoch überzeugt von Ihrer Sache, darf Sie kein Schweinskopf der Welt davon abbringen. Und Ihr bester Freund nicht. Vielleicht möchte der Ihr Ziel nicht unterstützen, weil er Sorge hat, dass es kaum noch gemeinsame Treffen geben könnte? Vielleicht hat er einmal eine ganz andere, aber umso schlechtere Erfahrung gemacht, die er nun auf Ihr Ziel überträgt? Es gibt viele Gründe, warum andere uns und unsere Ziele nicht unterstützen wollen.

Wenn Sie sich auf dem Weg zu Ihrem Ziel beim Gedanken erwischen, »Der hat vielleicht recht, und ich sollte es bleiben lassen«, erinnern Sie sich bitte an den Schweinskopf von Barcelona.

3.4.2.6 Denken Sie rückwärts

Der folgende, ursprünglich aus der Projektplanung stammende Motivaction-Turbo macht sich den sog. Goal-Gradient-Effekt zunutze. Sie haben ihn mit

Sicherheit schon oft verspürt. Er besagt: Wenn das Ziel in greifbare Nähe rückt, steigt die Motivation deutlich an. Mit anderen Worten: Kurz vor dem Ziel mobilisieren wir nochmals alle Kräfte, legen noch einen Sprint ein und schnellen in den Endspurt.

Der Goal-Gradient-Effekt lässt sich kombiniert mit der Rückwärtstechnik effektvoll anwenden. Lassen Sie sich nicht abschrecken. Die Vorgehensweise erinnert ein wenig an den Chef, der Montag früh das Büro betritt und brüllt: »Was!? Heute ist Montag, morgen ist Dienstag, übermorgen ist schon Mittwoch! Die halbe Woche ist fast rum und wir haben noch nichts geschafft!« Nichtsdestoweniger ist es eine effektive Vorgehensweise.

Zum besseren Verständnis vorab ein paar Anmerkungen zum Projektmanagement. Es kategorisiert Zeitverschwendung in drei Phasen:
1. Es gibt die Phase 1, die uns in der trügerischen Sicherheit wiegt, genügend Zeit zu haben. Hier wird fröhlich diskutiert, abgewogen, neu diskutiert, verworfen, nochmals diskutiert usw.; alles in einer angenehmen, ruhigen Atmosphäre. »In der Ruhe liegt die Kraft«, sagen manche Projektplaner, und: »Nicht den zweiten Schritt vor dem ersten machen. Wir haben ja genügend Zeit.«
2. In Phase 2 dämmert es dem einen oder anderen, dass endlich losgelegt werden müsste bzw. dass der Zeitplan bereits aus den Fugen gerät.
3. Phase 3 kennzeichnet ansteigende Hektik, in der verzweifelt und mit allen Möglichkeiten versucht wird, den Zeitplan oder gar das gesamte Projekt noch zu retten.

Diese Projekte sind vielleicht nicht der Normalfall. Viele verlaufen inhaltlich und zeitlich strukturiert in geordneten Bahnen. Doch der geschilderte Ablauf ist auch nicht gerade selten. Vielleicht kennen Sie ihn sogar? Denken Sie an den Kauf von Weihnachtsgeschenken oder die Steuererklärung?

Übung: Die Rückwärtstechnik   **!**

Zuerst die Kurzversion: Planen Sie das Ziel mit einem Datum, gehen Sie dann rückwärts bis zum heutigen Tag mit allen Zwischenstationen.
Und nun etwas ausführlicher: Gehen Sie davon aus, das Ziel erreicht zu haben und fragen Sie sich, welchen wichtigen Meilenstein Sie zuletzt vor der endgültigen Zielerreichung gesetzt hatten. Von diesem Meilenstein gehen Sie noch weiter zurück und fragen sich, welcher Meilenstein zuvor erreicht werden musste. So verfahren Sie bis zum letzten Meilenstein. Dort fragen Sie sich, welche Zwischenschritte vom ersten Meilenstein rückwärts bis zum Start, also dem heutigen Zeitpunkt, erforderlich waren. Ganz besonderes Gewicht legen Sie dabei auf die letzte Frage: »Was war der allererste Schritt, den ich gegangen bin, damit ich mein Ziel erreicht habe?«

> Ideal wäre es, wenn Sie zusätzlich zu der rein technischen Planung motivierende Bilder und Emotionen ins Spiel zu bringen, die das zu erreichende Ziel in den schönsten Farben erscheinen lassen. Dann macht auch Ihr Unterbewusstsein wieder bereitwillig mit.

Der folgende Ausschnitt aus dem Protokoll einer Coaching-Sitzung verdeutlicht die Technik.

Coach: »Sie haben Ihr Jahresziel erreicht. Endlich Bereichsleiter! Gratuliere. Wie haben Sie die frohe Botschaft empfunden?«

Eric Wendell: »Es war unbeschreiblich. Über zwei Jahre habe ich darauf zugearbeitet. Manchmal schon den Glauben verloren. Nie aufgegeben. Und dann – es hat sich doch alles gelohnt! Unbeschreiblich. Aufregend. Aufgewühlt. Einfach durch und durch glücklich.«

Coach: »Am 20. November sind Sie Bereichsleiter geworden. Was, denken Sie, war der letzte, vielleicht entscheidende Schritt – nennen wir ihn Meilenstein – mit dem Sie Ihr Ziel geschafft haben?«

EW: »Das kann ich Ihnen genau sagen. Das habe ich noch sehr gut in Erinnerung. Es war Mitte April. Ich musste wieder einmal in einem Change-Prozess, für den ich gar nicht verantwortlich war, den Leiter der Fertigung vertreten. Das passiert mindestens einmal im Jahr, eher zweimal. Von heute auf morgen, ohne dass ich das Team richtig kenne. Ich sollte den gesamten Prozess zu Ende bringen, hieß es. Das ließ sich nur mit viel Mehrarbeit und heißen Diskussionen bewerkstelligen, weil alle Betroffenen, ich eingeschlossen, sich erst einmal aneinander gewöhnen mussten. Ich war wieder einmal völlig fertig. Aber ich habe mich diesmal nicht runterziehen lassen, sondern souverän die Lage gemeistert.«

Coach: »Gut. Habe ich das richtig verstanden: der entscheidende Meilenstein vor dem 20.11. war Mitte April? Da haben Sie durchgehalten. Das war das Wesentliche. Darf ich das so sagen?«

EW: »Ja, genau.«

Coach: »Und davor? Gab es einen wichtigen Zwischenschritt vor Mitte April?«

EW: »Durchaus, nämlich als ich endlich meinen Bereichsleiter um ein gemeinsames Gespräch mit der Personalleitung gebeten hatte. Das war für mich ein ganz großer, sicher nicht ganz einfacher Schritt.«

Coach: »Warum?«

EW: »Weil ich nicht zu jenen gehöre, die fordernd auftreten. Ich bin eher ruhig, zurückhaltend. Aber ich weiß, was ich kann. Und ich kann auch gut mit Menschen umgehen. Mein Chef weiß das, aber bei ihm hatte ich immer den Verdacht, dass er mich nicht abgeben will, weil er mich so dringend braucht. Deshalb fiel es mir schwer, dieses Gespräch zu suchen und dort darauf hinzuweisen, dass ich mich für die Stelle als Bereichsleiter befähigt fühle.«

Coach: »Was gab denn den Ausschlag dafür? Wie kam es dazu, dass Sie das Gespräch überhaupt gesucht haben?«

EW: »Das war hier im Coaching, als wir erarbeitet haben, wo meine Stärken liegen. Damals dachte ich ganz spontan; das sind eigentlich ideale Voraussetzungen für eine Führungsposition. Sie hatten mich ja darin bestärkt.«

Coach: »Ich? Wann und wie?«

EW: »Sie sagten damals Mitte Februar, ich solle mir Gedanken machen, was ich beruflich mit meinen Fähigkeiten anfangen wolle. Das hatte mir zu denken gegeben. Dann ist dieser Gedanke in mir immer größer geworden, und ich habe mich gefragt, warum ich nicht schon lange Bereichsleiter bin. Irgendwann ist mir die Problematik mit meinem Chef klargeworden. Kurze Zeit später musste ich ihn einfach um dieses Gespräch bitten.«

Coach: »Schön. Führen wir die Kette nochmals rückwärts: Am 20. November sind Sie Bereichsleiter geworden. Der Meilenstein davor war, dass Sie in einer Frustphase Mitte April durchgehalten haben. Zuvor war entscheidend, dass Sie das wichtige Gespräch mit Ihrem Vorgesetzten sowie der Personalleitung gesucht haben. Und davor war ganz wesentlich, dass Sie sich Gedanken gemacht haben, wozu Sie fähig sind. Gab es noch einen Schritt davor? Oder war das der entscheidende Schritt?«

EW (nach längerem Nachdenken): »Es gab noch etwas davor. Ich vereinbarte einen Termin für dieses Coaching, weil ich meiner Frau versprochen hatte, Hilfe bei einem Coach zu suchen.«

Coach: »Das heißt, der allererste Schritt war, Ihrer Frau zu versprechen, dieses Coaching weiterzuführen?«

EW: »Sie sagen es.«

Coach: »Wann sprechen Sie mit Ihrer Frau?«

Verwirrt Sie der letzte Satz aus dem Protokoll? Lösen wir die Verwirrung auf: Herr Wendell hat sein Ziel noch gar nicht erreicht. Er hat es noch nicht einmal (richtig) in Angriff genommen. Der Dialog war ein Auszug aus einem Kennenlerngespräch in einem Coaching. Herr Wendell hatte mich aufgesucht, um herauszufinden, ob eine Zusammenarbeit Sinn macht. Lesen Sie vor diesem Hintergrund den Dialog nochmals durch. Achten Sie darauf, wie Eric Wendell von seiner gefühlten Zielerreichung Ende des Jahres immer weiter zurückgelotst wird bis zum heutigen Tag. Mittlerweile ist er tatsächlich Bereichsleiter geworden, und zwar außerplanmäßig bereits im Oktober.

> **!** **Tipps zur Rückwärtstechnik**
>
> - Gehen Sie immer ganz stringent rückwärts vom erreichten Ziel bis zum heutigen Tag. Lassen Sie keinen Zwischenschritt aus.
> - Schmücken Sie Ihr Ziel mit Hilfe der Visualisierungstechnik aus (siehe näher dazu das Kapitel »Nutzen Sie Visualisierungen«). Das wirkt. Dann sehen Sie nicht nur, wie Sie das Ziel geschafft haben, Sie spüren, wie es Sie berauscht, Sie hören die Stimmen der Menschen um Sie herum, die Sie beglückwünschen. Je intensiver Sie Ihr Ziel visualisieren, desto besser.
> - Angekommen beim Heute ist es entscheidend, dass Sie den ersten Schritt definieren und sicherstellen, diesen auch so schnellstmöglich durchzuführen.

In Ihrer Firma ist es – hoffentlich! – gang und gäbe, ein weit in der Zukunft liegendes Ziel derart in Teilaufgaben zu zerlegen, dass jeder sofort sieht, was ganz konkret in den nächsten Monaten, Wochen und Tagen getan werden muss. Zunehmend mehr Unternehmen arbeiten auch mit Scrum, einer Methode aus dem agilen Projektmanagement, bei der sich alle Beteiligten täglich einige Minuten zusammensetzen, um zu besprechen, was am Tag abgestimmt auf jeden einzelnen geschehen sollte. Diese Rückwärtstechnik schafft recht deutlich den »Sense of Urgency«, also das Gefühl, nicht noch ewig Zeit zu haben, sondern jetzt schon Gas geben zu müssen. Dies entspricht zu 100 Prozent den Prinzipien, die Sie im Kapitel »Die tiefe Kraft des wirklich Wichtigen« verinnerlichen konnten: Wir heben bereits im nicht dringenden Bereich die Priorität nach oben, weshalb wir indirekt das Gefühl der Dringlichkeit verspüren.

3.4.2.7 Ihre Lebensphilosophie: handeln!

Genug der Beispiele. Aus der Adlerperspektive lässt sich zu Motivaction konsta-
tieren: So schnell wie möglich ins Handeln zu kommen, ist keine Technik, keine
Vorgehensweise oder gar Strategie. Es ist eine innere Einstellung. Eine Haltung.
Eine Lebensphilosophie. Sie wird Ihr Leben aufregender und erfüllter machen.
Sie können nicht jederzeit anfangen, aber jederzeit eine Entscheidung treffen.
Während Sie diese Zeilen lesen, können Sie nicht mit der langgehegten Weiter-
bildung beginnen oder sich dazu anmelden – aber Sie können sich dafür ent-
scheiden. JETZT. In dieser Sekunde. Das ist eine Macht, die nur Menschen haben.
Eine Katze muss sich instinktiv auf eine Maus stürzen, ihr bleibt gar keine andere
Wahl. Wir dagegen haben eine Wahlmöglichkeit und können entscheiden, was
wir tun werden.

Falls Sie sich entschieden haben: Tun Sie den ersten Schritt. Fahren Sie ab. Ihr
Signal steht auf Grün. Sie müssen am Anfang nicht schon alles komplett durch-
denken. Gehen Sie los; oft finden sich die benötigten Mittel entlang des Weges.
Der erste Schritt setzt oft eine Lawine in Gang, es entsteht eine Kettenreaktion
wie beim Domino. Dann gibt es kein Zurück mehr. Das ist es, was Sie wollten.

Während meines BWL-Studiums beschäftigte ich mich intensiv mit der Frage, warum manche Unternehmen es an die Weltspitze schaffen, während andere mit
ähnlichen Produkten an der Existenzgrenze wirtschaften. Eine Antwort fand
ich in dem damals als visionär geltenden Buch von Thomas Peters und Robert
Waterman mit dem Titel »Auf der Suche nach Spitzenleistungen«. Die Verfasser
hatten viele Jahre untersucht, was erfolgreiche Unternehmen auszeichnet. Es
gab etliche Gemeinsamkeiten; der entscheidende Faktor bei allen war aber das
Primat des Handelns. Ganz im Sinne von Herb Kelleher, dem Gründer von South-
west Airlines: »Wir haben einen strategischen Plan. Er lautet: handeln!«

Also: Handeln Sie. Seien Sie ein Motivactor.

4 Selbstmotivation: wie wir sie zu unserem treuen Begleiter machen

Sie haben jetzt alles, was Sie brauchen, um fünf Kugeln einzusetzen – für alles, was Ihnen wirklich wichtig ist. Sie kennen die Hintergründe zum magischen Filter, zur Selbstwirksamkeit und zum Emotionsmanagement. Sie wissen, dass Sie sich dazu aus Ihrer Wohlfühl-Oase begeben müssen, und Sie wissen, wie Sie das bewerkstelligen. Sie beherrschen die vielfältigen Werkzeuge der SML-Steigerung. Und Sie können sich Ihre Ziele so setzen, dass Sie sie maximal erreichen – und sich den finalen Kick geben, um aus Ihrer Motivation Aktion zu erzeugen. Motivaction.

Hier für den besseren Überblick eine Kurzanleitung:

1. Justieren Sie Ihren Filter so, dass er permanent für Ihre Vorhaben arbeitet. Denken Sie dabei an die Selbstwirksamkeit und den Placebo-Effekt.
2. Nutzen Sie die Möglichkeiten des emotionalen Stimmungsmanagements mit Visualisierungen, Ihrer Körpersprache und verbalen Mitteln.
3. Überlegen Sie, was Ihnen wirklich wichtig ist. Unterscheiden Sie dabei in Wichtiges, das schon dringend ist, und Wichtiges, das noch nicht dringend ist.
4. Formulieren Sie Ihr Ziel mit der Methode 3A + a und nutzen Sie alle Finessen wie Belohnungen, Joker oder die Rückwärtstechniken.
5. Definieren Sie Aufwand und Hindernisse: Wie weit müssen Sie sich aus Ihrer Wohlfühl-Oase begeben? Lohnt es sich, auch wenn Sie alles geben und Ihr Ziel nicht erreichen?
6. Motivaction: Wandeln Sie Ihre Motivation um in Aktion – tun Sie den ersten Schritt.

Damit könnte das Buch zu Ende sein. Sie haben etwas vorgenommen und dieses Vorhaben auch in die Tat umgesetzt. Und dann? Genau darum geht es im letzten Kapitel, um das: »Und dann?«

4.1 So klappt's auch mit dem Praxistransfer

In Seminaren und Workshops wird vom »nachhaltigen Praxistransfer« gesprochen. Das großartigste Seminar ist für ein Unternehmen so gut wie wertlos, wenn kaum etwas davon in den Arbeitsalltag übertragen wird. Ich lege auf diesen Transfer stets den allergrößten Wert. Genau deshalb bin ich bei Ihrer persönlichen Selbstmotivation so pedantisch. Die Konzeption von Seminaren nehme ich immer rückwärts vom Ziel vor. Meist heißt das übergeordnete Ziel, wichtige Inhalte messbar in den Berufsalltag umzusetzen. Dann geht es darum, diese zu definieren, und zu überlegen, wie sich der Transfer am besten bewerkstelligen und messen lässt. Dieser Prozess setzt weit vor dem Training an und hört mit dem Ende der Veranstaltung noch lange nicht auf. Es stellt sich dieselbe Frage wie oben: »Und dann?«

Dieses eine Ziel, das Sie motivactional formuliert und erreicht haben, soll doch keine Eintagsfliege bleiben! Wie schaffen Sie es also, einen SML von 10 als dauerhafte Komponente in Ihrem Leben zu verankern? Die nächsten Seiten enthalten etliche Anregungen dazu. Nicht verhehlen möchte ich Ihnen gegen Ende einige unbequeme Wahrheiten. Bleiben Sie dran an diesem letzten Kapitel. Es wird nochmals spannend.

4.2 Gewohnheiten entwickeln – lassen Sie die Motoren laufen

Wissen Sie, was unsere Selbstmotivation mit einem Flugzeug zu tun hat, etwa einer Boeing? Nun, wir funktionieren tatsächlich in mancherlei Hinsicht wie ein Flugzeug. Es kann eine Weile dahingleiten; in der Luft bleiben kann es aber nur, wenn die Motoren weiter laufen Selbstmotivation ist unser Antrieb, unser Motor. Natürlich fliegt auch das schnellste Flugzeug nicht immer mit voll aufgedrehten Motoren oder Turbinen. Wenn wir uns aber dauerhaft in der Luft halten wollen, müssen wir fortlaufend in unseren Antrieb investieren. Und ab und zu muss getankt und gewartet werden …

Bleiben wir noch kurz bei dieser Analogie. Wir fliegen. Die Motoren, also unsere Selbstmotivation, müssen dazu weiterlaufen. Denkt der Pilot ständig darüber nach? Sicher nicht. Die Motoren laufen einfach, ganz normal. Wann denkt er darüber nach? Natürlich: Wenn etwas nicht stimmt, wenn die Motoren stottern und die Cockpit-Anzeigen blinken. So sollten wir es auch handhaben. Unsere Selbstmotivation sollte für unsere wichtigen Vorhaben immer auf hohem Niveau liegen. Ganz normal. Erst wenn irgendwas nicht stimmt, müssen wir wieder aktiv werden. Zuvor aber wäre es klug, sich so gut aufzustellen, dass ein SML von 10 zur lieb gewordenen Gewohnheit geworden ist.

Kennen Sie das Leistungs-Nivellierungsprinzip? Nivellieren bedeutet so viel wie angleichen, anpassen. Das Prinzip beschreibt die starke Tendenz, die Leistungen den Anforderungen anpassen zu wollen.

Beispiel   !

Unser Nachbarsjunge Florian, genannt Flo, ist ein fußballerisches Talent. Flo spielte bis zu seinem neunten Lebensjahr im Dorfverein. Dann wurde er entdeckt und durfte bei einem Bundesligisten spielen. Nach dem ersten Training dort war er vollkommen fertig. Er erbrach sich, konnte sich kaum mehr bewegen und am nächsten Tag musste er die Schule sausen lassen. Etwa ein Jahr später fragte ich Flo, ob das Training immer noch so anstrengend sei: »Nö«, meinte er, »ganz normal«.

Klar, was damit gemeint ist: Der Junge hatte sich so an das Trainingsniveau angepasst, dass es ihm irgendwann »ganz normal« vorkam.

Wir passen uns an mit dem, was wir leisten können. Wir wachsen also mit und an unseren Herausforderungen. Wir können uns getrost nach oben orientieren und unser Leistungsvermögen nach oben anpassen. Mittlerweile kennen Sie meine Denkweise ja ein wenig und wissen, dass ich damit nicht meine, dass wir immer mehr und härter arbeiten sollten. »Work smart« statt »work hard« hatten wir festgestellt. Arbeiten Sie also klug und effektiv. Achten Sie auf Ihre eigene Ausrichtung. Heben Sie sich positiv ab.

Bei manchen Fähigkeiten akzeptieren wir vollkommen, sie ständig trainieren zu müssen. Sportler und Musiker üben ständig; die meiste Zeit widmen sie sich dabei den Standard-Übungen. Sie haben es sich zur Gewohnheit gemacht. Sie denken nicht nach über schlechte Laune, Wetter oder Politik. Ihre SML-Motoren laufen einfach gewohnheitsmäßig weiter und immer weiter.

Auch unser 13-jähriger Sohn spielt Fußball wie unser Nachbarsjunge Flo. Er hat dreimal die Woche Training und am Wochenende meist ein Spiel. Er könnte von sich aus auch fünf- oder sechsmal die Woche trainieren, so gern spielt er Fußball. Damit möchte ich nichts über seinen SML aussagen. Fast jedes Kind hat irgendetwas, das es begeistert und regelmäßig ausübt. Mir geht es hier um den Gedanken, den Sie wohl schon ahnen: Angenommen, wir würden uns in der gleichen Intensität, also dreimal die Woche, um unseren SML kümmern und wären mit Leib und Seele dabei – was würde wohl passieren, wenn wir ein wichtiges Spiel hätten und es auf unseren SML ankommt? Ich verspreche Ihnen, Sie würden überschäumen vor Tatendurst. Sie würden Ihre Ziele stürmen wie ein Reinhold Messner in jungen Jahren die Achttausender der Welt. Sie würden Ihre gesamte Lebensqualität auf eine höhere Stufe bringen.

Um Sie diesem Ziel näher zu bringen, hier noch zwei weitere Strategien, die ich für – mir fällt einfach kein bescheideneres Wort ein – schlichtweg genial halte.

4.2.1 Die Arbeit nach der Arbeit

! **Beispiel: Was der Vorarbeiter mich lehrte**

Nach der Schule arbeitete ich fast zwei Jahre in einer Lagerhalle. Dort musste ich von morgens bis abends Zentnersäcke mit Düngemittel, Beton oder Pflanzenerde schleppen, haushohe Kohlenberge schippen, bis an den Rand gefüllte Eisenbahn-waggons alleine entladen usw. Damals war ich durchtrainiert und tat das gern. Ich hatte einen Vorarbeiter, von dem ich unendlich viel lernte; auch im Bereich der Selbstmotivation. Von Helmut, so hieß er, lernte ich die Arbeit-nach-der-Arbeit-Philosophie. Nicht, dass er diesen Begriff verwendet hätte, er bläute mir diese Philosophie ein. Als ich meinen ersten 26-Tonner-Waggon mit 50-Kilosäcken alleine ausgeräumt hatte, war ich stolz wie Bolle. Ich setzte mich auf einen Stapel ausgeladener Säcke und betrachtete mein Werk. Helmut schoss um die Ecke. »Was machst du da?«, fragte er. »Ich bin fertig«, antwortete ich stolz und zeigte auf den leeren Waggon. »Fertig?«, meinte er kopfschüttelnd und erklärte, was ich in den nächsten Monaten so und ähnlich noch zig-fach zu hören bekam: »Reinhold, wenn du fertig bist, bist du noch nicht fertig. Wenn du den Waggon geleert hast, bist du stolz darauf, dass du eigenhändig den ganzen Wagen leergeräumt hast. Das darfst du auch sein. Aber du bist noch nicht fertig. Du musst die Ware in den Regalen verteilen. Du musst im Büro Bescheid geben, dass der Waggon leer ist. Du musst alles inspizieren und abnehmen lassen. Und dann bist du immer noch nicht fertig. Du musst den Waggon sauber ausfegen.« Mit allem Drum und Dran brauchte ich dann noch fast ebenso viel Zeit für die Nacharbeit wie für das Ausladen des Waggons. In den nächsten Monaten erkannte ich, dass es in einer Lagerhalle immer – ich betone: immer! – fast ebenso viel Arbeit nach der Arbeit gibt. Hatte ich einem Kunden eine Tonne Kohlen zugefahren und Sack für Sack in dessen Keller verfrachtet, schloss sich hinterher (= nach der Arbeit) die ungeliebte Büroarbeit an: Liefer-schein abgeben, unterschreiben und etliche weitere Kleinigkeiten. Dann mussten der Transporter gereinigt und die leeren Säcke zusammengelegt und abgegeben werden. Das alles erforderte mindestens so viel Zeit wie die – aus meiner damaligen Sicht – eigentliche Arbeit. Das gleiche Spiel beim Abfüllen von unzähligen Tonnen an Loseware in abgepackte Kleinmengen. Beim Einrichten der Hebeanlage. Beim Beladen der Lkw.

Im Lauf der nächsten Jahre dämmerte mir: Es ist fast immer und überall so wie beim Job in der Lagerhalle. Ein Seminar oder Coaching ist ebenfalls nicht zu Ende, wenn ich in mein Auto steige und die Heimfahrt antrete. Sie ahnen schon: Es gibt danach mehr zu tun, als bei der »eigentlichen Arbeit« selbst.

Und jetzt sind wir genau an dem Punkt angelangt, auf den ich hinauswollte. Früher war ich darüber gefrustet, sagte mir: »Mensch, jetzt auch noch das!« Ich erledigte es lustlos und nicht sonderlich akribisch. Ich tat, was mir Helmut anwies und nahm es als notwendiges Übel hin. Keine hilfreiche Einstellung, zugegeben. Bis wir eines Tages ein Haus bauten. Da kam der Umschwung. Während der Rohbau erstellt wurde, bestaunten meine Frau und ich das tägliche Wachsen unseres Hauses. Wir kamen oft gegen 17 Uhr, wenn die Arbeiter fertig waren, als sie in den Feierabend gehen wollten. Sie fegten dann alles schön sauber, kehrten den Dreck von der Straße, richteten ihre Arbeitssachen für den nächsten Tag, riefen in der Zentrale an und gaben durch, was sich außer der Reihe ereignet hatte an diesem Tag. Einige Wochen kamen und gingen wir um diese Uhrzeit, und irgendwann fiel es mir wie Schuppen von den Augen: Die hatten die Arbeit-nach-der-Arbeit-Philosophie verinnerlicht! Statt zu sagen: »Schaut, wie weit wir heute gebaut haben«, um dann so schnell wie möglich in den Feierabend zu verschwinden, leisteten sie Nacharbeit. Je nach Aufwand nahm dies 30 bis 40 Minuten in Anspruch. Wir waren begeistert. Im Übrigen war unser Haus das einzige in der Siedlung, bei dem es die Arbeiter so handhabten. Mehrere Nachbarn sprachen uns darauf an, wie sauber es immer bei uns sei und dass es sich um die einzige Baustelle handele, bei der Dreck und Staub nicht durch die ganze Siedlung geblasen würden. Über diese Gespräche bekam die Baufirma einen zusätzlichen Auftrag. Seit dieser Zeit unterscheide ich nicht mehr in Arbeit und Nacharbeit. Ich spreche auch nicht mehr von der »eigentlichen« Arbeit. Alles gehört zusammen. Büroarbeit zum Waggon ausräumen, Säcke ablegen zum Kohle ausfahren, Fotoprotokoll zum Seminar. Auch dieses Buch ist noch lange nicht fertig, wenn es fertig geschrieben ist.

Bei anderen Menschen fällt dieses Verhalten am meisten auf. So erlebte ich in einem Unternehmen einmal Folgendes: Der Mitarbeiter einer Führungskraft stellte abends um 18 Uhr fest, dass eine Präsentation für den nächsten Morgen wegen eines technischen Fehlers komplett unbrauchbar geworden war. Er hatte sie für seinen Vorgesetzten erstellt, immerhin 67 PowerPoint-Seiten. Was würden die meisten Mitarbeiter tun? Was würden Sie selbst tun? Hier die Top 3 der mutmaßlichen Antworten:
1. Den Chef informieren, dass er die Präsentation verschieben muss.
2. Eine möglichst einfache Neufassung im Eildurchlauf erstellen – »bis maximal 19:00 Uhr gebe ich mir Zeit.«
3. Die Präsentation auf einen USB-Stick ziehen und so tun, als hätte man nichts bemerkt.

Als Praktikant hatte ich einmal einen vergleichbaren Fall und wählte die Variante 3. Heute würde ich mit den Worten des zum Tode verurteilten Engländers aus dem zweiten Kapitel eher sagen: »Das wäre heute nicht mehr meine bevorzugte Wahl gewesen.« Besagter Mitarbeiter aber war von anderer Natur. Ich vermute, sein SML stand auf 12. Jedenfalls bemerkte er gegen 18.00 Uhr das Unheil, kurz bevor er das Büro verlassen wollte. Er rief seine Lebenspartnerin an und teilte ihr mit, dass es später werden würde. Dann erstellte der die Präsentation von Grund auf neu.

Gegen Mitternacht war er fertig. Bei der Endkontrolle bemerkte er, dass diverse Zahlen nicht stimmten. Er verglich sie mit den vorläufigen Quartalszahlen und korrigierte sie. Gegen 2 Uhr morgens hatte er alles so, wie es sein sollte, druckte die Präsentation aus, legte sie in die Präsentationsmappe und ging nach Hause. Um 7.20 Uhr am nächsten Morgen überreichte er seinem Vorgesetzten die Mappe und den USB-Stick. Kein Wort von irgendwelchen Schwierigkeiten, keine Klagen.

Meine Güte! Hier gab es mehr »Arbeit nach der Arbeit« als »eigentliche Arbeit«. Wer würde sich nicht einen solchen Mitarbeiter wünschen? Einen, der von sich aus so lange dranbleibt, bis die Aufgabe tatsächlich bis auf das letzte Prozent erledigt ist. Unser Mitarbeiter war zum damaligen Zeitpunkt gerade einmal 23 Jahre alt. Es fiel nicht schwer, ihm eine glorreiche berufliche Zukunft zu prophezeien.

Gewöhnen Sie es sich an, eine Arbeit als Gesamtwerk zu betrachten. Nicht nur das Entladen des Waggons ist die Arbeit; nicht nur die 45 Minuten einer Unterrichtsstunde sind es. Eine Präsentation ist erst fertig, wenn sie funktionstüchtig abgeliefert worden ist. In allen Branchen und Unternehmen ist es dasselbe: Der letzte Schritt ist oft der wichtigste und der, der letztendlich gesehen wird.

Wie Sie zu dieser Einstellung gelangen? Das ist nicht besonders schwer. Vor dem Start legen Sie fest, was alles zur Aufgabe gehört und wann Sie mit dem Ergebnis zufrieden sein werden. Hochzufrieden. Denken Sie ans Ausfegen. Denken Sie ans Bürokratische. Denken Sie an den letzten Schritt. Denken Sie an Helmut: »Wenn du fertig bist, bist du noch nicht fertig«. Mehr ist es nicht. Den Rest erledigt Ihr Filter automatisch. Aber bitte nur bei wirklich wichtigen Dingen.

Für mich war der 23-jährige Mitarbeiter ein Held. Für mich sind Menschen, die die »Arbeit nach der Arbeit« machen, die wahren Helden. Gehören Sie dazu?

4.2.2 Die Kraft des Morgenrituals

Möglicherweise mag die Arbeit-nach-der-Arbeit-Philosophie dem ein oder anderen zu radikal vorkommen. Als Alternative gibt es eine sehr ruhige, tiefe und vollkommen unspektakuläre Möglichkeit, den Fokus auf die wichtigen Dinge zu legen. Sie justiert Ihren Filter, schiebt Ablenkungen beiseite und bündelt Ihre Energie. Die Überschrift verrät, was Ihnen bevorsteht: ein Morgenritual.

Bis vor wenigen Jahren gehörte ich nicht zu den Verfechtern von Morgenritualen. Ich bin kein Morgenmuffel – wieso also sollte ich noch eine Schippe guter Laune drauflegen? So fragte ich, fand nie eine Antwort und ließ es folglich bleiben. Mittlerweile ist die Zeit am Morgen für mich in aller Regel die wertvollste des Tages.

Es ist hier von einem Ritual die Rede. Ein Ritual wirkt umso stärker, je öfter es durchgeführt wird. Ganz wie bei der Visualisierung. Es geht also um etwas, das Sie jeden Morgen tun und das Ihnen zu einem besseren Tag verhilft. Warum morgens? Nun, der Morgen stellt die Weichen für den gesamten Tag – meist leider in Richtung Stress und Hektik: Um 6.30 Uhr klingelt der Wecker. Schlummertaste. Umdrehen. Schlummertaste. Aus dem Bett quälen. Toilette. Dusche. Kaffee, schnelles Frühstück, Auto, Stau. Im Büro schreien E-Mails mit roten Ausrufezeichen, der Kollege drückt uns eine Mappe in die Hand und sagt: »Du, schlechte Nachrichten ...«.

Lassen wir das so stehen. Vielfach verläuft es etwas ruhiger, manchmal noch stressiger. Viele frühstücken im Auto oder in der Bahn, checken auf der Fahrt ins Büro ihre Mails und erledigen die ersten Anrufe auf dem Weg zur Arbeit. Stellen wir dem die Vorzüge eines Morgenrituals gegenüber:

- Sie starten bewusst in den Tag.
- Sie haben frühzeitig etwas geschafft.
- Sie haben Orientierung, Ihr Tag bekommt Struktur.
- Sie sind durchschnittlich besserer Stimmung und energetischer.
- Hektik tritt in den Hintergrund, der Lärm verstummt.
- Sie sind gelassener.
- Sie bekommen einen Anstoß für den gesamten Tag.

Im ersten Kapitel war von Reizüberflutung die Rede und davon, wie die ganze Welt nach unserer Aufmerksamkeit giert. Ein Morgenritual bietet Ihnen die wunderbare Möglichkeit, sich von Anfang an auf sich selbst und wichtige Dinge auszurichten. Es ist wie ein Schutzpanzer, der Sie vor Stress und Hektik schützt. Welch ein gewaltiger Unterschied zu einem Tag, der mit Stress und Hektik startet! Es liegt nicht nur am Ritual an sich, das den Tag ausrichtet. Es ist die bewusste Weichenstellung. Dank dieses kleinen Rituals lassen wir uns nicht mehr berieseln und zur Reaktionsmaschine auf äußere Reize degradieren. Wir agieren selbst, wir denken nach, wir rücken an die erste Stelle, was an die erste Stelle gehört.

Wie funktioniert es? Wie richtet man es ein? Ein Morgenritual ist eine Abfolge an Aktivitäten, die man zur immer gleichen Zeit in immer derselben Reihenfolge ausführt. Das ist schon alles – jeder kann es nach seinen Wünschen gestalten. Was es auch immer sei, es wird Sie in Ihren Vorhaben unterstützen. Sie können körperliche Elemente in das Ritual integrieren und dabei den Fokus auf Ihre Gesundheit oder Ihren körperlichen Zustand legen, Sie können meditieren oder auf andere Weise den geistigen Zustand in die gewünschte Richtung lenken – Sie können aber auch etwas vollkommen anderes tun.

! **Beispiel: Das Morgenritual von Steve Jobs**

Steve Jobs, der verstorbene Apple-Gründer, machte aus seinem allmorgendlichen Ritual kein Geheimnis: »In den vergangenen 33 Jahren habe ich jeden Morgen in den Spiegel geschaut und mich gefragt: ‚Wäre heute der letzte Tag meines Lebens, würde ich dann das tun wollen, was ich heute vorhabe?' Und immer, wenn die Antwort ‚Nein' zu viele Tage hintereinander kam, wusste ich, dass ich etwas ändern muss.«

Sollte Steve Jobs es wirklich so gehandhabt haben, hatte das eine mächtige Wirkung auf sein gesamtes Wirken gehabt. Stellen Sie sich vor, Sie würden sich diese Frage ganz offen und ehrlich stellen. Die Auswirkungen wären gewaltig. Puh, ich gebe zu: Das wäre mir zu heftig am frühen Morgen. Es geht auch anders.

! **Weitere Beispiele für Morgenrituale**

Lady Gaga beginnt ihren Tag mit Yoga und Meditation. Twitter-Gründer Jack Dorsey läuft jeden Tag um 5.30 Uhr seine zehn Kilometer. Und Professor Siegfried Vögele schrieb jeden Morgen seine zehn Ziele neu auf. Kenneth Chenault, der Geschäftsführer von American Express, verbindet ein Abend- mit einem Morgenritual: Abends schreibt Chenault auf, welche wichtigen Ziele er am nächsten Tag erreichen will. Morgens liest er die Liste durch und startet in den Tag.

Die Aktivitäten können grundverschieden sein. Jeder nach seinem Geschmack. Selbst die Zeitdauer ist variabel. Seminarteilnehmer berichteten von 60 bis 90 Minuten. Ein freier Autor aus dem Bekanntenkreis verwendet gar zwei Stunden auf sein Morgenritual, wobei er eine Stunde davon seine beiden Hunde ausführt. Ich kann Ihnen versichern: 15 Minuten täglich genügen vollkommen. Beginnen Sie Ihren Tag mit diesen 15 Minuten, richten Sie Ihren Filter für den gesamten Tag so aus, dass er Sie auch einen Wirbelsturm überstehen lassen würde. Als kleine Anregung stelle ich Ihnen hier mein ganz persönliches Morgenritual an Seminartagen vor. Es hat einen ganz einfachen Ablauf und beginnt nach dem Duschen und noch vor dem Frühstück:

- Ich schreibe mir meine wichtigsten Ziele für den Tag auf – nie mehr als drei.
- Ich schreibe mir auf, welchen Eindruck ich bei den Menschen hinterlassen will, mit denen ich heute zu tun haben werde.
- Ich schreibe mir auf, in welchem Zustand ich dazu sein möchte.
- Ich schreibe mir auf, welche eine einzige Sache ich heute machen werde – auch wenn alles andere aus dem Ruder läuft.

Die ersten beiden Punkte benötigen jeweils zwei bis drei Minuten. Der letzte Punkt dauert maximal eine Minute und entspricht sozusagen Plan B: Wenn alles anders läuft als geplant, möchte ich trotzdem noch etwas erledigen und sagen können, dass es ein guter Tag war. In den restlichen rund zehn Minuten versetze ich mich gedanklich in diesen positiven Zustand hinein – mit den Techniken aus Kapitel »Was uns wirklich antreibt«, Sie wissen schon. Danach fühle ich mich gut aufgestellt. Es klappt nicht immer, dass diese angenehmen Gefühle mich durch den Tag tragen, aber durchaus zu 85 %. An den restlichen 15 % arbeite ich noch.

Anregungen für Ihr Morgenritual   **!**

- Beantworten Sie Fragen, die Ihnen guttun und die Sie ausrichten: Was ist heute das Wichtigste für mich? Welche Ziele habe ich? Was kann ich dafür tun? Wie reagiere ich auf meine nervige Kollegin? Wie begegne ich dem anstrengenden Chef?
- Visualisierungen: Stellen Sie sich Situationen vor, in die Sie heute womöglich gelangen werden. Wie möchten Sie idealerweise reagieren? Lassen Sie die Szenen in Ihrem Kopfkino ablaufen. Seien Sie Regisseur und verändern Sie den Film, bis er passt.
- Bewegung: Ob Auspowern oder lockerer Spaziergang – Hauptsache, Ihr Kreislauf kommt in Schwung. Alles ist möglich, alles erlaubt, was Ihnen guttut.
- Tagesplan schreiben strukturiert den Tag. Es rückt Wichtiges nach vorn. Bei vielen ist ein solcher Plan etwas verpönt, da er sehr stringent und »business-like« ist – probieren Sie aus, ob er zu Ihnen passt.
- Tagebuch schreiben – fast das Gegenstück zum Tagesplan. Schreiben Sie auf, was Ihnen in den Sinn kommt: Gefühle, Wichtiges, Banales, Ziele, positive Erlebnisse, Erfolge. Einziges Verbot dabei: schreiben, warum es Ihnen so schlecht geht. Wenn wir uns nämlich fragen, *warum* wir uns schlecht fühlen, sucht und findet unser Geist die entsprechenden Antworten. Diese manifestieren dann noch den Zustand im Stil von »Ich bin so schlecht drauf, weil …«, und dann kommen wir deutlich schwerer aus diesem Tief heraus.
- Meditieren: Schließen Sie die Augen, atmen Sie ruhig und tief in den Bauch. Spüren Sie Ihrem Atem nach. Lassen Sie Ihre Gedanken fließen. Spüren Sie, wie Hektik und Stress immer weiter in den Hintergrund rücken.

Meiden Sie am Morgen Mails, Twitter, WhatsApp, Facebook, das Morgenfernsehen oder gar Telefonate. All dies rückt sofort die Anforderungen des Tages in den Vordergrund. Die kommen ohnehin noch früh genug. Gönnen Sie sich die erste Zeit des Tages ganz für sich.

Sollten Sie sich ein Morgenritual zulegen wollen, geben Sie sich mindestens 30, besser 90 Tage Zeit es auszuprobieren. Sie wissen ja: der 90-Tages-Test. Ihr Unterbewusstsein benötigt eine gewisse Zeit, um sich an die anfangs ungewohnten Abläufe zu gewöhnen. Doch bald schon (versprochen!) finden Sie damit sehr schnell und automatisch Antworten auf Fragen wie z. B. »Warum wird das heute ein erfolgreicher Tag?«

! **Tipps für die Anfangsphase**

- Weniger ist mehr: Halten Sie es am Anfang wirklich ganz schlicht. Zuerst geht es nur um die Einführung des Rituals, darum, es zur Gewohnheit zu machen. Die Regel lautet: Lieber dauerhafter als inhaltlich vollgepackt. Sonst besteht die Gefahr, dass es Ihnen zu viel wird und Sie schnell wieder damit aufhören. Haben Sie es zu einer regelmäßigen Gepflogenheit, zu einem echten Ritual gemacht, können Sie es immer noch ausbauen.
- Stets die gleichen Abläufe: Vielleicht kommt schon bald die Rückmeldung aus dem Unterbewusstsein: »Ist das langweilig«, oder: »Schon wieder die Ziele von dieser Woche? Muss das sein?«. Ändern Sie nichts. Bleiben Sie dran. Sie haben Muße, Sie haben alle Zeit der Welt.
- Immer den gleichen Zeitrahmen: Beginnen Sie, zumindest während der Testphase, ständig zum gleichen Zeitpunkt und hören Sie immer etwa nach der gleichen Zeit auf.

Das Wichtigste ist die Regelmäßigkeit. Deshalb macht es gerade in der Testphase Sinn, inhaltlich und zeitlich alles stets nach demselben Muster ablaufen zu lassen. Der tägliche Start wird sich bald automatisieren – ohne Ausreden, ohne zu überlegen, ob Sie heute das Ritual machen sollten oder nicht.

Auch meine Seminarteilnehmer können durchweg Positives über Morgenrituale berichten. Einzig Teilnehmern mit Familie, vor allem mit kleinen Kindern bereitete die Organisation anfangs Kopfzerbrechen. Vertrauen Sie auf Ihre Kreativität, auf Ihren Filter: Sie werden Möglichkeiten finden. Es lohnt sich. Zudem kommt das Morgenritual der gesamten Familie zu Gute.

Wann starten Sie?

4.3 Die erbittertsten Widersacher auf dem Weg zum 10-Punkte-SML

Auf dem Weg zu einem erfüllten Leben lauern viele Feinde. Ist das Ziel erreicht, tauchen noch mehr Widersacher auf. Sie wissen ja mittlerweile: Fertig ist noch lange nicht fertig.

Auch in puncto Selbstmotivation gibt es Feinde, die lauern oder sich uns offen in den Weg stellen. Zuerst gilt es, sich einen hohen SML zu schaffen. Dann, ihn zu halten. Vieles unterstützt uns. Doch nicht weniger trachtet danach, uns wieder ins Mittelmaß zu ziehen. Wie so oft, gilt auch hier: Gefahr erkannt, Gefahr gebannt. Zum größten Teil jedenfalls. Anders ausgedrückt: Sie begegnen den Feinden deutlich gewappneter, wenn Sie sie und ihre Waffen kennen. Es gibt unendlich viele Widersacher. Manche lassen sich leicht mit einem Fußtritt zur Seite kicken. Andere aber könnten sich als wahre Scheusale entpuppen; um die kümmern wir uns jetzt. Beginnen wir mit einer Einstellung – oder soll ich sagen: Hoffnung? – die fast jeder in sich trägt. Wir wissen zwar, dass sie totaler Humbug ist, verfallen aber dennoch allzu oft ihrer Verlockung.

4.3.1 Abkürzungen

Reich werden ganz ohne Arbeit: Wer möchte das nicht? In der Hängematte liegen, Meeresrauschen im Ohr, sich bedienen lassen – immer in der Gewissheit, dass viel, viel mehr Geld aufs Konto strömt als ausgegeben wird. Beim Stöbern im Internet werden Sie dazu tausende Angebote finden. Von passivem Einkommen ist da die Rede, von todsicheren Systemen. Bilder von in der Südsee weilenden, braun gebrannten und strahlenden Menschen sollen dies ebenso eindrücklich beweisen wie Nobelkarossen und angeblich echte Kontoauszüge. Das Schlimme daran: Tatsächlich fallen viele Menschen darauf herein. Kann Ihnen nicht passieren? Glaube ich sofort. Als Leser dieses Buches zählen Sie höchstwahrscheinlich nicht zur gefährdeten Klientel. Trotzdem: Die Überschrift steht symbolisch für viele Dinge im Leben. Es geht nicht nur darum, reich zu werden, ohne dafür arbeiten zu müssen. Es geht um nichts weniger als um alles im Leben! Ich übertreibe nicht und meine vor allem auch so Fundamentales wie die Liebe. Dafür muss man nichts tun, meinen viele. Doch – auch dafür müssen sie etwas tun, sonst ist es irgendwann vorbei damit. Vielleicht noch mit Ausnahme der Liebe zu den eigenen Kindern (und umgekehrt). Die kommt und bleibt von ganz allein. Aber sonst: Für alles, was Ihnen wichtig ist, müssen Sie etwas tun. Dieser Grundsatz ist Ihnen in diesem Buch schon mal begegnet – es hieß dort: »Alles, was Ihnen wichtig ist, wird von selbst dringend, wenn Sie nichts dafür tun«. Hier die Umkehrgleichung dazu: Es gibt keine Abkürzungen. Das wissen wir rational gesehen, lassen uns aber immer wieder einflüstern: »Doch, die gibt es schon! Probier's mal wenigstens ...« Und schon schauen wir, ob die eine oder andere Abkürzung nicht doch etwas bringen könnte. Hierzu gestehe ich schweren Herzens, aber mit der Hoffnung, dass es Sie weiterbringt: Früher fiel ich laufend auf diese vermeintlichen Abkürzungen herein. Auch heute noch ab und zu. Ein paar Beispiele gefällig?

- Mein Geld arbeitet für mich: Erst letztes Jahr hatte mir ein ganz seriöser Vermögensberater eine ebenso ganz seriöse Finanzanlage empfohlen: eine, die sonst nur die wirklich Vermögenden bekämen – eine, die gerade dem Selbstständigen eine verlässliche Altersvorsorge garantieren könne – eine mit 6 % Zinsen pro Jahr. Klingt verlockend? War es aber nicht. Die gesamte Summe ist weg. Selbst schuld. Ich fiel auf die Stimme herein, die mir ins Ohr hauchte: »Das ist die Abkürzung, die du immer gesucht hast. Diesmal klappt es.« Ich wollte haben, was es derzeit eben nicht gibt.

- Wissen ohne zu lernen: Als Schüler fand ich die Vorstellung faszinierend; auch wusste ich, zu meiner Entschuldigung, natürlich damals noch nicht, was ich heute weiß. Nicht einmal ansatzweise. Also kaufte ich diesen Hörkassettensatz mit der ganz sicher funktionierenden und neuartigen Methode »Lernen im Schlaf«. Englisch war angesagt zu dieser Zeit; es war mein Problemfach. Ich stand auf einer guten Vier. Nach dem Halbjahr mit den Kassetten konnte ich mit Müh und Not gerade noch eine nunmehr schlechte Fünf ausgleichen und beendete das Experiment.
- Schachmatt: In jungen Jahren war ich ein Schachfreak. Mädchen interessierten mich nicht so sehr, außer der Dame, die auf dem Schachbrett agierte. Mit 13 schlug ich die alten Herren des Schachclubs, wurde Vereinsmeister einer süddeutschen Kreisstadt und alle lobten mich in den Himmel. »Ein Naturtalent«, hieß es. Was sie nicht wussten: Ich hatte schon jahrelang mit Freunden gespielt und mir viel Theorie aus Büchern angeeignet. Nun ja, ich genoss diesen Status »Naturtalent«. Alle glaubten zu wissen, dass ich quasi nie trainierte und dennoch ringsum alles gewann, was es zu gewinnen gab. Anfangs übte ich heimlich, später kaum, dann gar nicht mehr. Ich glich mich dem Status des vermeintlichen Naturtalents an und hielt mich selbst für ein Jahrhunderttalent. Mindestens. Die Folge: Zuerst schleichend, dann immer schneller wurden meine Leistungen mäßiger. Irgendwann war ich Durchschnitt.

Und nicht nur mir ging es so mit den Abkürzungen.

In jungen Jahren war ich intensiv in eine Clique von rund 20 jungen Männern eingebunden. Ralf galt unbestritten als der Klügste von allen. Er studierte Pharmazie, ein anspruchsvoller und schwieriger Studiengang. Nach seinem Studium, das er mit Auszeichnung abschloss, erlebte Ralf etwas, was andere nur aus Geschichten kennen: Er erbte das gesamte Vermögen einer entfernten Verwandten aus Amerika. Keine gewaltige Summe, aber immerhin so viel, dass er sich davon in seiner Kleinstadt ein Reihenhaus kaufen konnte. Den Rest des Geldes legte er so an, dass er, wie er sagte, eigentlich gar nicht mehr hätte zu arbeiten brauchen. Er tat es dennoch und begann als angestellter Taxifahrer. Das war vor etwa 30 Jahren. Wissen Sie, was er heute beruflich macht? Er fährt Taxi. Ich habe noch immer Verbindung zu Ralf. Und ich weiß, dass er niemals sein Potenzial auch nur annähernd angezapft hat, dass er nicht einmal ahnt, wo seine Grenzen sind – und dass er seine Wohlfühl-Oase beruflich (und leider auch in allen anderen Bereichen) nie verlassen hat. Warum? Weil sein Leben eine Abkürzung nahm. Hüten Sie sich vor diesen verlockenden »Shortcuts«.

Liebe LeserInnen, ich tue jetzt, was Sie in Ihrem Leben nicht tun sollten. Ich kürze hier ab und sage: Pfade, die aussehen wie eine geniale Abkürzung, erweisen sich fast immer als fürchterliche Irrwege. Lassen Sie also die Finger von Dingen, die so großartig klingen wie »Die große Liebe per Speed-Dating«, »Zum Wunschgewicht in 30 Tagen«, »Schnell und einfach Aktienmillionär«, »In einer Woche zum erfolgreichen Unternehmer«, »Denk dich glücklich«.

4.3.2   Entmutigung

Wie definieren Sie das Gegenteil von Selbstmotivation? Legen wir den Schwerpunkt auf die Wortsilbe »Selbst«, wäre das die Motivation, die ausschließlich von außen kommt. Oder wir legen den Fokus auf »Motivation«, dann wäre das Gegenteil De-Motivation, also Lustlosigkeit, null Bock.

Im Lauf der Jahre philosophierte ich ausführlich darüber. Ich kam auf Faulheit, Unlust, Depression, leitete Motivation von Motiv, Beweggrund ab – wer also kein Motiv hat, wäre gegenteilig unterwegs. Wäre eventuell Ziellosigkeit passend? Oder Planlosigkeit? Antriebslos, lustlos, interesselos.

Vielleicht alles zusammen? Eines Tages las ich eine Geschichte und wusste: Genau das ist das Gegenteil von Selbstmotivation – zumindest im Sinne dieses Buches. Die Anekdote »Der Werkzeugkasten des Teufels« stammt von Margaret Parkin, leicht zu lesen, schwer zu vergessen:

> *Vor vielen, vielen Jahren beschloss der Teufel, seine Werkzeuge zum Verkauf anzubieten. Er stellte sie in Glaskästen aus, damit alle sie betrachten konnten. Es kam eine beeindruckende Ausstellung zusammen: Da gab es den glänzenden, bunt und schön anzuschauenden Widerhaken der Eifersucht. In der nächsten Vitrine lag der mächtige Vorschlaghammer der Wut. In einer anderen Abteilung konnte man die Bögen der Gier und der maßlosen Wünsche betrachten und daneben die mit einer giftigen Spitze versehenen Pfeile der Lust und des Neids. Im Vordergrund lagen die Waffen Furcht, Stolz und Hass. Jedes Werkzeug war ins beste Licht gerückt und jeweils mit Namen und Preisschild versehen. Getrennt von den anderen Werkzeugen lag ein kleines, schlichtes Stück Holz, das der Teufel mit der Aufschrift »Entmutigung« versehen hatte. Überraschenderweise lag der Preis dieses unscheinbaren Werkzeuges höher als der aller anderen Werkzeuge zusammen. Als der Teufel nach dem Grund für diesen Preisunterschied gefragt wurde, antwortete er: »Ich habe dieses Werkzeug mit einem so hohen Preis versehen, weil ich mich auf dieses Werkzeug verlassen kann, wenn alle anderen versagen.« Er streichelte das kleine Stück Holz liebevoll und fuhr fort: »Wenn es mir gelingt, dieses kleine Stück Holz in die Vorstellung eines Opfers zu bringen, öffnet es die Pforten für alle meine anderen Werkzeuge.« Er lächelte und fügte hinzu: »Es gibt nichts Verderblicheres als die Entmutigung.«*

Das Gegenteil von Selbstmotivation ist Entmutigung. Lassen Sie sich nie entmutigen. Glauben Sie an sich. Immer. Vielleicht passt das Motto, das wir unseren Kindern gern ans Herz legen, auch bei Ihnen: »Es gibt immer einen Weg«. Klar, dass es mit einem Motto allein nicht getan ist. Manchmal verlässt einen der Mut vollkommen. Dann stellt man alles in Frage: die Ziele, die Wünsche, sich selbst. Entmutigung kommt meist vom Verlust des Glaubens an sich selbst. Auslöser können sein ein falsch justierter Filter, Situationen, die zu viel Kraft kosten, zu hohe Erwartungen an sich selbst oder andere. Oft paart sich Entmutigung mit Gefühlen wie Traurigkeit und Schwäche. Entmutigte Menschen fühlen sich minderwertig. Dagegen gibt es kein allgemein gültiges Rezept. Manche benötigen therapeutische Hilfe, manche einen Coach, manchen reicht ein Seminar, ein Buch, ein Freund, mit dem sie sich austauschen können.

Ein hilfreicher Gedanke, wenn nicht *der* hilfreichste gegen Entmutigung überhaupt, lautet: Sie sind nicht Ihre Ergebnisse. Was ist damit gemeint? Ein Beispiel macht es deutlich.

! **Beispiel**

Die Schule meines Sohnes fühlte sich veranlasst, ein Schreiben an alle Eltern zu verschicken, in dem auf den Sinn und Zweck der Hausaufgaben verwiesen wurde. Zuerst dachte ich: »Wie langweilig! Klar, was da drinsteht«, und wollte es ungelesen zur Seite legen. Dann bemerkte ich, dass es sage und schreibe sechs DIN-A4-Seiten umfasste. Alle vollgeschrieben. Sechs Seiten über Hausaufgaben? Neugierig las ich rein und hörte nicht auf bis zur letzten Zeile. Die Hauptaussage: Ihr Kind ist unendlich viel mehr (wert) als seine Noten.
Ist es nicht eine große und bemerkenswerte Sache von einer Schule, das so ausdrücklich zu formulieren? Übersetzt heißt das doch: Ihr Kind ist nicht die Summe aller Noten. Es besteht aus so vielen Fähigkeiten und Charaktereigenschaften – die schulischen Leistungen sind nur ein Bruchteil davon. Es handelt sich übrigens nicht um eine private Eliteschule, sondern um das staatliche Gymnasium Bammental in der Nähe von Heidelberg. Unbedingt erwähnenswert, denke ich.

Die Schlussfolgerung daraus für unser Thema: Sie sind mehr als Ihre Ergebnisse. Die sind zwar auch ein Teil von Ihnen. Aber nur Pinselstriche und Nuancen, mehr nicht.

! **So überwinden Sie Phasen der Entmutigung**

Schreiben Sie den Grund für Ihre derzeitige Einschätzung auf. Stellen Sie Aufwand und Ergebnis gegenüber. Seien Sie ehrlich zu sich selbst, gestehen Sie sich Ihre Fehler ein. Überlegen Sie, was Sie beim nächsten Mal anders machen würden. Legen Sie einen Zeitpunkt fest, ab dem Sie spätestens wieder mit fünf Kugeln dabei sein werden.

Manchmal helfen auch lieb gewonnene Gewohnheiten, sich aus einer Entmutigungsphase zu ziehen, so z. B. ein Morgenritual.

4.3.3 Tunnelblick und toter Winkel

Der Feind, von dem dieser Abschnitt handelt, ist nicht so offensichtlich wie etwa die Entmutigung. Er nistet sich eher heimlich, still und leise in unsere Gedanken ein. »Ich muss mein Ziel erreichen!« – mit diesem Marschbefehl, den wir uns selber geben, steigen oder fallen wir über alles, was uns auf dem Weg zum Ziel begegnet. Wir entwickeln – fokussiert auf das, was wir erreichen wollen – einen Tunnelblick, der alles, was außerhalb unseres Fokus, unseres Wahrnehmungsfilters liegt, unscharf werden lässt. Doch dabei übersehen wir vielleicht Wichtiges.

Es ist wie bei einem Fußballspiel: Vorbereitet wird dort das Tor schon lange vorher durch das Spiel ohne Ball. Umso erstaunlicher, dass zumindest in niedrigklassigen Vereinen überwiegend Situationen mit Ball trainiert werden: passen, dribbeln, verschieben, Freistöße, Eckstöße usw. Wissen Sie, wie lange ein Bundesligaspieler in einem 90-minütigen Spiel durchschnittlich am Ball ist? Insgesamt deutlich weniger als drei Minuten; ein Stürmer manchmal nur wenige Sekunden. Was würde also im Training mehr Sinn machen? Genau: das Spiel ohne Ball.

Ist die Botschaft angekommen? Worauf schaue ich am meisten, wenn ich mich selbst motivieren will? Auf den Ball, also auf mein Ziel? Auf mögliche Hürden zum Ziel? Auf das, was hilft? Oder auf das, was hindert? Wer nur Torschießen übt, vernachlässigt alles, was dorthin führt. Das kann hin und wieder funktionieren, wetten würde ich jedoch nicht darauf. Es könnte sogar ungünstig sein: Wer seinen Filter verengt und ihn auf das reine Torschießen ausrichtet, übersieht möglicherweise etwas, was den Erfolg auf dem Weg dorthin erleichtern oder vergrößern könnte.

Wie wäre es, sich einmal nicht nur auf sein Ziel und eventuelle Hürden zu fokussieren? Man könnte doch trainieren, wie die gesamte Selbstmotivation dauerhaft hoch bleibt, sozusagen eine Meta-Motivation entwickeln. Bemühen wir zur Verdeutlichung noch mal die Sportmetapher: Jeder Sportler macht Übungen, die er im Spiel oder im Wettkampf eigentlich nicht braucht. Er dehnt sich, bearbeitet die Faszien, kräftigt Muskeln, arbeitet an seiner Ausdauer. Damit legt er die Basis für etwas Größeres.

Was könnten Sie für Ihre allgemeine Selbstmotivation tun, ohne dass es direkt zur Zielerreichung beiträgt? Das wären quasi indirekte Maßnahmen und keine Schritte auf ein bestimmtes Ziel hin. Aber Sie würden dazu beitragen, das Ziel leichter zu erreichen.

Vielleicht brauchen Sie dazu eine bestimmte Umgebung? Zeit zum Nachdenken? Eine Auszeit? Ein passendes Umfeld? Menschen, die Sie inspirieren, eine anregende Lektüre, die Erlaubnis, Fehler machen zu dürfen, ein Morgenritual, den Beistand eines Mentors etc.

Lassen Sie diesen Gedanken wirken. Er hat etwas zu tun mit Nachhaltigkeit, Ganzheitlichkeit, auch mit Harmonie und Einheit. Wäre es strategisch nicht viel besser, das gesamte Spielfeld zu nutzen, statt nur einen bestimmten Bereich zu beackern?

Damit mache ich kein neues Fass auf. Wie alles im Leben ist auch Selbstmotivation eine Komposition bzw. ein »Sowohl-als-Auch« zwischen Fokussierung und Offenheit. Insgeheim wissen wir das. Wir schauen eben nur gebannt auf den Ball wie das Kaninchen auf die Schlange. Manchmal übersehen wir so etwas Entscheidendes direkt vor unserer Nase. Und dann ist er da: der blinde Fleck, der tote Winkel, den Sie bereits aus dem zweiten Kapitel kennen.

> **! Beispiel**
>
> Sebastian Stockebrand, einer der tiefsinnigsten deutschen Coachs, erzählt seinen Klienten manchmal folgende Geschichte dazu: Die Engländer hatten im Zweiten Weltkrieg beobachtet, dass zurückkehrende Flugzeuge immer an bestimmten Stellen Flaktreffer aufwiesen. Daraufhin fassten sie den Plan, eben diese Stellen zu verstärken. Glücklicherweise intervenierte ein kluger Kopf. Er hatte erkannt, dass die Bomber, die an den anderen Stellen getroffen wurden, gar nicht zurückkamen. Folglich mussten gerade diese Flugzeugteile verstärkt werden.

4.3.4 Vergleiche

Menschen vergleichen sich ständig mit anderen. Sieht die Kollegin besser aus als ich? Hat sie mehr Zeit für sich selbst? Können sich die Nachbarn einen größeren Pool leisten? Eine Studie aus dem Jahr 2010 wies nach, dass nicht nur Lottogewinner, sondern auch deren Nachbarn nach dem Gewinn einen Konsumschub bekommen. Der Grund liegt nahe: sie gleichen zunächst ihren sozialen Status ab und versuchen dann gleichzuziehen.

Vergleich macht reich, heißt es manchmal. Das Gegenteil ist der Fall. Vergleich macht arm, innerlich arm, und unglücklich. Der Philosoph Søren Kierkegaard brachte es bereits vor rund 200 Jahren auf den Punkt:

»Das Vergleichen ist das Ende des Glücks
und der Anfang der Unzufriedenheit.«

Wobei ich den Vergleich an sich nicht grundsätzlich verdammen will. Er kann durchaus Sinn machen. Bei Wettkämpfen etwa kann der Vergleich mit anderen Athleten oder Teilnehmern ungeahnte Kräfte mobilisieren. Auch Unternehmen vergleichen sich ständig mit anderen Wettbewerbern und versuchen so, die eigenen Schwächen auszumerzen.

Doch Vorsicht: Unser Leben ist kein Wettbewerb. Verglichen wir uns ständig mit anderen, würde es zu einem endlosen Wettkampf, denn es gibt immer einen Besseren, Größeren, Stärkeren, an dem wir uns messen können.

Bemerkenswerterweise findet das Vergleichen zu fast 90 % auf materieller Ebene statt. »Der kriegt mehr als ich«, hört man deutlich öfter als: »Der weiß mehr als ich«. Noch nie gehört habe ich: »Der hat einen besseren Charakter als ich«. Gerade auf der materiellen Ebene erkennen wir sofort, dass dieses Vergleichen nie ein Ende finden wird. Kaum habe ich meinen Kollegen, mit dem ich in der Firma angefangen habe, gehaltsmäßig überholt, messe ich mich schon mit einem anderen. Als Abteilungsleiter nehme ich andere Abteilungsleiter zum Maßstab: Sind die jünger als ich? Gewiefter? Haben die ein besseres Verhältnis zur Geschäftsführung? Kaum bin ich weiter aufgestiegen, geht das Spielchen von neuem los. Es hört nie auf.

> **Beispiel**
> Stellen Sie sich vor, ein Angestellter arbeitet an der Kasse eines Discounters. Sein Monatslohn beträgt rund 2.000 Euro. Ein neuer Geschäftsführer kommt und unser Mann erhält ab sofort 3.000 Euro. Die Freude ist riesengroß – bis er mitbekommt, dass alle seine Kollegen 5.000 Euro bekommen.

So etwas richten Vergleiche an. Grundsätzlich verteufeln sollten wir sie trotzdem nicht. Ab und zu brauchen wir sie. Und zwar dort, wo sie Größenordnungen und Maßstäbe schaffen, an denen wir uns orientieren können. Woher soll ich wissen, ob ich angemessen oder übertrieben gekleidet bin, ob acht oder 48 positive Rückmeldungen ein gutes oder schlechtes Ergebnis sind, wenn ich keine Vergleichsmöglichkeiten habe?

Das ständige Vergleichen macht jedoch tatsächlich unglücklich und auf Dauer krank. Wissenschaftliche Untersuchungen haben dies zur Genüge erwiesen. Die Schwierigkeiten beginnen nicht schon mit dem Vergleich an sich, sondern damit, wie wir unsere Vergleichsergebnisse bewerten.

! **Beispiel**

Nehmen wir den Nachbarn in der Siedlung. Der hat meist einen ähnlichen sozialen Status, scheint also ein passender Maßstab zu sein. Nur sehen wir den Nachbarn ja meist nicht in seiner Gesamtheit, sondern picken uns zum Vergleich nur einen Teilbereich heraus. Das kann sein neues, schnelles Auto sein, der äußerst gepflegte Garten, die hochbegabten Kinder, die tüchtige Frau, die Beruf und Haushalt scheinbar mühelos unter einen Hut bringt, usw. Nur dieses eine »überlegene« Kriterium ziehen wir zum Vergleich heran – und fühlen uns schlecht.

Die miesen Gefühle verursachen uns übrigens nur die sog. Bottom-up-Vergleiche. Das Gegenteil ist der Top-down-Vergleich, bei dem meist deutlich schlechter gestellte Personen als Vergleichsobjekte herangezogen werden – zum Aufpolieren des Selbstwertgefühls. Unser Unterbewusstsein teilt uns allerdings meist recht schnell mit, dass es sich dabei um unzulässige Vergleiche handelt. Diese Meldung bleibt beim Aufwärtsvergleich leider meist aus oder wird von uns übergangen.

Vielleicht wissen Sie, wer sich auf dem Siegerpodest besser fühlt – der Zweite oder der Dritte? Ganz klar der Dritte. Der Zweite vergleicht sich mit dem Ersten und ärgert sich, dass er es nicht aufs oberste Siegertreppchen geschafft hat. Der Dritte schaut nach unten und ist froh, nicht undankbarer Vierter geworden zu sein. Darin liegt der Unterschied zwischen Bottom-up- und Top-down-Vergleichen.

Wie können wir der Problematik des Bottom-up-Vergleichs entrinnen?

Das hohe Ziel wäre eine Einstellung, die der Lyriker Oliver Buss beschrieben hat mit »Nichts ist besser oder schlechter, nur anders«. Ja, wenn es so einfach wäre, wir dem zustimmen könnten und es fortan auch so handhaben würden. Unglücklicherweise ist Vergleichen ein Automatismus, der in uns abläuft und dem wir mit anderen Mitteln begegnen müssen. Nutzen Sie dazu am besten das sog. Drei-Stopp-Verfahren.

! **Vergleichs-Automatismus unterbrechen mit dem Drei-Stopp-Verfahren**

1. Stopp 1: Werden Sie sich Ihrer Vergleiche bewusst. Um ein Verhalten ändern zu können, müssen wir uns dessen erst einmal bewusst werden. Wann und wo vergleichen Sie? Führen Sie eine Strichliste, ein Tagebuch oder schreiben Sie Notizen in Ihr Mobiltelefon. Wichtig ist, dass Sie möglichst viele Ihrer Vergleiche auflisten. Richten Sie Ihren Filter entsprechend aus. Es reicht, dies zwei Wochen lang zu tun. Sie werden erstaunt sein, wie oft Sie sich verglichen haben.

2. Stopp 2: Finden Sie die Beweggründe für Ihre Vergleiche heraus. Gehen Sie dazu in Ruhe Ihre Notizen durch. Fragen Sie sich: »Warum habe ich mich hier mit XY verglichen?« Reden Sie nichts schön, kehren Sie nichts unter den Teppich. Seien Sie ehrlich zu sich selbst.
3. Stopp 3: Überlegen Sie, wie Sie sich beim nächsten Mal in einer ähnlichen Lage verhalten möchten. Halten Sie Ihre neue Vorgehensweise schriftlich fest.

Lassen Sie keinen Stopp-Punkte aus. Sie gehören zusammen. Die Kraft der Visualisierung unter Punkt 3 wirkt nur deshalb so stark, weil Sie mit den Punkten 1 und 2 dafür den Boden bereitet haben. So können Sie sich viel stärker auf sich selbst beziehen. Jeder Mensch legt unterschiedliche Gradmesser an Zufriedenheit, Erfolg oder Glück an. Nur lassen wir uns viel zu oft von außen ablenken und orientieren uns an Maßstäben anderer statt an den eigenen. Besinnen Sie sich auf das, was *Sie* wollen. Wenn Sie das beherzigen, können Sie vermutlich auch gut mit den folgenden Wahrheiten leben.

4.4 Fünf absolut objektive und unbequeme Wahrheiten

Sie haben sicherlich erkannt, dass diese Überschrift nicht ganz ernst gemeint ist. Es gibt nur subjektive, vom persönlichen Filter getrübte Wahrnehmungen. So gesehen kann es gar keine objektiven Wahrheiten geben. Nennen wir sie also besser persönliche Wahrheiten. Unbequem sind sie auf alle Fälle. Und es sind meine Wahrheiten, das gebe ich zu. Profitieren Sie davon.

4.4.1 Erste Wahrheit: Glück braucht jeder

Gezieltes Training verbessert zwar den Erfolgsfaktor, das Leben lässt sich aber nicht auf dem Reißbrett planen. Manchmal schlägt ein Blitz ein und verändert alles. Dann geht es darum, wie wir mit den veränderten Erwartungen und Bedingungen umgehen. Manchmal kann man alles richtigmachen und dennoch nicht das gewünschte Ergebnis einfahren – weil uns ein Zufall einen Strich durch die Rechnung macht. Und hin und wieder braucht man auch diese gewisse Portion Glück.

Schon seit jeher haben mich Geschichten fasziniert, in denen Menschen unfassbares Glück hatten. Hunderte, wenn nicht Tausende davon habe ich gelesen oder erzählt bekommen. Vom Mann, der überlebte, obwohl ihn ein Nilpferd schon halb verschluckt hatte. Vom Fallschirmspringer, dessen Schirm sich nicht öffnete, aber der außer ein paar Knochenbrüchen keine weiteren Schäden davon trug. Kennengelernt habe ich einmal einen Mann, der einen Schatz fand und ihn zum größten Teil behalten durfte. Er hat finanziell ausgesorgt. Eine Frau, mit der ich in Kontakt stehe, hatte vor 14 Jahren die Diagnose Bauchspeicheldrüsenkrebs bekommen. Durchschnittliche Lebenserwartung nach der Diagnose: sechs Monate; nach fünf Jahren leben gerade noch vier von 1.000 Patienten. Besagte Frau erfreut sich bester Gesundheit. Glück gehabt!

Wunderschön auf den Punkt bringen die Sache mit dem Glück die folgenden Geschichten:

- Zu einem steinreichen Amerikaner kommt eines Tages ein Kind. Es fragt den Mann, wie er denn zu seinem Reichtum gekommen sei und wie er sein Firmenimperium aufgebaut habe. Der Reiche nimmt liebevoll einen Apfel in die Hand, poliert ihn und meint: »Als ich vor 40 Jahren in dieses Land gekommen bin, besaß ich nichts außer einem Wintermantel und zwei Äpfeln. Da ich großen Hunger hatte, aß ich den einen. Den anderen verkaufte ich für 40 Cent auf der Straße. Davon kaufte ich am nächsten Tag vier Äpfel zu je 10 Cent. Einen aß ich, die anderen drei verkaufte ich zu je 40 Cent. Von den 1,20 Dollar konnte ich schon zwölf Äpfel kaufen. So ging das zwei Jahre lang und ich konnte mir mit dem verdienten Geld eine eigene, kleine Wohnung leisten. Dann starb mein Onkel und hinterließ mir sein gesamtes Firmenkonglomerat.«
- 1905 hatte Robert Bosch mit seinem Unternehmen einen Umsatz von 1,7 Millionen Reichsmark erzielt. Ein Engländer bot ihm rund 5 Millionen Reichsmark für sein Unternehmen – ein scheinbar sagenhaftes Angebot. Robert Bosch verkaufte. Alles wurde notariell beglaubigt. Und jetzt kam der Zufall ins Spiel: Die Hausbank des Engländers verweigerte den Kredit, weil ihr der Kaufpreis viel zu hoch erschien. Robert Bosch blieb auf seinem Unternehmen sitzen – heute ein Milliardenkonzern mit über 300.000 Mitarbeitern.
- Dietmar Hopp, einer der Gründer von SAP und mehrfacher Milliardär, meinte in einem Interview: »Ja, wir hatten eine gute Idee damals. Und, ja, wir waren motiviert. Aber, wir hatten eben das Glück, dass wir mit diesem Produkt genau zur richtigen Zeit auf dem Markt waren.«

4.4.2 Zweite Wahrheit: Ausreden sind Ausreden

Wir sind hier unter uns. Da darf ich mir erlauben, etwas deutlicher zu werden. Sie haben etwas nicht erreicht. Gefragt, warum es nicht geklappt hat, antworten Sie wahlweise mit:

- Ich hatte keine Zeit.
- Ich hatte kein Geld.
- Es war eine ganz schlechte Phase.
- Ich konnte nicht.

- … meine Frau … du verstehst …
- Ich hatte kein Vitamin B.

Vielleicht spielte ein bisschen von allen diesen Gründen eine Rolle. Entscheidend war aber: Es mangelte Ihnen an Selbstmotivation. Hätten Sie sie gehabt, hätten Sie besagte Gründe zur Seite schaffen können. Eine bittere, aber auch sehr tröstliche Wahrheit. Wir können fast immer, wenn wir nur wirklich wollen.

4.4.3   Dritte Wahrheit: Vergessen Sie Work-Life-Balance

> **Beispiel**   **!**
>
> Als ein junger Bewerber im Vorstellungsgespräch fragte, wie es denn im Unternehmen um die »Work-Life-Balance« bestellt sei, antwortete der zuständige Fachgebietsleiter etwas unwirsch: »Vergessen Sie die Balance. In unserer Firma kommt zuerst Work und dann erst Life.«

Eine drastische Aussage. Vielleicht sollte man Bewerber so nicht vor den Kopf stoßen. Doch bringt sie, vielleicht gerade wegen ihrer Härte, einen zentralen Punkt zum Vorschein: »Work« und »Life«, also Arbeit und Leben, ins Gleichgewicht zu bekommen und zu halten, ist nicht nur fast aussichtslos, sondern auch kaum erstrebenswert. Machen wir uns nichts vor: Für Unternehmen zählt vorrangig unsere Arbeitsleistung. Das ist nichts Verwerfliches. Im Orchester sollte man sein Instrument spielen können, beim Badeurlaub sollte man schwimmen können – und in der Firma sollte man sein Fachgebiet beherrschen. Wenn sich die Unternehmen seit geraumer Zeit darum bemühen, ihren Angestellten möglichst viele Wohlfühlfaktoren zu bieten, dann nicht, weil sie es ihnen mal so richtig gut gehen lassen wollen. Sie möchten über diese Schiene die Motivation und dadurch die Arbeitsleistung erhöhen oder neue, vielversprechende Arbeitskräfte anlocken. Oder sie tun das, weil die Konkurrenz das macht. Oder aus anderen Gründen – aber sicher nicht, um unsere ganz persönliche »Work-Life-Balance« zu verbessern.

Soweit zu den Interessen des Unternehmens. Kommen wir nun zu uns. Manche Menschen arbeiten einfach gern. Sie legen den Schwerpunkt auf ihre Arbeit. Inhaltlich und zeitlich. Nichts von Balance. Können Sie sich einen äußerst erfolgreichen Menschen vorstellen, in welchem Bereich auch immer, der sich ein Gleichgewicht bewahren kann? Einen Lionel Messi, der weniger trainiert, weil seine Familie mehr Zeit mit ihm verbringen möchte? Einen Mark Zuckerberg, der seine Unternehmensaktivitäten schleifen lässt, um sich seinen Hobbys zu widmen?

Steven Spielberg, vielleicht erfolgreichster Regisseur Hollywoods, sagte sinnge-mäß: »Schon frühmorgens bin ich so aufgeregt und voller Vorfreude auf das, was ich heute drehen werde – dass ich nicht einmal frühstücken kann.« Für Spielberg wäre Work-Life-Balance die Höchststrafe. Kürzen wir es ab: Es gibt Menschen, die wollen gar kein Gleichgewicht. Für die ist Work Life und Life Work.

Möglicherweise sagen Sie jetzt: »Ich bin weder Spielberg noch Messi. Ich möchte nicht unter einem Berg Arbeit ersticken«. Das ist völlig in Ordnung so. Aber auch diese Einstellung bringt Sie nicht dauerhaft in Balance. Denn das Normalste der Welt für Sie und für mich ist das Ungleichgewicht. Ja, vielleicht schaffen wir es sogar eine Zeitlang, die verschiedenen Bereiche unseres Lebens in Harmonie zu bringen. Das kann aber nicht lange halten.

Berufseinsteiger legen oft den Fokus auf ihre Arbeit. Zwischen 30 und 50 steht bei vielen die Familie im Vordergrund. Über 50 geht es um die Gesundheit. Und das sind nur die über allem stehenden Meta-Themen. Innerhalb dieser Bereiche gilt es unzählige Kleinkriege und innere Ungleichgewichte auszufechten: Geht es um Finanzen, gilt es zu entscheiden, ob Haus oder Miete, repräsentativer Ge-schäftswagen oder Kleintransporter, Urlaub oder neue Küche. Ähnlich schwere Entscheidungen müssen wir auch in unseren Beziehungen oder im Beruf treffen. Und immer wird irgendetwas den Vorrang beanspruchen. Fast immer wird das Ungleichgewicht der Normalzustand sein.

Im Übrigen scheint eine Ausgewogenheit zwischen »Work« und »Life« auch gar nicht erstrebenswert. »Nicht erstrebenswert?«, wird sich so mancher denken. »Was soll das nun wieder heißen?« Nun, ich nehme hier eine deutliche Gegenpo-sition ein zu dem, was landauf, landab gepredigt wird. Psychologisch betrach-tet, ist der Begriff »Work-Life-Balance« nämlich irreführend. Da werden zwei Begriffe gegenübergestellt, als handele es sich um Gegensätze, die in ein Gleich-gewicht gebracht werden müssten. Dabei ist doch Arbeit ein Teil unseres Lebens. Oder andersherum: Leben ohne Arbeit ist nicht denkbar. Arbeit gibt Sinn. Arbeit strukturiert. Arbeit schafft Beziehungen. Arbeit verschafft Erfolgserlebnisse. Arbeit verleiht Selbstachtung und Selbstwertgefühl. Wer schon einmal längere Zeit arbeitslos gewesen ist, weiß, wie es sich anfühlt, nicht arbeiten zu dürfen.

Zudem lässt sich nicht alles gleichzeitig bewerkstelligen, auch wenn wir es noch so wollten oder wenn es uns andere scheinbar vorleben. Lassen Sie sich bloß nicht vorgaukeln, eine Frau mit sieben heranwachsenden Kindern könne ihrem Beruf und ihrer Mutterrolle gleichermaßen gerecht werden. Das klappt nicht bei Ministerin Ursula von der Leyen, die Haushaltshilfen, Kindermädchen und Leib-wächter unterstützen, und auch bei sonst niemandem. In Coachings begegnete ich schon etlichen ManagerInnen, deren Ehe in die Brüche gegangen war, weil sie sich voll auf den Beruf konzentriert hatten.

Das Work-Life-Balance-Experiment !

Machen Sie doch einmal folgendes Experiment: Schreiben Sie Phasen auf, in denen Sie etwas Besonderes geleistet haben. Das kann im Sport, im Beruf, in einer Beziehung oder in anderen Bereichen gewesen sein. Es kann bereits Jahrzehnte oder auch nur Tage zurückliegen. Notieren Sie jeweils ein paar Stichworte dazu. Dann betrachten Sie diese Phasen und fragen Sie sich, ob Sie sich in diesen Zeiten im Work-Life-Gleichgewicht befunden haben. Ich kann Ihnen jetzt schon versichern: Sie waren es nicht. Herausragende Leistungen gedeihen immer im Ungleichgewicht.

Arbeit und Leben sind zwei miteinander verwobene Bereiche, die sich im Idealfall gegenseitig unterstützen, ergänzen, bereichern und stärken. Wir holen Selbstachtung und Erfolgserlebnisse aus der Arbeit und bringen diese ein in unser weiteres Leben. Dort genießen wir die Früchte unserer Arbeit und bereiten uns auf weitere Heldentaten im Job vor. Zugegeben, dieser Versuch einer neuen Definition scheint etwa künstlich. Können Sie ihr nicht zustimmen, sei die Lektüre des Sachbuchs »Die Mär vom glücklichen Malocher« von Thomas Vašek empfohlen. Er verwendet die Abkürzung WLB für »Work-Life-Bullshit«. Darin fordert der Philosoph nicht weniger Arbeit, sondern bessere.

Dem kann ich mich anschließen.

4.4.4   Vierte Wahrheit: Ihr Umfeld wird nicht Hurra schreien

Es gibt unzählige Heldengeschichten, in denen sich ein Einzelner gegen die herrschende Meinung durchsetzt, etwas wagt, von dem ihm alle abgeraten haben – und, natürlich, gewinnt. Martin Luther war solch ein Held, Johannes Kepler, Mahatma Gandhi, Steve Jobs. Solch ein Held bin ich nicht. Sie sind es wahrscheinlich auch nicht. Ein kleiner Held bin ich natürlich schon, zumindest für meine Frau, für meine Kinder und ein paar weitere Menschen. Bei Ihnen ist es mit Sicherheit ebenso. Wahrscheinlich haben Sie wie ich im Lauf der Jahrzehnte gelernt, wie anstrengend und unbequem es sein kann, seine eigene Meinung zu vertreten, seinen eigenen Weg zu gehen. Und das war schon immer so: Als die Menschen überzeugt waren, die Welt sei eine Scheibe, wurden Andersdenkende bestenfalls ausgelacht, schlimmstenfalls verbrannt.

Warum betone ich das an dieser Stelle? Nun, wenn Sie es schaffen, einen hohen SML zu etablieren, wird sich wahrscheinlich im Lauf der Zeit Ihr Umfeld ändern. Sie werden für manche Menschen einfach zu anstrengend. Das ist wie mit den

Alkoholikern: Die standhaften unter ihnen versuchen oft, die trockenen wieder in ihre Kreise zu ziehen. Wenn das nicht klappt, passt es für beide Seiten nicht mehr und sie gehen sich aus dem Weg. Für Liebhaber der gepflegten Wohlfühl-Oase ist es einfach anstrengend, einen permanenten Selbstmotivierer neben sich zu haben. Da bekommt man ja ein ganz schlechtes Gewissen!

Es ist schon vertrackt. Zum einen kann man kaum jemandem sagen, er solle sich mehr ins Zeug legen und mehr Selbstmotivation zeigen, ohne dass es derjenige negativ auffasst (Stichwort: Reaktanz). Zum anderen kommt es oft nicht gut an, wenn man es selbst vorlebt.

! **Beispiele: Selbstmotivation kann einsam machen**

Als ich als Direktmarketing-Manager in einem mittelständischen Unternehmen eingestellt wurde, erhielt ich tatsächlich schon nach einem halben Jahr eine Auszeichnung: die goldene Zitrone. Diesen ironisch-bissigen »Orden« verlieh die Belegschaft Leuten, die sich aus Sicht der »Jury« zu wenig am Kollegenkreis orientiert hatten. Was dahinter stand? Ich hatte mich in meinem Job wie ein Verrückter ins Zeug gelegt, malocht, mein Bestes gegeben. Den Kollegen war meine Arbeitswut unheimlich. Es herrschte eher die Devise: »Gut Ding will Weile haben – in der Ruhe liegt die Kraft.« Kaum einer konnte verstehen, dass ich voller Freude und Enthusiasmus meiner Arbeit nachging. Der leichtere Weg wäre vermutlich gewesen, sich anzupassen und es langsamer angehen zu lassen.
Kein Einzelfall. So ähnlich geschah es auch einer Lehrerin, die neu an eine Grundschule in Nordrhein-Westfalen kam. Dort war man ein eingespieltes Team, keiner machte mehr als nötig. Die Neue stellte eine Theater-AG auf die Beine, förderte die Schüler mit individuellen Lernplänen, führte laufend Elterngespräche, war erreichbar. Kurz: hoch motiviert. SML 10. Eineinhalb Jahre später: Die Neue ist raus, ist in der Reha. Der Grund: Mobbing. Sie wurde nicht mehr gegrüßt, von wichtigen Informationen abgeschnitten usw. Warum? Weil sie den Alten indirekt den Spiegel vorgehalten hatte. So wurden die anderen Lehrer z. B. von Eltern angesprochen, warum nicht auch sie die Kinder in ihrer Klasse individuell fördern oder eine AG ins Leben rufen könnten. Daraufhin stellte sich die Lehrerschaft gegen die neue Kollegin. Verrückt, oder? Auch hier: Die junge Lehrerin hätte es sich ganz einfach machen können, indem sie sich in ihrem Aktionsniveau den anderen angepasst hätte.

Ähnliche Fälle wie diese gibt es unzählige, nicht nur im Arbeitsumfeld.

Bereiten Sie sich daher schon mal auf die folgende Tatsache vor: Wer sein Leben mit einem hohen SML führt, wird etliche Menschen aus seinem Umfeld verlieren. Weil er zu unbequem geworden ist. Weil er zu anstrengend ist, zu fordernd, zu anders. Vielleicht hält er sich plötzlich nicht mehr an Spielregeln, die unausgesprochen aufgestellt worden sind – sei es an einer Schule, in einem Unternehmen oder im Freundes- und Bekanntenkreis.

Es kann ganz schön unbequem sein, sich mit jemandem zu unterhalten, der die Selbstverantwortung deutlich in den Vordergrund stellt. Das Gesellschaftsspiel besteht eben nun mal aus Höflichkeiten, Ausflüchten, Notlügen und »Dinge-unter-den-Teppich-kehren«. Wer nicht mitmachen will, ist schnell außen vor.

Macht nichts, sage ich. Als Folge werden Menschen in Ihr Leben treten, die vielleicht schon immer in Ihrer Nähe waren, sich aber noch nie von Ihnen angezogen fühlten. Sie wissen ja: Gleiches zieht Gleiches an. Seien Sie gespannt! Es gelten dann die neuen Spielregeln, die Selbstverantwortung und Eigeninitiative in den Vordergrund rücken, Wichtiges an die erste Stelle setzen oder einen 90-Tage-Test ohne Fernseher.

Wenn es um dieses Thema geht, kommt mir auch immer das folgende Experiment in den Sinn, das Verhaltensforscher mit Affen durchgeführt haben: In einem Gehege mit einer hohen Kletterstange befinden sich fünf Affen. An der Spitze der Kletterstange hängt ein Bündel Bananen. Ein Affe entdeckt die Bananen und schickt sich an hochzuklettern. In diesem Augenblick bespritzen ihn die Forscher heftig mit Wasser. Affen mögen Wasser nicht so gerne, deswegen lässt er ab von seinem Vorhaben. Nach einer Weile versucht er oder ein anderer Affe, erneut hochzuklettern. Wieder kommt der Wasserstrahl. So geht das noch oft in den nächsten Tagen. Irgendwann ist den Tieren klar: keine Chance, da geht nichts. Jetzt tauschen die Forscher einen Affen gegen einen neuen aus. Der Neue sieht die Bananen und will hochklettern. Was machen die anderen Affen? Sie halten ihn zurück. Sie signalisieren ihm, dass es gefährlich, unangenehm und von vornherein zum Scheitern verurteilt sei, zu den Bananen zu klettern. Der Neue schielt noch des Öfteren nach den leckeren Früchten, unternimmt aber keinen Kletterversuch mehr. Nun tauschen die Forscher einen zweiten Affen gegen einen neuen aus. Dasselbe Ergebnis: Der Neue will hoch, die anderen halten ihn ab. Irgendwann wird der fünfte, also der letzte Affe ausgetauscht, der direkte Erfahrung mit dem Wasser gemacht hatte. Der Neuankömmling will hoch, und was passiert? Sie ahnen es: Die vier anderen halten ihn zurück. Und das, obwohl keiner von ihnen je nass gespritzt wurde oder andere negative Erfahrungen mit der Stange gemacht hat.

Wir sind keine Affen. Und trotzdem lassen auch wir uns so manches Mal von einem Vorhaben abhalten, und zwar von anderen, die keine Ahnung von der Sache haben.

Stellen Sie sich vor, Sie können es bewerkstelligen: Sie bauen peu á peu einen konstant hohen SML auf; Sie schaffen es, alles Bedeutsame voran zu bringen; Sie haben erfüllende Beziehungen und auch beruflich erbringen Sie gern Höchstleistungen. Dass dies Neider auf den Plan ruft, ist ebenso klar wie die oben beschriebenen Konsequenzen. Menschen treten aus Ihrem Leben, dafür kommen andere neu hinzu. Fragen Sie sich schon heute, was Sie auf jeden Fall wollen und was nicht, beispielsweise:

- Wie gehen Sie mit Ihrem Lebenspartner um, wenn der den Weg nicht hundertprozentig mitgeht?
- Welche guten Beziehungen wollen Sie weiter pflegen? Gilt das auch dann, wenn die Betreffenden einen niedrigen Eigenantrieb haben?
- Welche Einstellungen wollen Sie Ihren Kindern vermitteln? Leben Sie ihnen vor, dass ein erfüllender Beruf viel bedeutet? Oder dass er gar alles bedeutet? Oder, dass es immer noch andere wichtige Bereiche gibt?
- Wollen Sie rund um die Uhr erreichbar sein für den Chef, die Kunden, die Lieferanten?
- Wie viel riskieren Sie von den Dingen, die Sie sich schon erarbeitet haben? Vielleicht leben Sie in einem »goldenen Käfig« und kassieren »Schmerzensgeld« – wie gehen Sie damit um, wenn Ihr Gehaltsniveau so hoch liegt, dass Sie nirgends adäquat unterkommen?

Bei all diesen Fragen gibt es nie ein »richtig« oder »falsch«. Entscheidend sind die Antworten, mit denen Sie sich wohlfühlen. Es geht um Sie. Glauben Sie nur bitte nicht, dass Ihr Umfeld Hurra schreit, wenn Sie Ihre Ziele abstecken, diese engagiert angehen und bei Schwierigkeiten Ihren Aufwand verdoppeln.

4.4.5 Fünfte Wahrheit: Sie müssen sich entscheiden

Die Zeiten sind mehr als intensiv, sie sind schwierig. Der Job ist herausfordernd. Beziehungen werden immer anstrengender, die Trennungsquote steigt. Zinsen sinken dagegen nicht mehr – sie sind auf dem Nullpunkt. Wer fürs Alter vorsorgen will bzw. muss, womöglich als Selbstständiger, hat kaum Möglichkeiten. In diesem manchmal fast irrwitzigen Auf und Ab lohnt die Frage: *Wie* will ich in dieser Welt leben? Als armes Würstchen, das den Kopf hängen lässt? Oder als Gestalter in meiner vielleicht kleinen, eigenen Welt? Will ich etwas bewirken? Einen Unterschied machen? Wie will ich gegenüber meiner Familie agieren? Gegenüber meinen Mitarbeitern und Kollegen? Bin ich abends völlig erschöpft und hundemüde, aber glücklich, weil ich alles gegeben habe? Oder unbefriedigt und unzufrieden, weil ich wieder mal nur 20 % meines Potenzials ausgenutzt habe? Es liegt an uns.

Und, ja, ich weiß: Ich habe dieses »gefühlt« sicher schon Dutzende Male erwähnt – und ich werde nicht müde, es immer und immer wieder zu tun: Wir können uns entscheiden. Jeden Tag. Links oder rechts. SML 10 oder auf Standgas.

4.5 Selbstmotivation als Lebenseinstellung, oder: Eine ganz persönliche Liebeserklärung an die Selbstmotivation

Ich bin ein fanatischer Verfechter eines hohen SML. Ich liebe selbstmotivierte Menschen.

Doch es geht nicht um mich und es geht nicht um andere Menschen. Es geht um Sie. Um Ihr Leben. Alles, was Sie hier gelesen haben, soll Ihnen helfen, mehr Energie zu bekommen für das, was Ihnen wichtig ist.

> **Beispiel** !
>
> Als in einem Unternehmen die Entscheidung anstand, ob eine Entwicklungsmaß-
> nahme durchgeführt werden sollte oder nicht, gab ich bei der Präsentation fol-
> gende Geschichte zum Besten: »Der Vorstand Personal und der Vorstand Finanzen
> beraten sich, ob die Qualifizierung eines Großteils der Mitarbeiter Sinn machen
> würde. Der Finanzvorstand achtet natürlich aufs Budget, der Personalvorstand
> auf die Entwicklung der Mitarbeiter. Der Finanzvorstand meint: »Stellen Sie sich
> vor, wir entscheiden uns jetzt für diese teure Qualifizierung der Mitarbeiter. Dann
> werden die besser und besser, qualifizieren sich auf ein höheres Level – und dann
> gehen sie alle!« Antwortet der Personalvorstand: »Stellen Sie sich doch mal Folgen-
> des vor: Wir entwickeln die nicht mehr weiter – und die bleiben alle!«

Herrlich! Da wird pointiert klar, was es bedeutet, Mitarbeiter (nicht) permanent weiterzuentwickeln.

Was das mit Ihnen zu tun hat? Sie können aus Ihrem eigenen Leben nicht so einfach aussteigen. Sie bleiben da. Immer. Deshalb gibt es gar keine vernünftige (oder unvernünftige) Alternative zu einem leidenschaftlich hohen SML. In die-sem Buch habe ich mehrfach erwähnt, und ich kann es gar nicht oft genug wie-derholen, dass die Bereitschaft dazu einer Grundeinstellung entspringt, einer inneren Haltung oder Einstellung. Führen wir uns noch einmal im Schnelldurch-lauf vor Augen, was dazu nötig ist.

Als Erstes müssen Sie etwas tun, was Sie wahrscheinlich längst getan haben, wenn Sie bis hierher gelesen haben: Sie müssen sich entscheiden. Dauerhaft selbstmotiviert oder eben nicht? Möchten Sie tatsächlich ein Leben führen mit einem SML von 10 für Ihre wichtigen Vorhaben? Wollen Sie wirklich jeden Tag Ihr Bestes geben? Im Beruf, im Privatleben, für sich selbst?

Wenn Sie sich darauf einlassen, kann Ihnen passieren, was schon so vielen mei-ner Seminarteilnehmer widerfahren ist: Aus einem kleinen Rinnsal, das gemächlich vor sich hinplätschert, entsteht allmählich ein Fluss und dann ein mächtiger Strom, der alles mit sich reißt. So wird es auch mit Ihren Zielen sein: Das erste gehen Sie jetzt an. Ein zweites, vielleicht kleineres, folgt fast unweigerlich. Es zieht das nächste nach sich, und es folgen viele, viele weitere. So bleiben Sie automatisch draußen und automatisch selbstmotiviert. Dauerhaft. Das läuft dann einfach so weiter, wie ein Perpetuum mobile.

Die Wahrscheinlichkeit, süchtig zu werden, ist hoch. Süchtig danach, dauerhaft selbstmotiviert durchs Leben zu gehen. Werden Sie ein professioneller Selbst-Motivierer. Denken Sie Selbstmotivation. Fühlen Sie Selbstmotivation. Strahlen Sie Selbstmotivation aus. Und geben Sie Selbstmotivation weiter. Noch eine Schippe obendrauf: Jeder Atemzug sollte Selbstmotivation sein. Jede Gestik. Jede Mimik. Alles. Immer. Ständig. Selbstmotivation ist kein bloßes Vorhaben – Selbstmotivation ist eine innere Haltung.

! **Beispiel: Der Babsi-Faktor**

Zu Zeiten, als ich noch fest angestellt arbeitete, stieß Babsi zu unserem Team. Von ihrem ersten Arbeitstag an veränderte sie unsere Gruppe. Babsi war ein ganz normales Teammitglied wie alle anderen fünf Mitarbeiter auch. Sie kam jedoch, und das unterschied sie von uns allen, vom ersten Arbeitstag an mit einer derart hohen Selbstmotivation, gepaart mit einer fast schon unverschämt guten Laune, dass sie alle anderen damit ansteckte. Schon nach wenigen Wochen war die Stimmung im gesamten Team um mehrere Hundert Prozent gestiegen. Dabei war sie vorher schon nicht schlecht. Ich habe mich im Lauf der Jahre oft mit Babsi unterhalten. Sie war faszinierend. Sie war bereits als Blumenverkäuferin, Filialleiterin im Lebensmitteleinzelhandel, Sekretärin und so manches mehr tätig gewesen. Alles, versicherte sie mir hoch und heilig, alles habe sie mit derselben Hingabe und Selbstmotivation gemacht. Babsi verließ unser Team, weil sie Mutter wurde. Ich habe ihren Lebensweg nicht weiterverfolgen können – aber ich bin davon überzeugt, dass sie diese neue Rolle mit derselben Leidenschaft ausfüllt. Wenn ich eine These aufstellen darf, sie ist nicht einmal sonderlich gewagt, lautet sie: Im Beruf kommen die Babsis, die Selbstmotivierten, weiter. Auf einer Skala von 0 bis 10: Wie steht es um Ihren persönlichen Babsi-Faktor?

Es ist aufregend, sein eigenes Leben voran zu bringen. Es gibt nichts Erfüllenderes, als wunderbar für sich selbst zu sorgen, sich Gutes zu tun, sich zu entwickeln, voranzubringen. Ist es nicht atemberaubend, diese Lebenseinstellung so zu leben, dass das Umfeld es mitbekommt? Wenn sich schon der Pförtner um 6 Uhr morgens auf Ihren gut gelaunten Gruß freut? Wenn Sie wie ein Besessener die Präsentation Ihres Vorgesetzten vorbereiten? Wenn Sie eine schier unmögliche Aufgabe bewältigt oder den ganzen Tag das Wichtigste – unter Einsatz aller fünf Kugeln – im Fokus gehabt haben?

Spüren Sie, welche Kraft in einem solchen Leben steckt?

Haben Sie Selbstmotivation als Lebenseinstellung verinnerlicht, potenzieren sich nicht nur Ihre Erfolgserlebnisse – es potenziert sich auch, oder vor allem, Ihre Lebensfreude. Hat man einmal damit angefangen, kann man kaum mehr damit aufhören. Es macht einfach Spaß, sein Bestes zu geben.

Ich hatte schon immer eine Idealvorstellung für mein Leben im Kopf: etwas Sinnvolles tun, keine belanglosen Ablenkungen, keine Stoffe, die das Bewusstsein verändern – obwohl ich ab und zu ein Bier trinke. Heute sieht es so aus: morgens gut gelaunt und energievoll aus dem Bett, den ganzen Tag mit fünf Kugeln im Einsatz und abends völlig erledigt ins Bett. Dann schlafe ich acht Stunden, um am nächsten Tag wieder erholt und gut gelaunt aus dem Bett zu kommen und das Spiel von Neuem zu beginnen. Mittlerweile habe ich mein Leben so eingerichtet, dass ein Großteil davon auf diese Art und Weise abläuft. Es ist anstrengend, es ist aufregend, es ist erfüllend. Ich wünsche Ihnen sehr, dass es Ihnen ähnlich ergehen möge.

Ich liebe nicht nur selbstmotivierte Menschen, ich bin auch von dieser Eigenschaft an sich angezogen und gefesselt. Ich genieße es, hochgradig motiviert in den Tag zu starten, den Level zu halten. Abends weiß ich, dass ich mein Bestes gegeben habe. Selbstmotivation ist so wohlig-erfrischend. Selbstmotivation bringt einen so viel weiter. Selbstmotivation hilft anderen weiter. Selbstmotivation bringt Ihnen kurzfristig Vorteile – und langfristig noch viel mehr. Selbstmotivation ist eine Frage der Einstellung, keine Methode.

Was Selbstmotivation ist   !

Selbstmotivation bedeutet,

... dass Sie auch in schwierigen Zeiten nicht aufgeben;

... dass Sie *gerade* in schwierigen Zeiten *nicht* aufgeben;

... dass Sie Krisen als Charaktertest angehen können;

... dass Sie sich in guten Zeiten nicht zurücklehnen, sondern für die schlechte Zeiten Sorge tragen;

... dass Sie mehr einsetzen, als Sie auf den ersten Blick zurückhalten;

... dass Sie mehr tun, als von Ihnen erwartet wird.

Selbstmotivation ist die Art, unser Leben zu leben.

Das ist es! Nicht mehr und nicht weniger. Das Kapitel heißt nicht zufällig »eine persönliche Liebeserklärung«.

Ein weiterer Effekt: Ihr Selbstvertrauen wird steigen. Keine Frage – je mehr Sie tun, desto mehr zahlen Sie auf Ihr Selbstmotivationskonto ein. Sie werden sicherer, mutiger. Dies wächst sich wiederum zu einem selbstverstärkenden Regelkreislauf aus.

Sie erinnern sich an das Kapitel mit den Zielformulierungen? Dort hieß es: Der Prozess ist wichtiger als das Ergebnis. Genau dieses Prinzip schlägt hier voll durch. Ob Sie Ihre Ziele überhaupt erreichen oder ob Sie sie schneller oder langsamer erreichen – das ist fast vollkommen egal. Natürlich werden Sie sich ärgern, wenn etwas nicht so klappt wie geplant. Und Sie freuen sich, wenn etwas gut funktioniert. Das ist auch richtig so. Auf das langfristige Ergebnis, auf Ihre Meta-Selbstmotivation hat das jedoch keinen Einfluss. Unabhängig von den erreichten Ergebnissen verspüren Sie mehr Energie, mehr Tatkraft, Sie verfügen über ein deutlich höheres Selbstvertrauen, und all das stärkt Ihre Glücksfähigkeit.

Frage ich Teilnehmer, worauf sie persönlich besonders stolz sind, führen sie überwiegend das Meistern schwieriger bis ausweglos erscheinender Lagen und Krisen an. Wir können also konstatieren: Der vermutlich intensivste Effekt, der bei der Verpflichtung auf ein dauerhaft selbstmotiviertes Leben eintreten wird, beruht nicht auf den Ergebnissen Ihres Tuns. Es ist der Weg zu den Ergebnissen.

! **Beispiel**

Erst vor Kurzem schilderte eine Managerin, wie sie vor 20 Jahren dastand: alleinerziehend, hoch verschuldet wegen ihres spielsüchtigen Ex-Manns, frisch getrennt, ohne Anstellung. Sie war zu Recht stolz, diese Situation ganz allein gemeistert zu haben. In dieser Aussage steckt die nicht ausgesprochene Botschaft: Sie wäre nie und nimmer stolz darauf gewesen, wenn eine Erbschaft, ein Lottogewinn oder ein ehrenwerter Ritter sie aus der Patsche gezogen hätten.

Stolz sein kann man immer nur auf die eigenen Leistungen. Und der Ausgangspunkt dafür ist Ihre Selbstmotivation.

Nun geht es nicht darum, auf Krisen zu warten, damit diese endlich gelöst werden können. Es geht darum, dass wir Krisen erst gar nicht in unser Leben treten lassen. Wir können auch ohne Schmerzen, Katastrophen und Miseren lernen und uns weiterentwickeln. Gönnen Sie sich dazu die »Teachable Moments« hier im Buch und lernen Sie daraus. Gönnen Sie es sich, Ihre Energie auszuleben. Gönnen Sie es sich, Ihr Leben als ständiges Weiterentwicklungsprojekt zu betrachten und daran zu arbeiten.

Nichts fällt einem einfach so in den Schoß. Es funktioniert nur, wenn Sie ganz bewusst die Entscheidung treffen, den richtigen Weg einschlagen und diesen Schritt für Schritt gehen. Jeder kann den passenden Weg für sich wählen. Jeder kann jederzeit entscheiden, wie weit er gehen mag oder ob er umkehren möchte. Je weiter Sie gehen, umso aufregender wird es.

Und tun Sie etwas für sich. Gehen Sie gut und pfleglich mit sich um. Das hat nichts mit Verhätschelung zu tun, sondern ist lediglich vorausschauende Klugheit. Fast alles muss gepflegt werden: Fahrrad, Rasenmäher, Auto, Garten. Warum tun wir das? Weil es die einfachste Art und Weise ist, etwas auf Dauer nutzen zu können. Wer sich regelmäßig um sein Auto kümmert, kann sich das ganze Jahr über darauf verlassen, dass es fährt. Sie kennen dieses Prinzip noch aus dem Kapitel »dringend und wichtig«. Verfahren Sie so auch mit sich selbst. Tun Sie etwas für sich. Für Ihren Geist, für Ihren Körper, für Ihre Seele. Denken Sie dabei nicht nur an Ihre berufliche Entwicklung, denken Sie an alle Lebensbereiche. Ihr Körper, Ihr Geist, Ihre gesamte Persönlichkeit bilden das Vehikel, das Sie ans Ziel bringt. Sollten Sie eines Tages nicht mehr aktiv sein können, fallen viele Vorhaben automatisch flach. Daher ist es nicht nur eine Pflicht, sondern einfach klug, sich regelmäßig zu verwöhnen, sich Gutes zu tun, um möglichst gut und möglichst lange in Schuss zu bleiben.

Die Art und Weise, wie Sie das tun, bleibt selbstredend Ihnen überlassen. Wichtig ist, dass Sie überhaupt etwas tun. Wie wäre es mit folgenden Ideen?

- Fertigen Sie einen Jahresplan, in dem Sie jeden Monat mindestens eine Sache eintragen, die Sie wirklich als »Pflege für sich« empfinden. Das kann ein Wochenende mit Freunden auf einer Hütte sein, eine Wellness-Auszeit an einem ganz gewöhnlichen Werktag, einen Kinderspieltag, ein Opernbesuch in Mailand oder ein Tagesausflug in die Natur. Planen Sie es. Gönnen Sie es sich.
- Rufen oder schreiben Sie Menschen an, die Sie faszinieren – und verabreden Sie sich mit ihnen zum Gespräch, etwa zum Mittagessen. Selbst hochrangige Manager und bekannte Persönlichkeiten lassen sich überraschend oft darauf ein, so meine Erfahrung. Sie werden dadurch nicht nur neue Motivation und Ideen tanken, sondern auch Ihr Netzwerk erweitern.
- Es ist nachweislich so: Hilfe für andere tut nicht nur dem Nehmenden gut, sondern auch dem Gebenden. Tun Sie Gutes. Bieten Sie Ihre Hilfe an. Die Hilfe braucht nicht unbedingt finanzieller Natur sein; helfen Sie dem Nachbarn beim Holzmachen, dem Kollegen bei der Messevorbereitung oder dem Vereinskameraden bei der Apfelernte. Nein, nicht, weil Sie dafür Apfelsaft bekommen, sondern weil Sie sich hinterher gut fühlen. Versprochen! Noch besser fühlen Sie sich, wenn Sie einen Hinweis beherzigen, den ich vor über 20 Jahren von einem alten Benediktinermönch bekommen habe: »Wenn du jemandem hilfst – dann gib ihm auch ein gutes Gefühl«.

Beispiel   **!**

Jammern Sie nicht, wenn Sie einem anderen beim Umzug helfen, wie unpassend das jetzt eigentlich sei und wie sehr Sie Ihr Rücken schmerze. Sagen Sie: »Das tut gut. Endlich tue ich mal wieder etwas für die eingerosteten Knochen!« Probieren Sie es aus – die Reaktionen der anderen sind faszinierend.

- Seien Sie dankbar. Ohne Wenn und ohne Aber, einfach nur dankbar. Jeden Tag. Freuen Sie sich über Ihre Gesundheit, auch wenn es stellenweise zwickt oder zwackt. Freuen Sie sich über Ihren Beruf, Ihren hohen SML, Ihren Lebenspartner, über die Natur, den Schnee, die Sonne. Denken Sie – vielleicht gleich beim Frühstück – darüber nach, wofür Sie dankbar sein können in diesem Leben und zu diesem Zeitpunkt. Machen Sie daraus eine Gewohnheit. Sie werden demütiger und nehmen nicht mehr alles als selbstverständlich an. Mit einem hohen SML neigen wir dazu, unsere erreichten Ziele und Erfolge als selbstverständlich zu nehmen und unsere Ansprüche immer weiter nach oben schrauben. Vorhaben erreicht. Ziel abgehakt. Noch eines erreicht. Noch eines. Man wird arrogant gegenüber Menschen, die ihre Ziele nicht erreichen. »Selbst schuld«, denken wir ... Hüten Sie sich davor! Mag das nicht so richtig klappen, weil Ihnen doch vieles (zu) selbstverständlich erscheint, probieren Sie es mal mit der folgenden kleinen Übung. Stellen Sie sich das Schlimmste vor, was Ihnen passieren kann: Job weg, Haus weg, Partner weg. Ja, ich weiß, ein ganz, ganz übler Gedanke. Ich schrecke davor regelmäßig zurück und muss mich dann dazu zwingen. Verweilen Sie nicht zu lange in dieser Vorstellung. Aber lassen Sie sich rund zehn Minuten auf diesen fürchterlichen Gedanken ein. Er wird Ihnen helfen, dankbarer zu sein für das, was Sie (erreicht) haben.

Zu guter Letzt darf ich Ihnen nochmals den Leitsatz an die Hand geben, der auch auf meinem Auto prangt. Er lautet: »Vergessen Sie die Sache mit dem Erfolg. Geben Sie einfach Ihr Bestes.« Selbstmotivation ist nicht die naive Überzeugung, dass etwas gut ausgeht. Es ist die tiefe Gewissheit, dass etwas Sinn macht, egal, wie es ausgeht.

Tun Sie das. Es geht niemals darum, der Beste zu werden. Es geht darum, Ihr Bestes zu geben für das, was Ihnen wirklich wichtig ist. Das macht tatsächlich tiefen Sinn.

Lassen Sie mich dieses Buch beenden mit einer Bitte: Teilen Sie mir Ihre Erfahrungen zum Thema »Dauerhafte Selbstmotivation« mit. Senden Sie mir eine E-Mail an die folgende Adresse: RS@Selbstmotivation.de.

Ich freue mich auf Post von Ihnen!

Gespannt auf Ihre Rückmeldung wünsche ich Ihnen alles Gute und eine energiereiche Zeit – von Herzen.

Ihr fast immer selbstmotivierter

Reinhold Stritzelberger

Stichwortverzeichnis

Exklusiv für Buchkäufer!

Ihre Arbeitshilfen zum Download:

▸ http://mybook.haufe.de/

▸ **Buchcode:** YAR-7491

FAIRNESS IM
BERUFLICHEN ALLTAG

ca. 224 Seiten
Buch: € 19,95 [D]
eBook: € 16,99 [D]

Moralisch gute Entscheidungen sind die Basis konstruktiver und erfolgreicher Zusammenarbeit. Dieses Buch schildert typische Situationen im Job und analysiert diese. Es zeigt, wie Sie in moralisch schwierigen Situationen fair entscheiden und konsequent danach handeln, ohne dogmatisch zu sein.

Jetzt bestellen!
www.haufe.de/fachbuch
(Bestellung versandkostenfrei),
0800/50 50 445 (Anruf kostenlos)
oder in Ihrer Buchhandlung

HAUFE.

PROJEKTE SCHNELLER ANS ZIEL BRINGEN

Holger Lörz

Der Turbo für das Projektmanagement

Mit Critical Chain das Projektgeschäft beschleunigen

inklusive
Arbeits-
hilfen
online

ca. 160 Seiten
Buch: € 29,95 [D]
eBook: € 25,99 [D]

HAUFE.

Der Autor stellt die bisherigen Glaubenssätze des Projektmanagements kritisch auf den Prüfstand und zeigt, wie Projektlaufzeiten sinnvoll verkürzt werden. Die zugehörige Critical Chain Software-Demo hilft bei der Projektportfoliosteuerung.

Jetzt bestellen!
www.haufe.de/fachbuch
(Bestellung versandkostenfrei),
0800/50 50 445 (Anruf kostenlos)
oder in Ihrer Buchhandlung